附带DVD教学光盘

SketchUp Pro

2016
中文版
从入门到 精通

冀海玲 方聪 何凤 编著

U0351222

人民邮电出版社
北京

图书在版编目（CIP）数据

SketchUp Pro 2016中文版从入门到精通 / 冀海玲，
方聪，何凤编著. -- 北京：人民邮电出版社，2018.2
ISBN 978-7-115-47497-1

Ⅰ. ①S… Ⅱ. ①冀… ②方… ③何… Ⅲ. ①建筑设
计－计算机辅助设计－应用软件 Ⅳ. ①TU201.4

中国版本图书馆CIP数据核字(2018)第001086号

内 容 提 要

  Sketchup 是一款直接面向设计过程而开发的三维绘图软件，易学易用，功能强大。

  本书共 15 章，通过大量专业实例，由浅入深、图文并茂地介绍了 SketchUp Pro 2016 的基本知识，以及使用 SketchUp Pro 2016 进行室内、建筑、园林景观设计的方法和技巧。

  通过对本书的学习，读者不仅可以掌握 SketchUp Pro 2016 的软件操作技能，还能通过典型的应用实例学习真实的设计方法，从而在相关工作中熟练应用 SketchUp Pro 2016，提高工作效率。随书光盘提供了书中范例的源文件、素材文件以视频教学文件，供读者在学习本书的过程中调用和参考。

  本书结构清晰、内容翔实，可以作为高校建筑学、城市规划、环境艺术、园林景观及产品造型等专业的学生学习 SketchUp 的教材，也可以作为建筑设计、园林设计、规划设计行业的从业人员的自学参考书。

 ◆ 编　　著　冀海玲　方　聪　何　凤
   责任编辑　李永涛
   责任印制　彭志环

 ◆ 人民邮电出版社出版发行　　北京市丰台区成寿寺路 11 号
   邮编　100164　电子邮件　315@ptpress.com.cn
   网址　http://www.ptpress.com.cn
   三河市中晟雅豪印务有限公司印刷

 ◆ 开本：787×1092　1/16
   印张：36
   字数：890 千字　　　　　　　　2018 年 2 月第 1 版
   印数：1－2 500 册　　　　　　2018 年 2 月河北第 1 次印刷

定价：99.00 元（附光盘）
读者服务热线：(010)81055410　印装质量热线：(010)81055316
反盗版热线：(010)81055315
广告经营许可证：京东工商广登字 20170147 号

关于本书

SketchUp 是直接面向设计过程而开发的三维绘图软件，并且有一个响亮的中文名字：设计大师！它可以快速和方便地对三维创意进行创建、观察和修改。传统铅笔草图的优雅自如，现代数字科技的速度与弹性，通过 SketchUp 得到了完美结合，它可以算得上是电子设计中的"铅笔"。

目前在实际的工作中，多数设计师无法直接在电脑里进行构思并及时与业主交流，只好以手绘草图为主，原因很简单：几乎所有软件的建模速度都跟不上设计师的思路。SketchUp 的诞生解决了这一难题，SketchUp 是一款适合于设计师使用的软件，它操作简单，可以让用户专注于设计本身，能让设计师的设计构思和表达完美地结合起来，达到事半功倍的效果。

有句至理名言："万丈高楼平地起"，只有学好基础知识，并多加练习，才能逐渐成长为设计高手。

内容和特点

本书主要针对 SketchUp Pro 2016 软件进行讲解，图文并茂，注重基础知识，删繁就简，贴近工程实际，把建筑设计、园林景观和室内设计等专业基础知识和软件操作技巧有机地融合到各个章节中进行讲解。

全书共分为 15 章，按照从软件基础建模到行业设计、由基本知识到实战案例的顺序进行编排。书中包含大量实例，供读者巩固练习使用。各章主要内容介绍如下。

- 第 1 章：介绍了 SketchUp Pro 2016 软件的基础知识，环境艺术的内容，SketchUp 与环艺设计之间的联系，以一个园林景观亭的案例进行入门训练，带领读者进入 SketchUp 的世界。
- 第 2 章：本章主要讲解了 SketchUp Pro 2016 中文版和组件的安装，以及认识 SketchUp 工作界面，最后还以一个快速入门案例带大家进入 SketchUp 世界，通过学习，读者可以快速熟悉 SketchUp 软件，为下一章学习打下良好的基础。
- 第 3 章：本章我们将会学习到 SketchUp 高级绘图设置，主要是菜单栏中窗口下的一些命令，包括材质、组件、群组、样式、图层、场景、雾化和柔化边线、照片匹配和模型信息命令，主要是对模型在不同情况进行不同的设置功能，知识点丰富且非常重要，希望读者认真学习并迅速掌握。
- 第 4 章：本章主要介绍 SketchUp 的辅助设计功能，其主要作用是对模型进行不同的编辑操作，并与实例进行结合，内容丰富且非常重要，希望读者认真学习。SketchUp 辅助设计工具包括主要工具、建筑施工工具、测量工具、镜头工具、漫游工具、截面工具、视图工具、样式工具和构造工具等。
- 第 5 章：本章主要学习 SketchUp 基本绘图功能，主要介绍了如何利用绘图工具制作不同的模型，利用编辑工具对模型进行不同的编辑，其次讲解了实体工具和沙盒工具，最终再补充讲解了如何在线搜索模型和组件，希望读者能认真学习并迅速掌握。

- 第 6 章：本章主要介绍 SketchUp 材质。材质组成大致包括颜色、纹理、贴图、漫反射和光泽度、反射与折射、透明与半透明、自发光。材质在 SketchUp 中应用广泛，它可以将一个普通的模型添加上丰富多彩的材质，使模型展现得更生动。
- 第 7 章：本章主要介绍 SketchUp 插件，它的作用是配合 SketchUp 程序使用。当需要做某一特定功能时，插件能做较为复杂的模型，让设计师的工作效率大大提高。
- 第 8 章：本章将介绍渲染知识，这里主要介绍 V-Ray for SketchUp 2016 渲染器和 Artlantis 5 渲染器。这两个渲染器能与 SketchUp 完美地结合，渲染出高质量的图片效果。
- 第 9 章：本章主要介绍 SketchUp 中常见的建筑、园林、景观小品的设计方法，并以真实的设计图来表现模型在日常生活中的应用。
- 第 10 章：介绍了 SketchUp 在地形场景中的应用。
- 第 11 章：通过两种不同的方法在 SketchUp 中创建住宅楼。
- 第 12 章：介绍了如何在 SketchUp 中对一个公园创建园林设计。
- 第 13 章：介绍了如何利用 SketchUp 进行室内装修设计，创建一个现代温馨的客厅效果。
- 第 14 章：介绍了如何在 SketchUp 中创建一个现代的庭院景观模型。
- 第 15 章：介绍了 SketchUp 在城市街道规划设计中的应用。

本书以精辟的功能命令解说+完全实战的方法，将 SketchUp Pro 2016 软件的全新学习方法一览无余地展现给读者。

书中精心安排了几十个具有针对性的实例，不仅可以帮助读者轻松掌握软件的使用方法，通过典型的应用实例体验真实的设计过程，在应对建筑外观设计、园林景观设计、室内装修设计等实际工作时，还能使读者提高工作效率。

读者对象

本书可以作为各高校建筑学、城市规划、环境艺术、园林景观及产品造型等专业的学生学习 SketchUp 的教材，也可以作为建筑设计、园林设计、规划设计行业从业人员的自学参考书。

附盘内容

本书所附光盘内容分为 3 部分，简要介绍如下。

1. 源文件及素材文件。

本书所有实例所用到的源文件及素材文件都按章收录在附盘的"源文件"文件夹中，读者可以调用和参考这些文件。

2. 结果文件及效果图文件。

本书所有实例的结果文件及相关的效果图文件都按章收录在附盘的"结果文件"文件夹中，读者可以调用和参考这些文件。

3. 视频文件。

本书所有实例的操作过程都录制成了".wmv"动画文件，并按章收录在附盘的"视频"文件夹中。

注意：播放动画文件前要安装配套光盘根目录下的"tscc.exe"插件。

作者信息

本书由广西职业技术学院的冀海玲、方聪及何凤老师合力编写。

感谢读者选择了本书，希望我们的努力对读者的工作和学习有所帮助。由于作者水平有限，书中如有不足和错误，恳请各位读者批评指正！

电子函件：shejizhimen@163.com（作者），liyongtao@ptpress.com.cn（责任编辑）。

设计之门
2017 年 10 月

目 录

第1章 SketchUp 2016 与环境艺术

本章主要介绍 SketchUp 2016 软件的基础知识，以及环境艺术概述和环艺设计，带领大家快速进入 SketchUp 的世界。

1.1 SketchUp 2016 概述

SketchUp 是一套直接面向设计方案创作过程的设计工具，其创作过程不仅能够充分表达设计师的思想，而且完全能满足与客户即时交流的需要。SketchUp 使得设计师可以直接在电脑上进行十分直观的构思，是三维建筑设计方案创作的优秀工具。SketchUp 是一款极受欢迎并且易于使用的 3D 设计软件，官方网站将它比喻为电子设计中的"铅笔"。

SketchUp 的开发公司@Last Software 成立于 2000 年，规模虽小，但却以 SketchUp 闻名，在 2006 年 3 月 15 日被 Google 收购，所以又称为 Google SketchUp。Google 收购 SketchUp 是为了增强 Google Earth 的功能，让使用者可以利用 SketchUp 建造 3D 模型并放入 Google Earth 中，使得 Google Earth 所呈现的地图更具立体感、更接近真实世界。使用者更可以通过一个名叫 Google 3D Warehouse 的网站寻找与分享各式各样利用 SketchUp 建造 3D 模型。

目前 Google 已将 SketchUp 出售给 TrimbleNavigation 了。今天给大家分享的为目前应用较广的 SketchUp Pro 2016 中文版， SketchUp Pro 2016 改进了大模型的显示速度（LayOut 中的矢量渲染速度提升了 10 倍多），并有更强的阴影效果。

图 1-1 所示为 SketchUp Pro 2016 建立的大型 3D 场景模型。

图 1-2 所示为 SketchUp Pro 2016 渲染的建筑室内设计模型。

图1-1

图1-2

1.1.1　SketchUp 2016 的特点

一、一如既往的简洁操作界面

SketchUp 2016 的界面一如既往的沿袭了 SketchUp 2015 的简洁界面，所有功能都可以通过界面菜单与工具按钮在操作界面内完成。对于初学者来说，可以很快上手；对于成熟设计师来说，不用再受软件复杂的操作束缚，而专心于设计。图 1-3 所示为 SketchUp 2016 向导界面，图 1-4 所示为操作界面。

图1-3

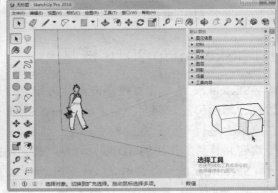
图1-4

二、直观的显示效果

在使用 SketchUp 进行设计创作时，可以实现"所见即所得"，即在设计过程中的任何阶段都可以以三维成品的方式展示在眼前，并能以不同的风格显示，因此，设计师在进行项目创作时，可以与客户直接进行交流。图 1-5、图 1-6 所示为创作模型显示的不同风格。

图1-5

图1-6

三、全面的软件支持与互换

SketchUp 不但能在模型建立上满足建筑制图高精度的要求，还能完美地结合 V-Ray、Artlantis 渲染器，渲染出高质量的效果图。还能与 AutoCAD、Revit、3ds Max、Piranesi 等软件结合使用，快速导入和导出 DWG、DXF、JPG、3DS 格式文件，实现方案构思，效果图与施工图绘制的完美结合。图 1-7 所示为 V-Ray 渲染效果，图 1-8 所示为 Piranesi 彩绘效果。

图1-7

图1-8

四、强大的推/拉功能

方便的推/拉功能，能让设计师将一个二维平面图方便快速地生成 3D 几何体，无需进行复杂的三维建模。图 1-9 所示为二维平面，图 1-10 所示为三维模型。

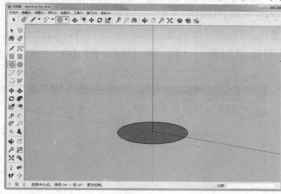

图1-9

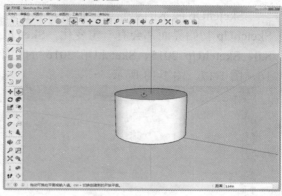

图1-10

五、自主的二次开发功能

SketchUp 可以通过 Ruby 语言自主性开发一些插件，全面提升了 SketchUp 的使用效率。图 1-11 所示为建筑插件，图 1-12 所示为细分/光滑插件。

图1-11

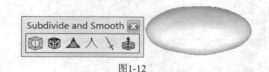

图1-12

1.1.2 SketchUp 系统需求

SketchUp 和许多计算机程序一样，需要满足特定的硬件和软件要求才能安装和运行，推荐配置如下。

一、软件配置

- Windows/7/8/10。
- IE 8.0 或更高版本。
- .NET Framework 4.0 或更高版本。

提示：　SketchUp 可在 64 位版本的 Windows 上运行，但会作为 32 位应用程序运行。

二、硬件配置

- 2GHz 以上的处理器。
- 2GB 以上的内存。
- 500MB 的可用硬盘空间。
- 512MB 以上的 3D 显卡，请确保显卡驱动程序支持 OpenGL 1.5 或更高版本。
- 三键滚轮鼠标。
- 某些 SketchUp 功能需要有效的互联网连接。

1.1.3　SketchUp 版本界面

　　SketchUp 版本的更新速度很快，真正进入中国市场的版本是 SketchUp 3.0。每个版本的 SketchUp 初始界面都会有一定变化，SketchUp 5.0、SketchUp 6.0、SketchUp 7.0、SketchUp 8.0、SketchUp 2015、SketchUp 2016 的初始界面分别如图 1-13、图 1-14、图 1-15、图 1-16、图 1-17、图 1-18 所示。

图1-13

图1-14

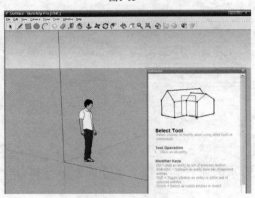

图1-15

图1-16

图1-17

图1-18

1.2 环境艺术概述

环境艺术（简称环艺）是绿色的艺术与科学，是创造和谐与持久的艺术与科学。城市规划、建筑设计、室内设计、园林景观设计，以及城雕、壁画、建筑园林景观小品等都属于环境艺术范畴。

1.2.1 环境艺术的定义

环境艺术又被称为环境设计，是一个尚在发展中的学科，目前还没有形成完整的理论体系。关于它的学科对象研究和设计的理论范畴及工作范围，包括定义的界定都没有比较统一的认识和说法。

著名环境艺术理论家多伯（RichardP·Dober）说："环境艺术作为一种艺术，它比建筑艺术更巨大，比规划更广泛，比工程更富有感情。这是一种重实效的艺术，传统且瞩目的艺术。环境艺术的实践与人影响其周围环境的能力，赋予环境视觉次序的能力，以及提高人类居住环境质量和装饰水平的能力是紧密地联系在一起的"。多伯对环境艺术的定义，是迄今为止作者所见到的、具有权威性、比较全面、比较准确的定义。虽然他说这只是从艺术角度讲的，但是它已经远远超出了过去门类艺术的观念。该定义指出，环境艺术范围广泛、历史悠久，不仅具有一般视觉艺术特征，还具有科学、技术、工程特征。在多伯定义的基础上，我们将环境艺术的定义概括为：环境艺术是人与周围的人类居住环境相互作用的艺术。图1-19、图1-20所示为环境艺术效果。

图1-19

图1-20

1.2.2　环境艺术发展方向

环境艺术主要分两个方向：一是室内装潢设计，二是室外景观设计。可以说这两个专业的就业方向都是非常广阔的，主要原因是我国经济的迅速发展，特别是房地产行业，无论是室内装潢还是室外景观设计，都需要大量的人才。从过去的房屋设计到现在的室外设计、广场设计、园林设计、街道设计、景观设计、城市道路桥梁设计等，都可以看出该专业的发展速度之快。同时，随着人们生活水平的提高，设计也由过去偏重于硬件设施环境的设计转变为今天重视人的生理、行为、心理环境创造等更广泛和更深意义的理解，除了美观外还要有艺术性、欣赏性、创造联想性等。

1.3　SketchUp 与环艺设计

SketchUp 是一款直观面向设计师，注重设计创作过程的软件，全球很多建筑工程企业和大学几乎都会使用它来进行创作。SketchUp 与环艺设计两者紧密联系，使原本单一的设计变得丰富多彩，能产生很多意想不到的设计效果。如在建筑设计、城市规划、室内设计、景观设计、园林设计中，都体现了环艺设计的作用。

1.3.1　建筑设计

建筑设计，指在建筑物建造之前，设计者按照建设任务，把施工过程中所存在的或可能发生的问题，事先作好设想，拟定好解决这些问题的办法、方案，用图纸和文件表达出来，并使建成的建筑物能充分满足使用者和广大社会所期望的各种要求。总之，建筑设计是一种需要有预见性的工作，要预见到可能发生的各种问题。

SketchUp 主要运用在建筑设计的方案阶段，在这个阶段需要建立一个大致模型，然后通过这个模型来看出建筑体量、尺度、材质、空间等一些细节的构造。

图 1-21、图 1-22 所示为利用 SketchUp 建立的建筑模型。

图1-21

图1-22

1.3.2　城市规划

城市规划，指研究城市的未来发展、城市的合理布局和综合安排城市各项工程建设的综合部署，是一定时期内城市发展的蓝图。SketchUp 可以设置特定的经纬度和时间，模拟出城市规划中的环境，场景配置，并赋予环境真实的日照效果。

图 1-23、图 1-24 所示为利用 SketchUp 建立的规划模型。

图1-23

图1-24

1.3.3 室内设计

室内设计，是指为满足一定的建造目的而进行的准备工作，对现有的建筑物内部空间进行深加工的增值准备工作，从而创造功能合理、舒适优美、满足人们物质和精神生活需要的室内环境。

SketchUp 在室内设计中的应用范围越来越广，能快速地制作出室内三维效果图，如室内场景、室内家具建模等。

图 1-25、图 1-26 所示为利用 SketchUp 建立的室内设计模型。

图1-25

图1-26

1.3.4 景观设计

景观设计是一门建立在广泛的自然科学和人文与艺术学科基础上的应用学科。主要是指对土地及土地上的空间和物体的设计，把人类向往的大自然所表现出来。

SketchUp 在景观设计中，有构建地形高差方面直观的效果，而且有大量丰富的景观素材和材质库，在这领域应用最为普遍。

图 1-27、图 1-28 所示为利用 SketchUp 创建的景观模型。

图1-27

图1-28

1.3.5　园林设计

园林设计是一门研究如何应用艺术和技术手段处理自然、建筑和人类活动之间复杂关系，达到和谐完美、生态良好、景色如画之境界的一门学科。它包括的范围很广，如庭园、宅园、小游园、花园、公园及城市街区等。其中公园设计内容比较全面，具有园林设计的典型性。

SketchUp 在园林设计中，起到非常有价值的作用，有大量丰富的组件提供给设计师，一定程度上提高了设计的工作效率和成果质量。

图 1-29、图 1-30 所示为利用 SketchUp 创建的园林模型。

图1-29

图1-30

1.4　入门案例——园林小品"亭"的设计

本节以一个制作园林景观亭的入门训练为例，带读者慢慢进入 SketchUp 的世界，这样就算是一个初学者，也能很快根据操作步骤顺利完成这个案例，并能快速熟悉 SketchUp 工具。图 1-31 所示为效果图。

图1-31

结果文件：\Ch01\亭子.skp
视频文件：\Ch01\亭子.wmv

1. 单击【多边形】按钮 ◉ ，创建一个八边形，如图 1-32 所示。
2. 单击【圆弧】按钮 ◓ ，绘制圆弧，形成的截面如图 1-33、图 1-34、图 1-35 所示。

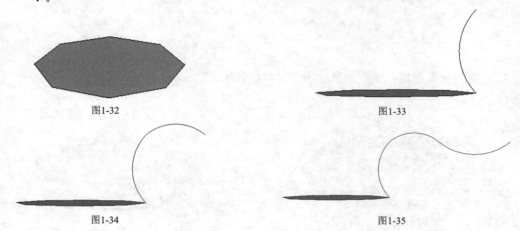

图1-32

图1-33

图1-34

图1-35

3. 继续绘制圆弧，如图 1-36、图 1-37、图 1-38 所示。

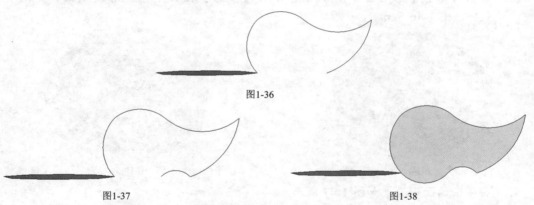

图1-36

图1-37

图1-38

4. 选择多边形面，再单击【跟随路径】按钮 ◉ ，最后选择截面，如图 1-39、图 1-40 所示。

图1-39

图1-40

5. 单击【推/拉】按钮 ⬆ ，拉出一定距离，如图 1-41 所示。
6. 单击【拉伸】按钮 ⬈ ，进行自由缩放，如图 1-42、图 1-43 所示。

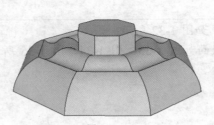

图1-41

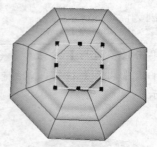

图1-42

7.　绘制一个圆球放置到顶上，如图 1-44 所示。

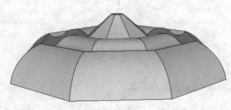

图1-43

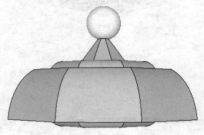

图1-44

8.　单击【线条】按钮 ✏，封闭面，单击【偏移】按钮 🖑，偏移复制面，如图
　　1-45、图 1-46 所示。

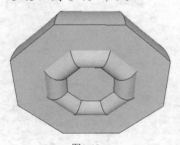

图1-45

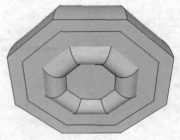

图1-46

9.　将多余的面删除，如图 1-47 所示。

10.　单击【圆】按钮 🔵，绘制圆面，然后单击【推/拉】按钮 ⬆，拉伸一定距离，
　　如图 1-48、图 1-49 所示。

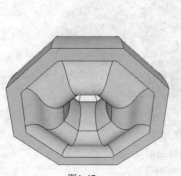

图1-47

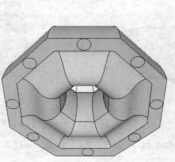

图1-48

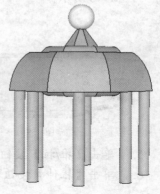

图1-49

11. 单击【圆】按钮⚫，绘制圆，然后单击【偏移】按钮，向里偏移复制，如图 1-50、图 1-51 所示。

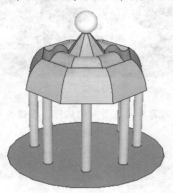

图1-50

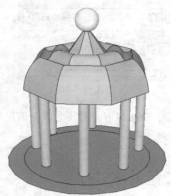

图1-51

12. 单击【推/拉】按钮，拉出一定距离，如图 1-52 所示。

13. 单击【矩形】按钮和【推/拉】按钮，推拉出一个矩形草坪，如图 1-53 所示。

图1-52

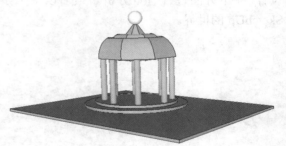

图1-53

14. 填充适合的材质，导入人物、植物组件作为装饰，效果如图 1-54、图 1-55 所示。

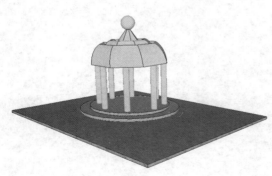

图1-54

图1-55

15. 选择【窗口】/【默认面板】/【场景】命令，显示【场景】面板。在【场景】面板中单击【添加场景】按钮⊕为园林景观亭创建一个场景页面，并显示其阴影效果，如图 1-56、图 1-57 所示。

图1-56

图1-57

提示：如果对 SketchUp 软件不是很熟悉，可以在后期学习完其他内容后再练习入门训练，根据自身掌握程度决定。

1.5　本章小结

　　本章首先学习了 SketchUp 2016 软件的基础知识，包括它的特点、系统需求、版本界面更新等。其次了解了环境艺术的内容，从它的定义和发展方向进行分析。然后掌握了 SketchUp 与环艺设计之间的联系，并从建筑设计、城市规划、室内设计、景观设计、园林设计 5 个方面进行着重分析。最后以一个园林景观亭的案例进行入门训练，带读者进入 SketchUp 的世界。

第2章 学习 SketchUp 关键的第一步

本章主要讲解了 SketchUp Pro 2016 中文版安装和组件安装，并介绍了 SketchUp 的工作界面，最后还以一个快速入门案例带大家进入 SketchUp 世界。通过学习，读者可以快速熟悉 SketchUp 软件，为下一章学习打下良好的基础。

2.1 SketchUp Pro 2016 中文版的安装

SketchUp Pro 2016 中文版，是一个可以让你在 3D 环境中探索和表达想法的简单且强大的工具，SketchUp Pro 2016 做到了传统的 CAD 软件无法做到的功能，不仅容易学习，而且易于使用，而且能够让用户轻松存取 Google 的大量地理资源。

这里以安装 SketchUp Pro 2016 中文版为例，SketchUp Pro 2016 中文版软件可以在官网或在其他网站搜索下载。

1. 双击 SketchUpPro-zh-CN-x64.exe 安装程序图标 🥤，启动安装界面，如图 2-1 所示。随后打开安装窗口，如图 2-2 所示。

图2-1

提示：如果不希望继续安装软件程序，可单击安装界面中的【Concal】按钮关闭。

2. 单击 下一个(N) 按钮，弹出 SketchUp Pro 2016 安装许可协议对话框，勾选 ☑我接受许可协议中的条款(A) 复选框，如图 2-3 所示。

图2-2

图2-3

3. 单击 下一个(N) 按钮，弹出 SketchUp Pro 2016 安装目标文件夹对话框，如图 2-4 所示，单击 更改(C)... 按钮，可自己选择安装文件夹，在此选择 D 盘文件夹。

4. 单击 下一个(N) 按钮，弹出 SketchUp Pro 2016 准备安装对话框，如图 2-5 所示，如果已确定之前操作，那么单击 安装(I) 按钮，即可进行安装。

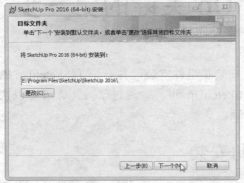
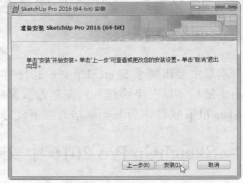

图2-4　　　　　　　　　　　　　　　　　图2-5

5. 图 2-6 所示为 SketchUp Pro 2016 安装过程及完成界面，单击 完成(F) 按钮，即完成整个程序的安装，返回电脑桌面，会出现一个 图标。

图2-6

6. 激活软件。双击桌面上的 SketchUp Pro 2016 图标，弹出图 2-7 所示的使用向导。单击向导窗口中的【添加许可证】按钮，打开【许可证】页面。

图2-7

7. 输入购买正版软件时软件序列号及验证码，并单击【添加】按钮完成授权注册，如图 2-8 所示。

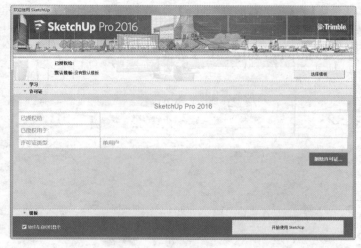

图2-8

2.2 认识 SketchUp Pro 2016 工作界面

SketchUp 的操作界面简捷明了，就算不是专业设计方面的人都能轻易上手，极受设计师欢迎的三维设计软件，无论是大学校园、设计院还是设计公司，约 80%的人都使用这款软件。

2.2.1 启动主界面

完成软件正版授权后，即可使用授权的 SketchUp Pro 2016 了，否则仅仅使用具有一定期限的试用版。

在获得授权许可的 SketchUp Pro 2016 使用向导窗口中单击 选择模板 按钮，弹出系统默认的模板类型，选择"建筑设计-毫米"模板（也可选择通用模板"简单模板-米"），单击 开始使用 SketchUp 按钮，即可启动 SketchUp Pro 2016 应用程序，如图 2-9 所示。

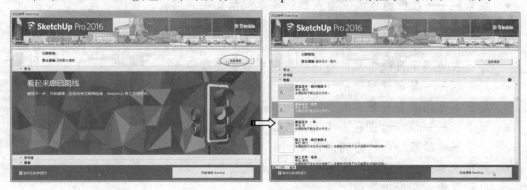

图2-9

提示： 向导窗口是默认启动软件程序时自动显示的。用户可以勾选或取消勾选【始终在启动时显示】复选框来控制向导窗口的显示与否。当然，也可以在 SketchUp 操作界面中重新开启向导窗口的显示，选择菜单栏中的【帮助】/【欢迎使用 SketchUp】命令，会再次弹出向导窗口，并勾选【始终在启动时显示】复选框即可。

图 2-10 所示为 SketchUp Pro 2016 操作主界面。

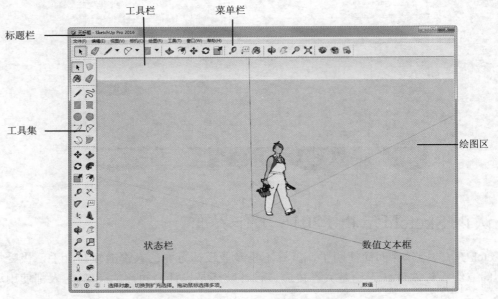

图2-10

2.2.2 主界面介绍

主界面主要是指绘图窗口，主要由标题栏、菜单栏、工具栏、绘图区、状态栏和数值控制栏组成。

- 标题栏——在绘图窗口的顶部，右边是关闭、最小化、最大化按钮，左边为无标题 SketchUp，说明当前文件还没有进行保存。
- 菜单栏——在标题栏的下面，默认菜单包括文件、编辑、视图、镜头、绘图、工具、窗口和帮助。
- 工具栏——在菜单的下面，左边是标准工具栏，包括新建、打开、保存、剪切等，右边属于自选工具，可以根据需要自由设置添加。
- 绘图区——是创建模型的区域，绘图区的 3D 空间通过绘图轴标识别，绘图轴是三条互相垂直且带有颜色的直线。
- 状态栏——位于绘图区左下面，左端是命令提示和 SketchUp 的状态信息，这些信息会随着绘制的东西而改变，主要是对命令的描述。
- 数值文本框——位于绘图区右下面，数值控制栏可以显示绘图中的尺寸信息，也可以输入相应的数值。
- 工具集：工具集中放置建模时所需的其他工具。例如，在菜单栏执选择【视

图】/【工具栏】命令，打开【工具栏】对话框。勾选建模所需的工具，单击
【确定】按钮即可添加所需工具条，再将工具条拖到左侧的工具集中。

SketchUp 菜单栏主要介绍了对模型文件的所有基本操作命令，主要包括文件菜单、编辑菜单、视图菜单、镜头菜单、绘图菜单、工具菜单、窗口菜单及帮助菜单。

一、文件菜单

文件菜单，主要是一些基本操作，如图 2-11 所示。除常用新建、打开、保存、另存为命令外，还有在 Google 地球中预览、地理位置、建筑模型制作工具 3D 模型库、导入与导出命令。

- 新建：选择【新建】命令即可创建名为"标题-SketchUp"的新文件。
- 打开：选择【打开】命令，弹出打开文件对话框，如图 2-12 所示，单击所要打开的文件，呈蓝色选中状态，单击 开(O) 按钮即可。

图2-11

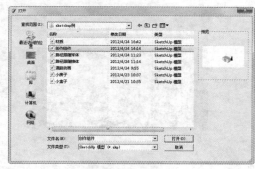

图2-12

- 保存：选择【文件】/【保存】/【另存为】命令，将当前文件进行保存。
- 另存为模板：另存为模板，是指按自己意愿设计模板进行保存，以方便每次启动程序选择自己设计的模板，而不用单一选择默认模板，图 2-13 所示为另存为模板对话框。
- 发送到 LayOut：SketchUp Pro 2016 发布了增强布局的 LayOut 2016 功能，执行该命令可以将场景模型发送到 LayOut 中进行图纸布局与标注等操作。
- 在 Google 地球中预览/地理位置：需要和【地理位置】命令配合使用，先给当前模型添加地理位置，再选择在 Google 地球中预览模型，如图 2-14 所示。

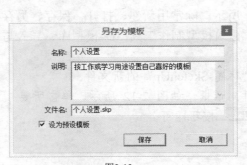

图2-13

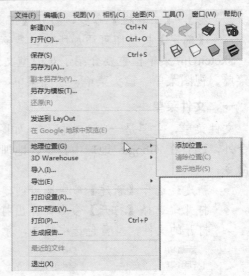

图2-14

- 3D Warehouse（模型库）：选择【获取模型】命令，可以在 Google 官网在线获取你所需要的模型，然后直接下载到场景中，对于设计者来说非常方便；选择【共享模型】命令，可以在 Google 官网注册一个账号，将自己的模型上传，与全球用户共享。选择【分享组件】命令，可以将用户创建的组件模型上传到网络与其他用户分享。图 2-15 所示为获取 3D 模型的网页界面。

图2-15

- 导入：SketchUp 可以导入*.dwg 格式的 CAD 图形文件，*.3ds 格式的三维模型文件，还有*.jpg、*.bmp、*.psd 等格式的文件，如图 2-16 所示。
- 导出：SketchUp 可以导出三维模型、二维图形、剖面、动画几种效果，如图 2-17 所示。

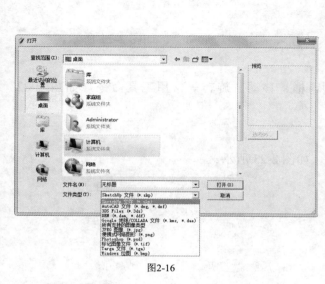

图2-16

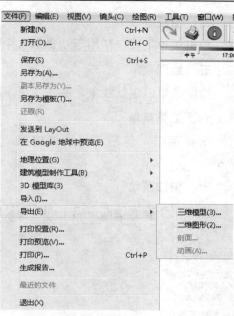

图2-17

二、编辑菜单

主要对绘制模型进行编辑。包括常用的复制、粘贴、剪切、还原、重做命令，还有原位粘贴、删除导向器、锁定、创建组件、创建组和相交平面等命令，如图 2-18 所示。

三、视图菜单

主要是更改模型中模型显示。包括工具栏、场景标签、隐藏几何图形、截面、截面切割、轴、导向器、阴影、雾化、边线样式、正面样式、组件编辑和动画命令，如图 2-19 所示。

图2-18

图2-19

四、相机菜单

相机菜单主要包括用于更改模型视点的一些命令，如图 2-20 所示。

五、绘图菜单

绘图菜单，包括线条、圆弧、徒手画、矩形、圆、多边形命令，如图 2-21 所示。

六、工具菜单

工具菜单，包括选择、橡皮擦、颜料桶、移动、旋转等常用工具命令，如图 2-22 所示。

七、窗口菜单

主要用于查看绘图窗口中的模型情况，如图 2-23 所示。

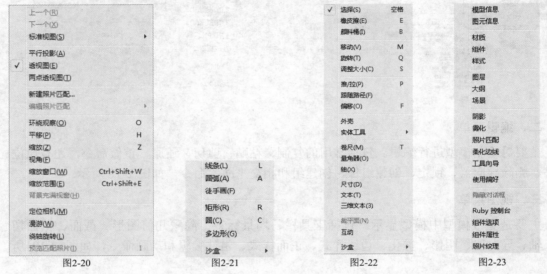

图2-20   图2-21   图2-22   图2-23

2.3 SketchUp 视图操作

在使用 SketchUp 进行方案推敲的过程中，常需要通过视图切换、缩放、旋转、平移等操作，以确定模型的创建位置或观察当前模型在各个角度下的细节结果。这就要求用户必须熟练掌握 SketchUp 视图操作的方法与技巧。

2.3.1 切换视图

在创建模型过程中，通过单击 SketchUp【视图】工具栏中的 6 个按钮，切换视图方向。【视图】工具栏如图 2-24 所示。

图2-24

图 2-25 所示为 6 个标准视图的预览情况。

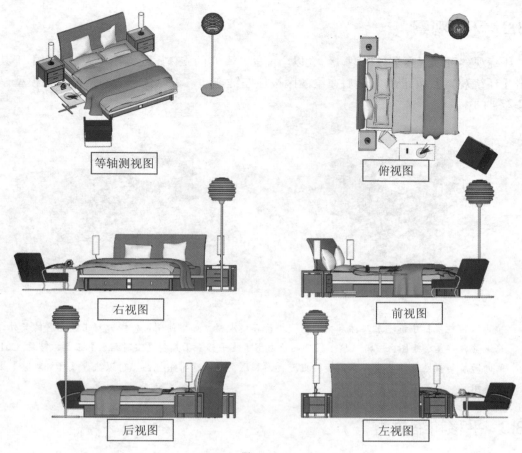

等轴测视图

俯视图

右视图

前视图

后视图

左视图

图2-25

SketchUp 视图包括平行投影视图、透视图和两点透视图。图 2-25 所示的 6 个标准视图就是平行投影视图的具体表现。图 2-26 所示为某建筑物的透视图和两点透视图。

要得到平行投影视图或透视图，可在菜单栏执行【相机】/【平行投影】命令或【相机】/【透视图】命令。

图2-26

2.3.2 环绕观察

环绕观察可以观察全景模型，给人以全面的、真实的立体感受。在【大工具集】工具栏单击【环绕观察】按钮 ✦，然后在绘图区按住左键拖动，可以任意空间角度观察模型，如图 2-27 所示。

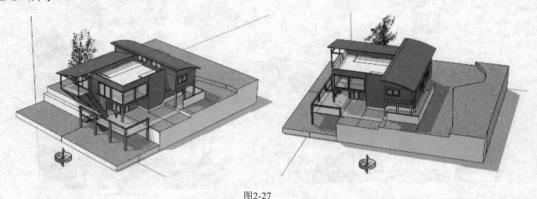

图2-27

提示：也可以按住鼠标中键不放，然后拖动模型进行环绕观察。如果使用鼠标中键双击绘图区的某处，会将该处旋转置于绘图区中心。这个技巧同样适用于【平移】工具和【实时缩放】工具。按住 Ctrl 键的同时旋转视图能使竖直方向的旋转更流畅。利用页面保存常用视图，可以减少【环绕观察】工具的使用。

2.3.3 平移和缩放

平移和缩放是操作模型视图的常见基本工具。

利用【大工具集】工具栏中的【平移】工具 ✋，可以拖动视图至绘图区的不同位置。平移视图其实就是平移相机位置。如果视图本身为平行投影视图，那么无论将视图平移到绘图区何处，模型视角不会发生改变，如图 2-28 所示。若视图为透视图，那么平移视图到绘图区不同位置，视角会发生图 2-29 所示的改变。

平移到左上角　　　　　　　　　　　　　　　平移到右上角

图2-28

| 平移到左上角 | 平移到右上角 |

图2-29

缩放工具包括缩放相机视野工具和缩放窗口。缩放视野是缩放整个绘图区内的视图，利用【缩放】工具 🔍，在绘图区上下拖动鼠标，可以缩小视图或放大视图，如图 2-30 所示。

图2-30

2.4　SketchUp 对象选择

在制图过程中，常需要选择相应的物体，因此必须熟练掌握选择物体的方式。SketchUp 常用的选择方式有一般选择、窗选与窗交三种。

2.4.1　一般选择

【选择】工具可以通过单击【主要】工具栏中的【选择】按钮 ▶，或直接按空格键激活【选择】命令，下面以实例操作进行说明。

 源文件：\Ch02\休闲桌椅组合 2.skp

1. 启动 SketchUp 2016。单击【标准】工具栏中的【打开】按钮 📂，然后从光盘路径中打开 "\源文件\Ch02\休闲桌椅组合.skp" 模型，如图 2-31 所示。
2. 单击【主要】工具栏中的【选择】按钮 ▶，或直接按空格键激活【选择】命令，绘图区中显示箭头符号 ▶。
3. 在休闲桌椅组合中任意选中一个模型，该模型将显示边框，如图 2-32 所示。

图2-31

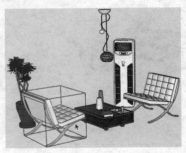

图2-32

提示： SketchUp 中最小的可选择对象为 "线" "面" 与 "组件"。本例组合模型为 "组件"，因此无法直接选择到 "面" 或 "线"。但如果选择组件模型并执行右键快捷菜单中的【分解】命令，即可以选择该组件模型中的 "面" 或 "线" 元素了，如图 2-33 所示，分解组件模型后，①选择 "线"，②选择面。若该组件模型由多个元素构成，需要多次进行分解。

  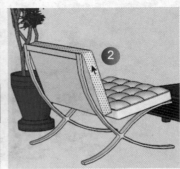

图2-33

4. 选择一个组件、线或面后，若要继续选择，可按 "Ctrl" 键（光标变成 ▶+）连续选择对象即可，如图 2-34 所示。

5. 按 "Shift" 键（光标变成 ▶±）可以连续选择对象，也可以反选对象，如图 2-35 所示。

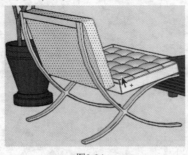 

图2-34　　　　　　　　　　　　　　　图2-35

6. 按 "Ctrl" + "Shift" 组合键，此时光标变成 ▶–，可反选对象，如图 2-36 所示。

24

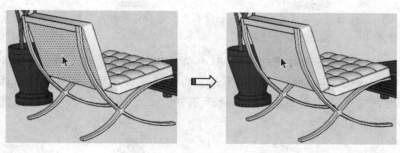

图2-36

提示： 如果误选了对象，就可以按 "Shift" 键进行反选，还可以按 "Ctrl" + "Shift" 组合键反选。

2.4.2 窗选与窗交

　　窗选与窗交都是利用【选择】命令，以矩形窗口框选方式进行选择。窗选是由左至右画出矩形进行框选，窗交是由右至左画出矩形进行框选。

　　窗选的矩形选择框是实线，窗交的矩形选择框为虚线，如图 2-37 所示，左图是窗选选择，右图是窗交选择。

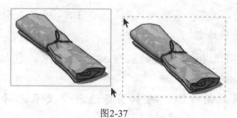

图2-37

 源文件：\Ch02\餐桌组合 2.skp

1. 启动 SketchUp 2016。单击【标准】工具栏中的【打开】按钮，然后从光盘路径中打开 "\源文件\Ch02\餐桌组合.skp" 模型，如图 2-38 所示。

2. 在整个组合模型中要求一次性选择 3 个椅子组件。保留默认的视图，在图形区合适位置选取一点作为矩形框的起点，然后从左到右画出矩形，将其中 3 个椅子组件包容在矩形框内，如图 2-39 所示。

图2-38   图2-39

提示： 要想完全选中 3 个组件，3 个组件必须被包含在矩形框内。另外，被矩形框包容的还有其他组件，
若不想选中它们，按 "Shift" 键反选即可。

3. 框选后，可以看见同时被选中的 3 个椅子组件（选中状态为蓝色高亮显示组
件边框），如图 2-40 所示。在图形区空白区域单击鼠标，即可取消框选结果。

4. 下面用窗交方法同时选择 3 个椅子组件。在合适位置处从右到左画出矩形
框，如图 2-41 所示。

图2-40　　　　　　　　　　　　　　　　图2-41

提示： 窗交选择与窗选不同的是，无需将所选对象完全包容在内，而是矩形框包容对象或经过所选对象，
但凡矩形框经过的组件都会被选中。

5. 如图 2-42 所示，矩形框所经过的组件被自动选中，包括椅子组件、桌子组件
和桌面上的餐具。

6. 如果是将视图切换到俯视图，再利用窗选或窗交来选择对象会更加容易，如
图 2-43 所示。

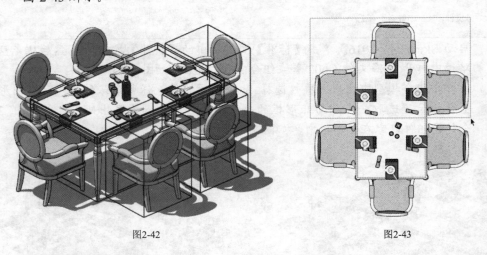

图2-42　　　　　　　　　　　　　　　　图2-43

2.5　基本绘图配置

绘图前，需要对 SketchUp 进行绘图配置，以帮助我们快速而精确的绘图。下面介绍一
些基本设置，在下一章中我们会学习到高级设置。

2.5.1 模型信息设置

SketchUp 模型信息设置，主要是用于显示或修改模型信息，包括尺寸、单位、地理位置、动画、统计信息、文本、文件、信用、渲染、组件几个选项。

选择【窗口】/【模型信息】命令，弹出模型信息面板。

- 尺寸对话框：主要用于设置模型尺寸、文字大小、字体样式、颜色、文本标注引线等，如图 2-44 所示。
- 单位对话框：主要用于设置文件默认的绘图单位和角度单位，如图 2-45 所示。

图2-44

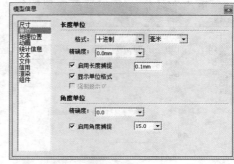
图2-45

- 地理位置对话框：主要用于设置模型所处地理位置和太阳方位，如图 2-46 所示。
- 动画对话框：主要用于设置"场景动画"转换时间和延迟时间，如图 2-47 所示。

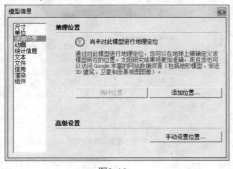
图2-46

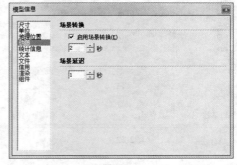
图2-47

- 统计信息对话框：用于统计当前模型的边线、面和组件等一系列的数，如图 2-48 所示。
- 文本对话框：用于设置屏幕文本、引线文本和引线，如图 2-49 所示。

图2-48

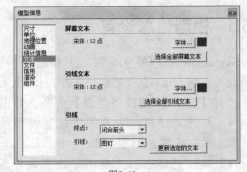

图2-49

- 文件对话框：用于显示当前文件的存储位置，使用版本等，如图 2-50 所示。
- 信用对话框：显示当前模型的作者和组件作者，如图 2-51 所示。

图2-50

图2-51

- 渲染对话框：提高渲染质量，如图 2-52 所示。
- 组件对话框：可以控制相似组件或其他模型的显隐效果，如图 2-53 所示。

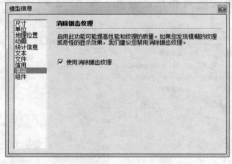

图2-52

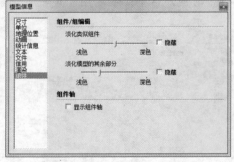

图2-53

2.5.2　图层设置

SketchUp 图层，要对一些模型进行一种打包组合的方式进行编辑，特别是在做一些复杂的模型，图层工具可以显示隐藏，方便用户操作起来更方便流畅。主要操作有创建、打开、删除和关闭，通过图层可以对某组模型进行单独编辑，而不影响其他模型。

一、打开图层工具栏和图层管理器

- 选择【视图】/【工具栏】/【图层】命令，勾选图层，弹出图层管理对话框，如图 2-54 和图 2-55 所示。

- 选择【窗口】/【图层】命令，弹出图层编辑对话框，如图 2-56 所示。

图2-54　　　　　　　　　　　　图2-55　　　　　　　　　　　　图2-56

二、图层管理器

- 单击【添加图层】按钮⊕，可新建一个图层，名称为"图层 1"，图 2-57 示为新建两个图层。
- 单击【删除图层】按钮⊖，即可删除图层。
- 【名称】选项：显示图层名称，双击图层名称，即可修改，如图 2-58 所示。
- 【可见】选项：打勾表示显示当前图层，不打勾则隐藏当前图层。
- 【颜色】选项：表示当前图层颜色，单击颜色块，出现编辑材质对话框，如图 2-59 所示。

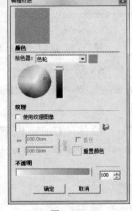

图2-57　　　　　　　　　　　图2-58　　　　　　　　　　　图2-59

源文件：\Ch02\别墅模型.skp

1. 打开光盘中的 "\源文件\Ch02\别墅模型.skp"，如图 2-60 所示。

2. 选择【窗口】/【图层】命令，打开图层管理器，只有一个默认图层，如图 2-61 所示。

图2-60

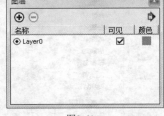

图2-61

3. 单击【添加图层】按钮 ⊕，以这个别墅模型的组成结构来命名几个图层名称，图 2-62 所示为新命名的图层。

4. 对着模型屋顶单击鼠标右键，选择【图元信息】命令，弹出图元信息对话框，如图 2-63、图 2-64 所示。

图2-62

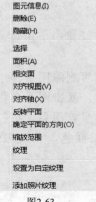

图2-63

图2-64

5. 单击图层选项右侧的下三角按钮，新建的几个图层即在下拉列表中，如图 2-65 所示。

6. 选择 "屋顶" 图层，当前选中的屋顶即可添加到 "层顶" 图层中，如图 2-66 所示。

7. 按住 "Ctrl" 键可以多选择几个屋顶面，然后选择图层工具栏中的 "屋顶" 图层，同样可以对模型进行分层，如图 2-67 所示。

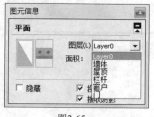

图2-65

图2-66

图2-67

8. 利用上述方法，依次对窗户、墙体、栏杆、门，进行按类分图层。

提示：在图层管理对话框中，可见选项不能全部不勾选，必须有一个图层显示为当前图层。颜色设置也可以绘制好模型后再进行更改。

2.6 案例——室内家具设计

 结果文件：\Ch02\结果文件\梳妆台.skp
视频文件：\Ch02\视频\梳妆台.wmv

本部分以一个入门训练制作梳妆台为例，带读者朋友们慢慢进入 SketchUp 的世界，就算是一个初学者，也能很快根据操作步骤顺利完成这个案例，并能快速熟悉 SketchUp 工具。

1. 绘制矩形。单击【矩形】按钮█，在场景中绘制一个长为 350mm，宽为 300mm 的矩形。同样再绘制一个长为 350mm，宽为 1000mm 的矩形，如图 2-68、图 2-69 所示。

图2-68   图2-69

2. 单击【推/拉】按钮█，将矩形面分别向上推 400mm 和 150mm，如图 2-70、图 2-71 所示。

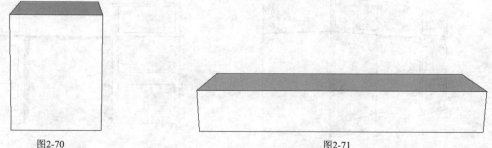

图2-70   图2-71

3. 选择【编辑】/【创建组】命令，将两个矩形分别创建组，如图 2-72 所示。

4. 单击【移动】按钮█，进行移动组合，并按住 "Ctrl" 键不放，进行水平复制矩形组，如图 2-73、图 2-74、图 2-75 所示。

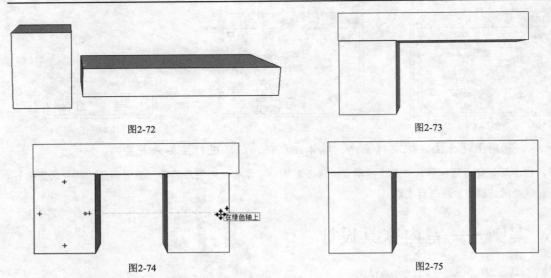

图2-72　　　　　　　　　　　　　　　　　　　图2-73

图2-74　　　　　　　　　　　　　　　　　　　图2-75

5. 单击【矩形】按钮■，分别绘制两个长为 250mm，宽为 120mm 的矩形面，如图 2-76 所示。

6. 单击【选择】按钮✺，按住 "Ctrl" 键不放，复制矩形面，如图 2-77 所示。

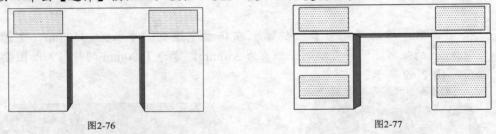

图2-76　　　　　　　　　　　　　　　　　　　图2-77

7. 单击【推/拉】按钮☘，将矩形向外推拉距离为 20mm，如图 2-78 所示。

8. 单击【圆】按钮●，在矩形面上绘制两个半径为 15mm 的圆，如图 2-79 所示。

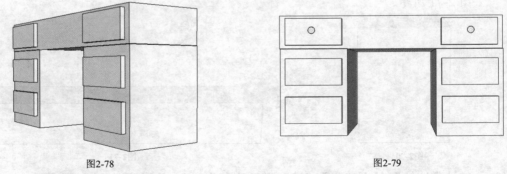

图2-78　　　　　　　　　　　　　　　　　　　图2-79

9. 单击【选择】按钮✺，按住 "Ctrl" 键不放，复制圆面，如图 2-80 所示。

10. 单击【偏移】按钮☝，将圆向里偏移复制 5mm，如图 2-81 所示。

11. 单击【推/拉】按钮☘，分别向外推拉 5mm 和 10mm，如图 2-82、图 2-83 所示。

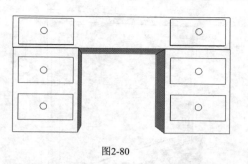

图2-80

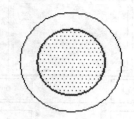

图2-81

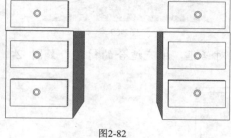

图2-82

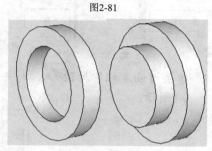

图2-83

12. 完成其他推拉效果，选择【编辑】/【创建组】命令，将模型创建群组，如图 2-84、图 2-85 所示。

图2-84

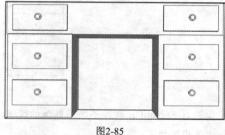

图2-85

13. 单击【矩形】按钮▭，绘制一个长为 800mm，宽为 500mm 的矩形，如图 2-86 所示。

14. 单击【推/拉】按钮♦，向里推拉 15mm，如图 2-87 所示。

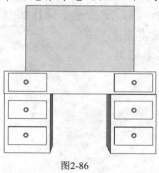

图2-86

图2-87

15. 单击【偏移】按钮，将矩形面向内偏移复制 30mm，如图 2-88 所示。

16. 单击【推/拉】按钮♦，向里推拉 5mm，如图 2-89 所示。

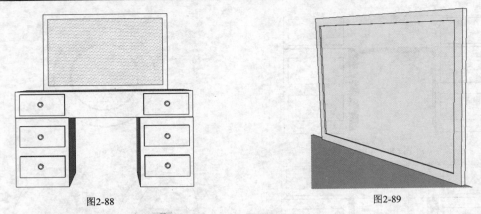

图2-88　　　　　　　　　　　　　　　　　　　　　图2-89

17. 单击【油漆桶】按钮 ，打开材质编辑器对话框，填充适合的材质，如图 2-90 所示。

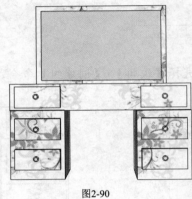

图2-90

提示：如果对 SketchUp 软件不是很熟悉的读者，可以在后期学习完其他内容后再练习入门训练，根据自身掌握程度决定。

2.7　本章小结

学习 SketchUp 的关键第一步，就是从熟悉界面开始，然后掌握基本操作和一般的对象选择。最后对 SketchUp 的绘图环境进行配置，这个操作是非常重要的。

本章是为下一章的图形工具讲解做准备，希望大家多多练习。

第3章 学习 SketchUp 关键的第二步

上一章学习了 Sketchup 入门操作及基本绘图设置，这一章我们将会学习到 Sketchup 高级绘图设置，主要是菜单栏中窗口下的一些命令，包括材质、组件、群组、风格、图层、场景、雾化和柔化边线、照片匹配和模型信息命令，主要是对模型在不同情况进行不同的设置功能，知识点丰富且非常重要，希望读者们认真学习且能迅速掌握。

3.1 组件设置

SketchUp 组件，就是将一个或多个几何体组合，使操作起来更为方便，组件可以自己制作，也可下载组件，在模型中当要重复制作某部分时，使用组件能让设计师工作效果大大提高。

一、创建组件方法

- 选择【编辑】/【创建组件】命令，如图 3-1 所示。
- 选中模型，单击鼠标右键选择【创建组件】命令，如图 3-2 所示。

图3-1

图3-2

二、组件右键菜单

- 删除：删除当前组件。
- 隐藏：对选中组件进行隐藏。取消隐藏，选择【编辑】/【取消隐藏】命令即可。
- 锁定：对选中组件进行锁定，锁定呈红色选中状态，不能对它进行任何操作，再次单击鼠标右键，选择【解锁】命令即可，图 3-3 所示为锁定状态。
- 分解：可以将组件进行拆分。

● 翻转方向：将当前组件按轴方向进行翻转，如图 3-4、图 3-5 所示。

图3-3

图3-4

图3-5

　源文件：\Ch03\圆桌.skp

1.　打开圆桌模型，选中整个模型，如图 3-6 所示。
2.　单击鼠标右键选择【创建组件】命令，弹出创建组件对话框，如图 3-7、图 3-8 所示。

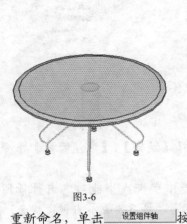

图3-6

图3-7

3.　重新命名，单击　设置组件轴　按钮，可以设置组件轴，如图 3-9、图 3-10 所示。

36

4. 单击 创建 按钮，即可创建组件，如图 3-11 所示。

图3-8

图3-9

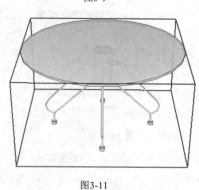

图3-10

图3-11

提示：【切割开口】一般要进行勾选，表示应用组件与表面相交位置自动开口，如在自定义门、窗时需要在墙好绘制定义，这样才能切割出门窗洞口。

 源文件：\Ch03\壁灯.skp

1. 打开壁灯模型，该模型已创建组件，如图 3-12 所示。
2. 双击进入组件编辑状态，如图 3-13 所示。
3. 选中灯罩面，填充一种材质，如图 3-14、图 3-15、图 3-16 所示。

图3-12

图3-13

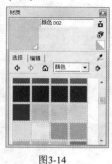

图3-14

4. 在空白处单击一下，即可取消组件编辑，如图 3-17 所示。

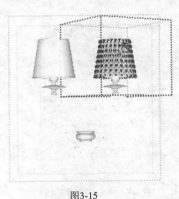
图3-15

图3-16

图3-17

提示： 当遇到双击组件进入编辑状态后，仍然不能直接对它进行编辑时，则里面包含了群组，那么需要再次双击群组，才可对它进行编辑，这是一种嵌套群组的方式。

3.2　群组设置

SketchUp 中群组，就是将一些点、线、面或实体进行组合，群组可以临时管理一些组件，对于设计师来说操作时非常方便，这部分主要学习创建群组、编辑群组、嵌套组。

一、群组优点

- 选中一个组就可以选中组内所有元素。
- 如果已经形成了一个组，那么还可以再次创建群组。
- 组与组之间相互操作不影响。
- 可以用组来划分模型结构，对同一组可以一起添加材质，节省了单一填充材质的时间。

二、创建群组方法

- 选中要创建群组的物体，选择【编辑】/【创建组】命令，如图 3-18 所示。
- 选中要创建群组的物体，右键单击选择【创建组】命令，如图 3-19 所示。

图3-18

图3-19

三、群组右键菜单

选中群组，单击鼠标右键，出现常用操作群组命令。

- 删除：删除当前群组。
- 隐藏：对选中群组进行隐藏。取消隐藏，选择【编辑】/【取消隐藏】命令即可，如图 3-20 所示。
- 锁定：对选中群组进行锁定，锁定呈红色选中状态，不能对它进行任何操作，再次单击鼠标右键，选择【解锁】命令即可，如图 3-21、图 3-22 所示。
- 分解：可以将群组拆分成多个组，如图 3-23 所示。

图3-20

图3-21

图3-22

图3-23

 源文件：\Ch03\帐篷.skp

1. 打开帐篷模型，如图 3-24 所示。
2. 选中模型，如图 3-25 所示。

图3-24

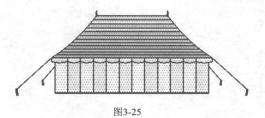

图3-25

3. 单击鼠标右键选择【创建组】命令，如图 3-26 所示。

4. 图 3-27 所示为已经创建好的群组。

图3-26

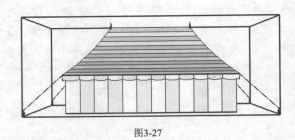

图3-27

5. 双击群组，呈虚线编辑状态，如图 3-28 所示。

6. 单击群组内任意一部分，可进行单独操作，图 3-29、图 3-30 所示为创建嵌套群组。

7. 给群组修改当前材质，依次双击群组，进行编辑，如图 3-31、图 3-32 所示。

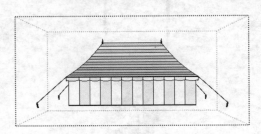

图3-28

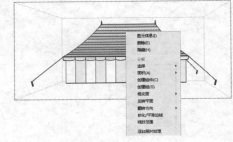

图3-29

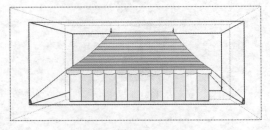

图3-30

图3-31

8. 在空白单击一下鼠标左键即可取消群组编辑，如图 3-33 所示。

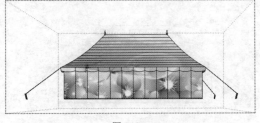

图3-32

图3-33

3.3 材质设置

SketchUp 材质设置，主要是用于控制材质应用、添加、删除、编辑的一个面板，材质库非常的丰富，功能强大，可以对边线、面、组等直接应用丰富多彩的材质，让一个简单的模型看起来更直观，更现实。

在默认面板的【材料】对话框中，图 3-34 所示为材质创建与编辑选项。

- 🔳：显示辅助窗格，如图 3-35 所示。
- 🎲：创建材质按钮，单击此按钮，弹出【创建材质】对话框，可以对选中的材质进行修改，如图 3-36 所示。
- ◣：将材质恢复到预设风格。
- ✎：样本颜料，对当前选中的材质进行吸取风格。
- 【选择】选项：选择不同材质，图中为默认材质文件夹。
- 【编辑】选项：对材质进行编辑，如果场景没有使用材质，则呈灰色状态。

图3-34

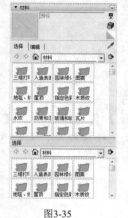
图3-35

图3-36

 源文件：\Ch03\沙发 skp

1. 打开沙发模型，如图 3-37 所示。填充"指定色彩"类型中的 0033 钠瓦白色，如图 3-38 所示。这时再选择【编辑】选项标签，当前选项才被激活，如图 3-39 所示。

图3-37

图3-38

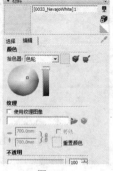
图3-39

2. 颜色，对当前材质进行颜色修改，可以利用【拾色器】进行颜色修改，图 3-40 所示为修改颜色，图 3-41 所示为修改后的颜色材质。

3. 还原颜色更改 ▯，当对设置颜色不满意时，单击此按钮，即可恢复材质原来的颜色。

4. 匹配 ✎，匹配模型中对象的颜色。

5. 匹配屏幕上的颜色 ▯，也就是场景中背景的颜色。

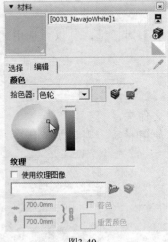

图3-40

图3-41

6. 纹理，勾选【使用纹理图像】复选框，单击【浏览材质图像文件】 ▯ 按钮，可以添加一张图片作为自定义纹理材质，如图 3-42、图 3-43、图 3-44 所示。

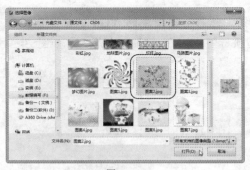

图3-42

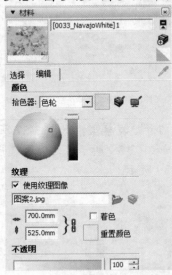

图3-43

7. 宽度和高度，如果对当前材质填充效果不满意，可以更改宽和高，使材质填充更均匀，如图 3-45、图 3-46 所示。

8. 不透明度，根据需要设置材质透明度。

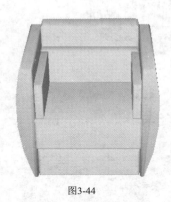

图3-44

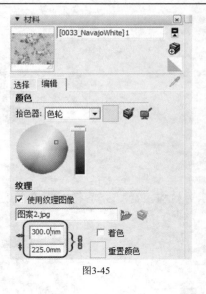

图3-45

图3-46

3.4 风格设置

SketchUp 风格设置，用于控制 SketchUp 不同的风格显示风格，包含了选择不同设计风格的设置，也包含了对边线设置、平面设置、背景设置、水印设置、建模设置的编辑，还有两种风格混合，内容丰富，是 SketchUp 中很重要的一个功能。

在默认面板的【风格】对话框下，显示【风格】管理选项，如图 3-47 所示。

图3-47

一、显示风格

以一幢建筑模型为例，来展示不同的风格风格。

 源文件：\Ch03\建筑模型 3.skp

1. 打开建筑模型，如图 3-48 所示。
2. 在【风格】对话框【选择】标签下 "Style Builder 竞赛获奖者" 类型下选择 "带框的染色边线" 风格，如图 3-49 所示。

图3-48

图3-49

3. 图 3-50、图 3-51 所示为手绣风格及效果。

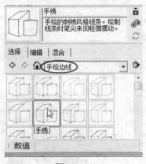

图3-50

图3-51

4. 图 3-52、图 3-53 所示为帆布上的"分层样式"混合风格及效果。

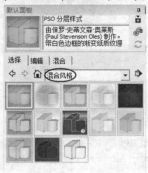

图3-52

图3-53

5. 图 3-54、图 3-55 所示为沙岩色和蓝色风格及效果。

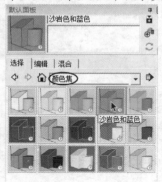

图3-54

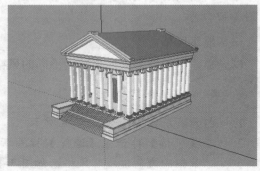

图3-55

二、编辑风格

以一个景观塔模型为例，对它的背景颜色进行不同的设置。

　源文件：\Ch03\景观塔.skp

1. 打开模型，在【风格】对话框【编辑】标签下单击【背景设置】按钮 ，图
3-56、图 3-57 所示为默认的背景风格。

图3-56

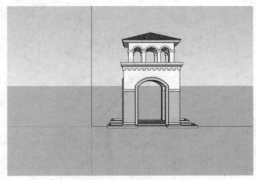

图3-57

2. 勾选【地面】复选框，则背景以地面颜色显示，如图 3-58、图 3-59 所示。

图3-58

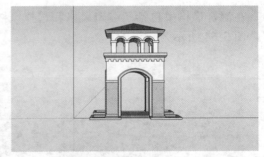

图3-59

3. 取消勾选【天空】复选框，则会以背景颜色显示，如图 3-60、图 3-61 所示。

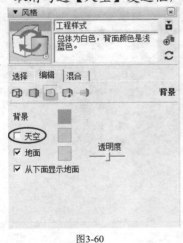

图3-60

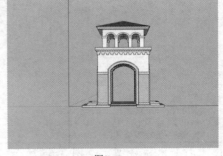

图3-61

4. 单击颜色块，即可修改当前背景颜色，如图 3-62、图 3-63 所示。

图3-62

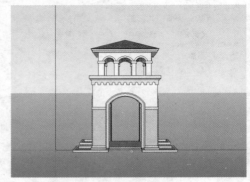

图3-63

提示： 如果想将修改后的颜色风格恢复到初始状态，取消选择预设风格即可。

案例——创建混合水印风格

在混合风格里包括了编辑风格和选择风格，这里以一个木桥为例，对它进行混合风格设置，图 3-64 所示为效果图。

图3-64

 源文件：\Ch03\木桥.skp、水印图片.jpg
结果文件：\Ch03\混合水印风格.skp
视频：\Ch03\混合水印风格.wmv

1. 打开木桥模型，如图 3-65 所示。

图3-65

2. 在【混合】标签下【混合风格】选项组中选一种风格，可吸取当前风格。一旦移动指针到上面的混合设置区域里，这时指针又变成了一个"油漆桶"，如图 3-66、图 3-67 所示。

图3-66   图3-67

3. 依次单击【边线设置】、【背景设置】及【水印设置】选项，即可完成当前混合风格效果，如图 3-68 所示。

4. 在【编辑】标签下单击【水印设置】按钮，弹出【水印设置】选项框，如图 3-69 所示。

图3-69

图3-68

5. 单击【添加水印】按钮⊕，选择一张图片，弹出【选择水印】对话框，选择图片以背景风格显示在场景中，如图 3-70、图 3-71 所示。

图3-70

图3-71

6. 依次单击 下一个 >> 按钮，对水印背景进行设置，如图 3-72、图 3-73 所示。

图3-72

图3-73

7. 单击 完成 按钮，即可完成混合水印风格背景，如图 3-74 所示。

图3-74

3.5 雾化设置

SketchUp 中的雾化设置，它能给模型增加一种起雾的特殊效果。在默认面板的【雾化】对话框，显示【雾化】管理器，如图 3-75 所示。

图3-75

案例——创建商业楼雾化效果

这里以一片商业区模型为例，对它进行雾化设置操作。图 3-76 所示为雾化效果。

图3-76

 源文件：\Ch03\商业楼.skp
结果文件：\Ch03\商业楼雾化效果.skp
视频：\Ch03\商业楼雾化效果.wmv

1. 打开商业楼模型，如图 3-77 所示。

49

图3-77

2. 在默认面板【雾化】对话框中勾选【显示雾化】复选选项，给模型添加一种雾化效果，如图 3-78、图 3-79 所示。

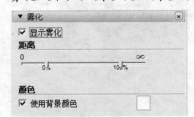

图3-78

图3-79

3. 取消勾选【使用背景颜色】复选框，单击颜色块，可设置不同的颜色雾化效果，如图 3-80、图 3-81、图 3-82 所示。

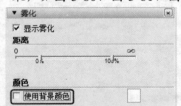

图3-80

图3-81

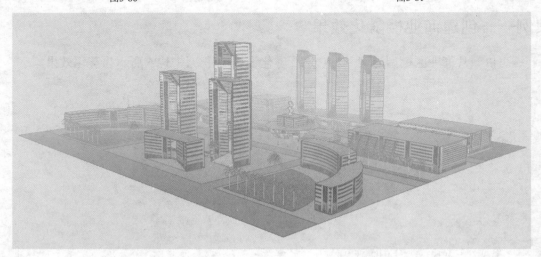

图3-82

案例——创建渐变颜色天空

本例主要应用了风格、雾化设置功能来完成渐变天空，图 3-83 所示为效果图。

图3-83

 源文件：\Ch03\住宅模型 1.skp
结果文件：\Ch03\渐变颜色天空.skp
视频：\Ch03\渐变颜色天空.wmv

1. 打开住宅模型，如图 3-84 所示。

图3-84

2. 在默认面板的【风格】对话框中，选择【编辑】选项，如图 3-85 所示。

3. 在【背景设置】选项下勾选【天空】和【地面】复选框，如图 3-86 所示。

图3-85

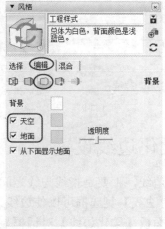

图3-86

4. 选择【颜色块】调整颜色，将天空颜色调整为天蓝色，如图 3-87、图 3-88 所示。

图3-87

图3-88

5. 在默认面板【雾化】对话框勾选【显示雾化】复选框，取消勾选【使用背景颜色】复选框，设置一种橘黄色，如图 3-89、图 3-90 所示。

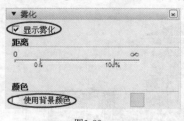

图3-89

图3-90

6. 将【距离】选项下的两个滑块调到两端，天空即由蓝色渐变到橘黄色，如图 3-91、图 3-92 所示。

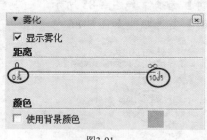

图3-91

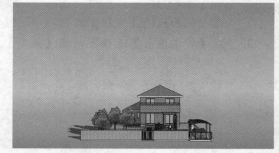

图3-92

3.6　柔化边线设置

柔化边线，主要是指线与线之间的距离，拖动滑块调整角度大小，角度越大，边线越平滑，【平滑法线】复选框可以使边线平滑，【软化共面】复选框可以使边线软化。

默认面板【柔化边线】对话框显示柔化边线管理器，如图 3-93 所示。

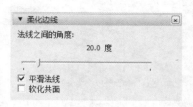

图3-93

案例——创建雕塑柔化边线效果

本例主要应用了柔化边线设置功能，对一个景观小品雕塑的边线进行柔化，图 3-94 所示为效果图。

图3-94

源文件：\Ch03\雕塑.skp
结果文件：\Ch03\雕塑柔化边线效果.skp
视频：\Ch03\雕塑柔化边线效果.wmv

1. 打开雕塑模型，如图 3-95 所示。
2. 选中模型，在【柔化边线】管理器命令可用，如图 3-96、图 3-97 所示。

图3-95

图3-96

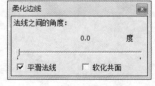

图3-97

3. 在【柔化边线】管理器中调整滑块，对边线柔化，如图 3-98、图 3-99 所示。

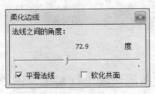

图3-98

图3-99

4. 选中【软化共面】复选框，调整后的平滑边线和软化共面效果如图 3-100、图 3-101 所示。

图3-100

图3-101

提示：【柔化边线】管理器，需选中模型才会启用，不选中则以灰色状态显示。

3.7　场景设置

SketchUp 场景设置，用于控制 SketchUp 场景的各种功能，【场景】信息面板包含该模型的所有场景的信息，列表中的场景会按在运行动画时显示的顺序显示。

在默认面板的【场景】对话框，如图 3-102 所示。

图3-102

案例——创建阴影动画

本例主要利用阴影工具和场景设置进行结合，设置一个模型的阴影动画。

 源文件：\Ch03\住宅模型 2.skp
结果文件：\Ch03\阴影动画场景.skp、阴影动画视频.avi
视频：\阴影动画.wmv

1. 打开住宅模型，如图 3-103 所示。

图3-103

2. 默认面板【阴影】对话框，如图 3-104 所示。

3. 将阴影日期设为 2017 年 11 月 15 日，如图 3-105 所示。

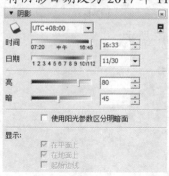

图3-104

图3-105

4. 将阴影时间滑块拖动到最左边凌晨，如图 3-106 所示。

5. 在菜单栏执行【编辑】/【阴影】命令，显示模型阴影，如图 3-107 所示。

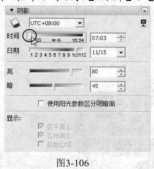

图3-106

图3-107

6. 在默认面板【场景】对话框单击【添加场景】按钮⊕，创建场景 1，如图 3-108 所示。

7.　将阴影时间滑块拖动到中午，如图 3-109 所示。

图3-108　　　　　　　　　　　　　　　　　　图3-109

8.　单击【添加场景】按钮⊕，创建场景 2，如图 3-110、图 3-111 所示。

图3-110　　　　　　　　　　　　　　　　　　图3-111

9.　将阴影时间滑块拖动到最右边的晚上，如图 3-112 所示。

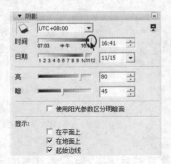

图3-112

10.　单击【添加场景】按钮⊕，创建场景 3，如图 3-113、图 3-114 所示。

图3-113　　　　　　　　　　　　　　　　　　图3-114

11. 在菜单栏执行【窗口】/【模型信息】命令，弹出【模型信息】面板，设置动画参数，如图 3-115 所示。

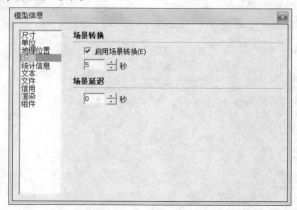

图3-115

12. 在图形区上方场景号位置单击鼠标右键，选择【播放动画】命令，在弹出的【动画】对话框中单击播放按钮，如图 3-116、图 3-117 所示。

图3-116

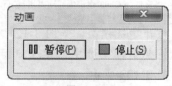

图3-117

13. 选择【文件】/【导出】/【动画】/【视频】命令，将阴影动画导出，如图 3-118、图 3-119 所示。

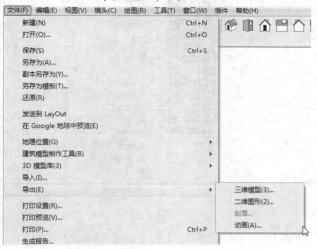

图3-118

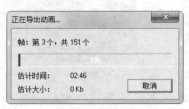

图3-119

14. 图 3-120 所示为阴影动画输出视频文件，读者可以到光盘中观看动画效果。

图3-120

案例——创建建筑生长动画

本例主要利用了剖切工具和场景设置功能来完成建筑生长动画。

源文件：\Ch03\建筑模型 2.skp
结果文件：\Ch03\建筑生长动画场景.skp、建筑生长动画视频.avi
视频：\Ch03\建筑生长动画.wmv

1. 打开建筑模型，如图 3-121 所示。
2. 将整个模型选中，单击鼠标右键，选择【创建组】命令，创建一个群组，如图 3-122 所示。

图3-121

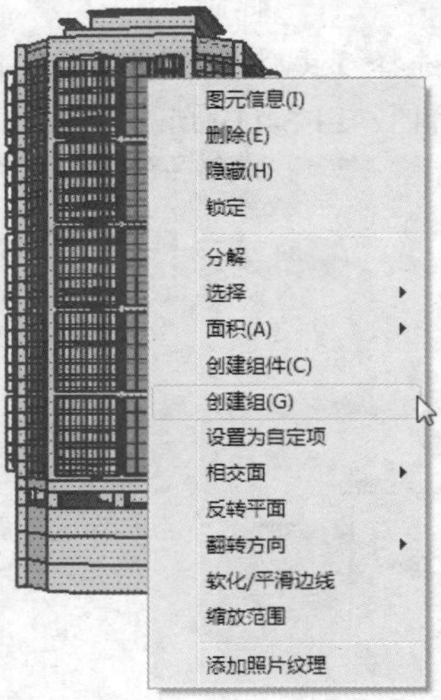

图3-122

3. 双击模型进入群组编辑状态，打开剖切工具栏，单击【截平面】按钮，在模型底部添加一个剖面，如图 3-123、图 3-124、图 3-125 所示。

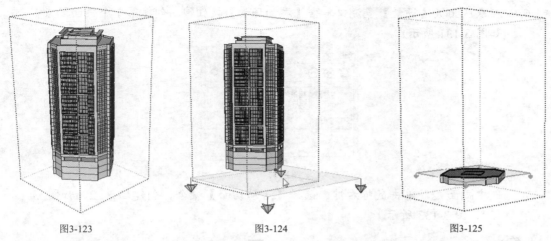

| 图3-123 | 图3-124 | 图3-125 |

4. 将剖面选中，单击【移动】按钮 ✥，按住 "Ctrl" 键不放，复制 3 个剖面，如图 3-126、图 3-127、图 3-128 所示。

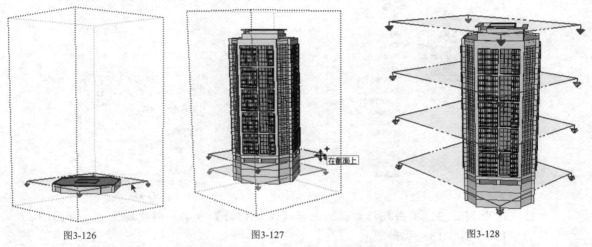

| 图3-126 | 图3-127 | 图3-128 |

5. 选择第一层剖面，单击鼠标右键选择【活动剖切】命令，其他剖面自动隐藏，如图 3-129、图 3-130 所示。

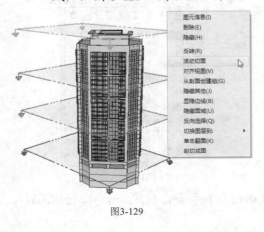

图3-129

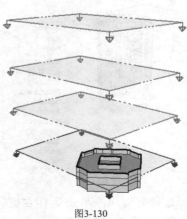

图3-130

6. 在默认面板【场景】多浇口单击【添加场景】按钮⊕，创建第 1 个剖面场景，如图 3-131 所示。

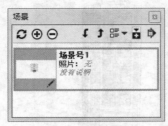

图3-131

7. 选中剖面 2，单击鼠标右键，选择【活动切面】命令，创建场景 2，如图 3-132、图 3-133 所示。

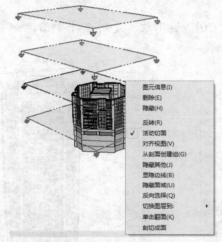

图3-132

图3-133

8. 选中剖面 3，单击鼠标右键，选择【活动切面】命令，创建场景 3，如图 3-134、图 3-135 所示。

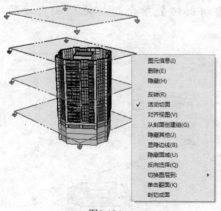

图3-134

图3-135

9. 选中剖面 4，单击鼠标右键，选择【活动切面】命令，创建场景 4，如图 3-136、图 3-137 所示。

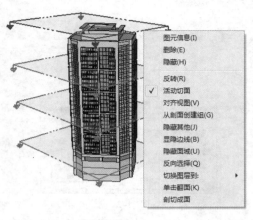

图3-136

图3-137

10. 选择左上方场景号，单击鼠标右键，选择【播放动画】命令，弹出动画选择播放按钮，如图 3-138、图 3-139 所示。

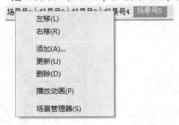

图3-138

图3-139

11. 在菜单栏执行【窗口】/【模型信息】命令，弹出【模型信息】面板，选择【动画】选项，参数设置如图 3-140 所示。

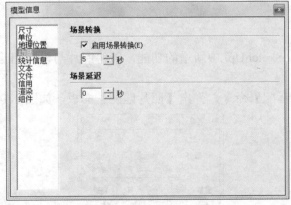

图3-140

12. 选择【文件】/【导出】/【动画】/【视频】命令，将动画输出，如图 3-141、图 3-142 所示。

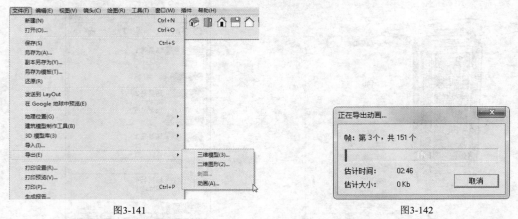

图3-141

图3-142

13. 图 3-143 所示为建筑生长动画输出视频文件，读者可以到光盘中观看动画效果。

图3-143

3.8　照片匹配

照片匹配，这是在 SketchUp 中新增的功能，能将照片与模型相匹配，创建不同风格的模型。

在默认面板【照片匹配】命令，弹出【照片匹配】面板，如图 3-144 所示。

图3-144

案例——照片匹配建模

下面以一张简单的建筑照片为例，进行照片匹配建模的操作。

源文件：\Ch03\照片.jpg
结果文件：\Ch03\照片匹配建模.skp
视频文件：\Ch03\照片匹配建模.wmv

1. 在默认面板【照片匹配】对话框的照片匹配选项如图 3-145 所示。

图3-145

2. 单击 ⊕ 按钮，导入光盘中的照片，如图 3-146 所示。
3. 调整红绿色轴 4 个控制点，如图 3-147 所示。

图3-146　　　　　　　　　　　　　　　　图3-147

4. 单击鼠标右键选择【完成】命令，鼠标指针变成一支笔，如图 3-148、图 3-149 所示。

图3-148　　　　　　　　　　　　　　　　图3-149

5. 绘制模型轮廓，使它形成一个面，如图 3-150、图 3-151 所示。

图3-150　　　　　　　　　　　　　　　　图3-151

6. 单击  按钮，将纹理投射到模型上，选择场景左上方的【照片】命令，单击鼠标右键，选择【删除】命令，将照片删除，如图 3-152、图 3-153 所示。

图3-152

图3-153

7. 单击【线条】按钮 ✐，将面进行封闭，这样就形成了一个简单的照片匹配模型，如图 3-154 所示。

图3-154

提示：调整红绿色轴的方法是分别平行该面的上水平沿和下水平沿（当然在画面中不是水平，但在空间中是水平的，表示与大地平行）。然后用绿色的虚线界定另一个与该面垂直的面，同样是平行于该面的上下水平沿。此时你能看到蓝线（即 Z 轴）垂直于画面中的地面，另外绿线与红线在空间中互相垂直形成了 xy 平面。

3.9　本章小结

本章我们主要学习了 Sketchup 绘图设置功能，利用不同的绘图设置功能，可以对模型进行一些不同的设置，例如，如何利用材质编辑器对材质进行设置；如何创建组件、群组，对背景设置不同的风格风格；如何添加删除图层、创建多个场景；如何对模型添加雾化和柔化边线效果，并学会了新功能利用一张照片来创建模型。最后以几个实例操作来更详细了解了绘图设置的用法，知识丰富且重要，是 Sketchup 学习过程很重要的章节。

第4章　SketchUp 辅助设计工具

　　本章主要介绍 SketchUp 的辅助设计功能，其主要作用是对模型进行不同的编辑操作，并以实例进行结合，内容丰富且重要，希望读者认真学习。

　　SketchUp 辅助设计工具包括主要工具、建筑施工工具、测量工具、镜头工具、漫游工具、截面工具、视图工具、样式工具和构造工具等。

4.1　主要工具

　　SketchUp 主要工具包括选择工具、制作组件工具、油漆桶工具、擦除工具。图 4-1 所示为主要工具条。

图4-1

4.1.1　选择工具

　　选择工具，主要配合其他工具或命令使用，可以选择单个模型和多个模型。使用选择工具指定要修改的模型，选择内容中包含的模型被称为选择集。

　　下面对一个装饰品模型进行选中边线、选中面、删除边线、删除面等操作，来详细了解选择工具的应用。

　　源文件：\Ch04\装饰品.skp

　　1.　打开装饰品模型，如图 4-2 所示。

图4-2

提示：单击【选择】按钮 　 并按住 "Ctrl" 键，可以选中多条线。若按 "Ctrl" + "A" 组合键可以选中整个
　　　场景中的模型。

2. 单击【选择】按钮 ，选中模型的一条线，按 "Delete" 键删除线，如图 4-3、图 4-4 所示。

图4-3

图4-4

3. 选择面，按 "Delte" 键删除面，如图 4-5、图 4-6 所示。

图4-5

图4-6

4. 选中部分模型，选择【编辑】菜单中的【删除】命令，也可删除，如图 4-7、图 4-8 所示。

图4-7

图4-8

5. 删除效果如图 4-9 所示。如果想撤消删除，可以选择【编辑】菜单中的【还原】命令。

图4-9

提示： 按 "Ctrl" + "A" 组合键可以对当前所有模型进行全选，按快捷键 "Delete" 可以删除选中的模型、面、线，按 "Ctrl" + "Z" 组合键可以返回上一步操作。

4.1.2 制作组件工具

制作组件工具，能将场景中的模型制作成一个组件。

 源文件：\Ch04\盆栽.skp

1. 打开盆栽模型，如图 4-10 所示。
2. 单击【选择】按钮 ，将模型选中，如图 4-11 所示。

图4-10 　　　　　　　　　　　　　　　　　　　　图4-11

3. 单击【制作组件】按钮 ，弹出【创建组件】对话框，如图 4-12 所示。
4. 在【创建组件】对话框中输入名称，如图 4-13 所示。

图4-12 　　　　　　　　　　　　　　　　　　　图4-13

5. 单击 创建 按钮，即可创建一个盆栽组件，如图 4-14 所示。

图4-14

提示：当场景中没有选中的模型时，制作组件工具呈灰色状态，即不可使用。必须是场景中有模型需要操作，制作组件工具才会被启用。

4.1.3　油漆桶工具

油漆桶工具，主要是对模型添加不同的材质。

 源文件：\Ch04\石凳.skp

1. 打开石凳模型，如图 4-15 所示。

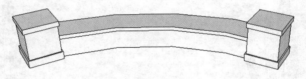

图4-15

2. 单击【颜料桶】按钮，弹出【材质】对话框，如图 4-16 所示。

3. 双击【材质】对话框中的"石头"文件夹，选择其中的一种颜色材质，如图 4-17 所示。

图4-16

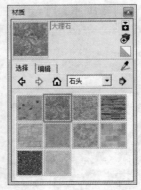

图4-17

4.　将鼠标指针移到模型上，指针变成 形状，如图 4-18 所示。

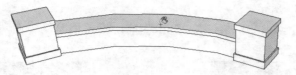

图4-18

5.　单击鼠标左键，即可添加材质，如图 4-19 所示。

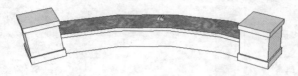

图4-19

6.　依次对其他面填充材质，如图 4-20 所示。

图4-20

4.1.4　擦除工具

擦除工具，又称橡皮擦工具，主要是对模型不需要的地方进行删除，但无法删除平面。

 源文件：\Ch04\装饰画.skp

1.　打开装饰画模型，如图 4-21 所示。

2.　单击【擦除】按钮 ，鼠标指针变成擦除工具，对着模型的边线单击，如图 4-22 所示。

图4-21

图4-22

3. 单击线条，即可擦除线和面，擦除效果与之前讲的利用选择工具进行删除类似，如图 4-23 所示。

4. 单击【擦除】按钮 并按住 "Shift" 键，不是删除线，而是隐藏边线，如图 4-24 所示。

图4-23

图4-24

提示：单击【擦除】按钮 并按住 "Ctrl" 键，可以软化边缘，单击【擦除】按钮 并同时按住 "Ctrl" + "Shift" 组合键，可以恢复软化边缘，按 "Ctrl" + "Z" 组合键也可以恢复操作步骤。

4.2　阴影工具

SketchUp 阴影工具，能为模型提供日光照射和阴影效果，包括一天及全年时间内的变化，相应的计算是根据模型位置（经纬度、模型的坐落方向和所处时区）进行的。

阴影，包括阴影设置和启用阴影，主要是对场景中的模型进行阴影设置，可以通过在"模型信息"对话框的"地理位置"面板中输入数据来启用阴影。

选择【窗口】/【阴影】命令，弹出阴影设置对话框，如图 4-25 所示。选择【视图】/【工具栏】/【阴影】命令，弹出阴影工具栏，如图 4-26 所示。

图4-25

图4-26

- 按钮：表示显示或隐藏阴影。

- 也可以称标准世界统一时间，选择下拉列表中不同的时间，可以改变阴影变化，如图 4-27 所示。

- 【时间】选项：可以调整滑块改变时间，调整阴影变化，也可在右边框中输入准确值，如图 4-28、图 4-29、图 4-30、图 4-31 所示。

图4-27

图4-28

图4-29　　　　　　　　　図4-30　　　　　　　　　图4-31

- 【日期】选项：可以根据滑块调整改变日期，也可在右边框输入准确值。
- 【亮/暗】选项：主要是调整模型和阴影的亮度和暗度，也可以在右边框输入准确值，如图 4-32、图 4-33 所示。

图4-32

图4-33

- 【使用太阳制造阴影】复选框：勾选则代表在不显示阴影的情况下，依然按场景中的太阳光来表示明暗关系，不勾选则不显示。
- 【在平面上】复选框：启用平面阴影投射，此功能要占用大量的 3D 图形硬件资源，因此可能会导致性能降低。
- 【在地面上】复选框：启用在地面（红色/绿色平面）上的阴影投射。
- 【起始边线】：启用与平面无关的边线的阴影投射。

提示：SketchUp 中的时区是根据图像的坐标设置的，鉴于某些时区跨度很大，某些位置的时区可能与实际情况相差多达一个小时（有时相差的时间会更长）。夏令时不作为阴影计算的因子。

4.3　建筑施工工具

　　建筑施工工具，又称为构造工具，主要对模型进行一些基本操作，包括卷尺工具、尺寸工具、量角器工具、文本标注工具、轴工具、三维文本工具。图 4-34 所示为建筑施工工具条。

图4-34

4.3.1　卷尺工具

　　卷尺工具，主要对模型任意两点之间进行测量，同时还可以拉出一条辅助线，对建立精确模型非常有用。

一、测量模型

下面对一个矩形块测量它的高度和宽度为实际操作。

1.　创建一个矩形块模型，如图 4-35 所示。
2.　单击【卷尺】按钮，指针变成一个卷尺，单击鼠标左键确定要测量的第一点，呈绿点状态，如图 4-36 所示。

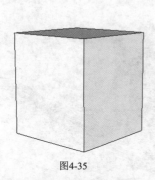

图4-35

图4-36

3.　移动鼠标到测量的第二点，数值输入栏中会显示精度长度，测量的值和数值栏一样，图 4-37、图 4-38 所示为高度和宽度。

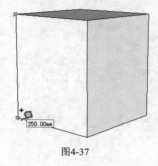

图4-37

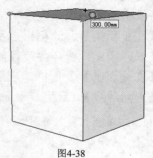

图4-38

二、辅助线精确建模

下面对矩形块进行精确测量建模。

1. 单击【卷尺】按钮　，单击边线中点，如图 4-39 所示。
2. 按住左键不放向下拖动，拉出一条辅助线，在数值栏中输入 30mm，按 "Enter" 键结束，即可确定当前辅助线与边距离为 30mm，如图 4-40 所示。

图4-39

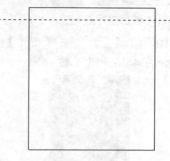

图4-40

3. 分别对其他三边拖出 30mm 的辅助线，如图 4-41 所示。
4. 单击【线条】按钮　，单击辅助线相交的 4 个点，即可画出一个精确封闭面，如图 4-42、图 4-43 所示。

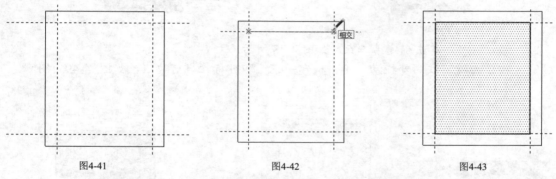

图4-41　　　　　　　　　　图4-42　　　　　　　　　　图4-43

5. 辅助线精确建立模型完毕，选择【视图】菜单中【导向器】命令即可隐藏辅助线，如图 4-44 所示。
6. 对精确的面添加一种半透明玻璃材质，如图 4-45 所示。

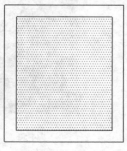

图4-44

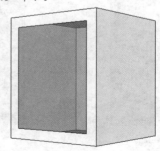

图4-45

4.3.2　尺寸工具

尺寸工具，主要对模型进行精确标注，可以对中心、圆心、圆弧、边线进行标注。

 源文件：\Ch04\门.skp

一、标注边线方法一

1. 打开门模型，单击【尺寸】按钮，指针变成一个箭头，单击确定第一点，如图 4-46、图 4-47 所示。

图4-46

图4-47

2. 移动鼠标，单击确定第二点，如图 4-48 所示。
3. 按住左键不放向外拖动，单击确定一下，即可标注当前边线，如图 4-49、图 4-50 所示。

图4-48

图4-49

图4-50

二、标注边线方法二

1. 单击【尺寸】按钮，直接移到边线上，呈蓝色状态，如图 4-51 所示。
2. 按住左键不放向外拖动，即可标注当前边线，如图 4-52、图 4-53 所示。

图4-51

图4-52

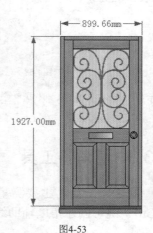

图4-53

3.　利用同样的方法，对其他边进行测量，如图 4-54 所示。

4.　选中尺寸，如图 4-55 所示，按 "Delete" 键，即可删除尺寸。

图4-54

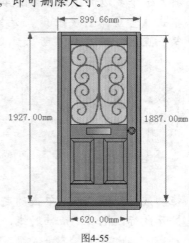

图4-55

三、标注圆心、圆弧

在场景中绘制一个圆和圆弧，对圆和圆弧进行标注。

1.　图 4-56 所示为一个圆和圆弧。

2.　单击【尺寸】按钮，移到圆或圆弧的边线上，如图 4-57 所示。

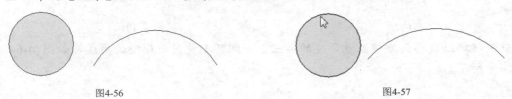

图4-56　　　　　　　　　　　　　　　　　　图4-57

3.　按住左键不放向外拖动，出现标注圆、圆弧的尺寸大小，如图 4-58 所示。

4.　单击确定，即可确定标注尺寸，标注中 "DIA" 表示直径，圆弧中 "R" 表示半径，如图 4-59 所示。

图4-58　　　　　　　　　　　　　　　图4-59

提示： 对于单条直线，只需单击直线并移动光标，即可标注该直线的尺寸。如果尺寸失去了与几何图形的直接链接或其文字经过了编辑，则可能无法显示准确的测量值。

4.3.3　量角器工具

量角器工具，主要测量角度和创建有角度的辅助线，按住"Ctrl"键测量角度，不按"Ctrl"键可创建角度辅助线。

 源文件：\Ch04\模型 1.skp

1. 打开一个多边形模型，如图 4-60 所示。
2. 单击【量角器】按钮 ，光标变成量角器，将鼠标指针移动到要测量角度的第一点上，如图 4-61 所示。

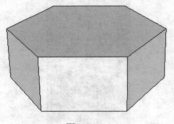　　　　　　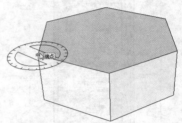

图4-60　　　　　　　　　　　　　　　图4-61

3. 拖动鼠标到第二点，单击确定，如图 4-62 所示。
4. 松开鼠标，拖动一条辅助线，如图 4-63 所示。

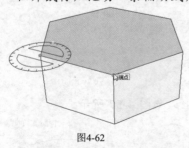　　　　　　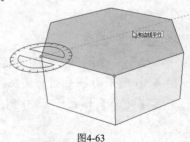

图4-62　　　　　　　　　　　　　　　图4-63

5. 将辅助线移到准确测量角度的第三点，即可测量当前模型的角度，如图 4-64 所示。

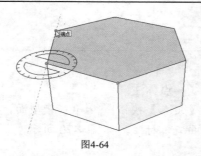

图4-64

提示：SketchUp 最高可接受 0.1° 的角度精度，按住 "Shift" 键然后单击图元，可锁定该方向的操作。

6.　单击确定，即可测量当前的角度，查看下方数值控制栏，即可得到当前模型的角度，如图 4-65、图 4-66 所示。

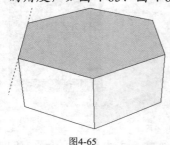

图4-65

| 角度 | 120.0 |

图4-66

7.　选中辅助线，按 "Delete" 键删除，也可选择【编辑】/【删除导向器】命令，将辅助线删除，如图 4-67、图 4-68 所示。

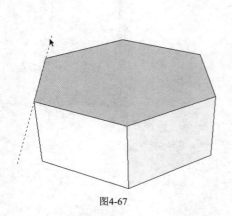

图4-67

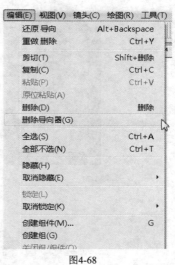

图4-68

提示：辅助线，在 SketchUp 中又称为导向器，导向器可以隐藏，也可以删除。

4.3.4　文本标注工具

文本标注工具，可以对模型的点、线、面等任意一个位置进行标注。

源文件：\Ch04\窗户.skp
结果文件：\Ch04\文本标注.skp

一、创建文本标注

对一个窗户模型进行面、线、点标注。

1. 打开窗户模型，单击【文本】按钮 ，单击模型面，如图 4-69 所示。
2. 向外拖动，即可创建面文本标注，如图 4-70 所示。

图4-69

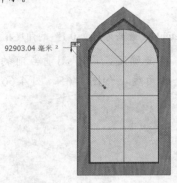

图4-70

3. 单击确定一下，即可确定面的标注，如图 4-71 所示。
4. 利用同样的方法，单击模型点向外拖动，即可创建点文本标注，如图 4-72、图 4-73 所示。

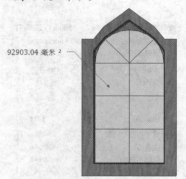

图4-71

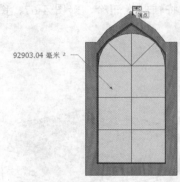

图4-72

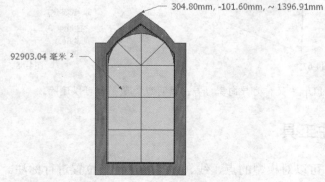

图4-73

5. 对模型的线进行标注，如图 4-74、图 4-75 所示。

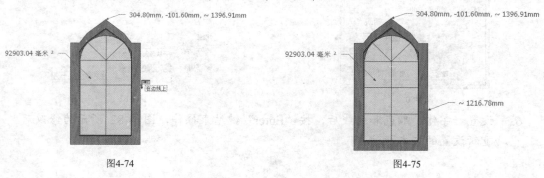

图4-74   图4-75

二、修改文本标注

以上对模型的文本标注都是以默认方式标注的，还可以对它进行修改标注。

1. 单击【文本】按钮 ，对着标注进行双击，标注呈蓝色状态，即可修改里面的内容，如图 4-76、图 4-77 所示。

图4-76   图4-77

2. 选择【窗口】/【模型信息】命令，弹出【模型信息】对话框，选择下拉列表中的【文本】选项，如图 4-78 所示。

3. 单击【引线文本】中的【字体】按钮，可以对字体大小、样式进行修改，单击 确定 按钮，即可修改文本标注字体，如图 4-79 所示。

图4-78   图4-79

4. 单击【引线文本】中的【颜色】块，可以对文字颜色进行修改，如图 4-80 所示。

5. 在【引线】中可以设置引线，如图 4-81 所示。

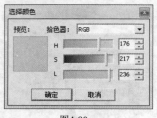

图4-80

图4-81

6. 设置好字体、颜色和引线后，按 "Enter" 键结束操作，图 4-82 所示为修改后重新设置的文本标注。

图4-82

4.3.5　轴工具

轴工具，即坐标轴，可以使用轴工具移动或重新确定模型中的绘图轴方向。还可以使用这个工具对没有依照默认坐标平面确定方向的对象进行更精确的比例调整。

　源文件：\Ch04\小房子.skp

一、手动设置轴

以一个小房子模型为例，手动改变它的轴方向。

1. 打开小房子模型，如图 4-83 所示。

图4-83

2. 单击【轴】按钮 ✳，单击确定轴心点，如图 4-84 所示。
3. 移动鼠标到另一端点，单击确定 x 轴，如图 4-85 所示。

图4-84

图4-85

4. 移动鼠标到另一端点，单击确定 y 轴，如图 4-86 所示。

5. 通过设置轴方向，确定了当前平面，即可很方便地在平面上进行绘制，如图 4-87 所示。

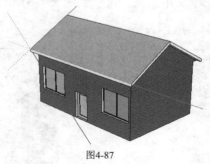

图4-86

图4-87

二、自动设置轴

以一个小房子模型为例，自动改变它的轴方向。

1. 选中一个面，单击鼠标右键，选择【对齐轴】命令，即可自动将选中面设置为与 x 轴、y 轴平行的面，如图 4-88 所示。

2. 图 4-89 所示为设置轴后的效果。

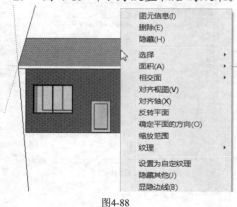

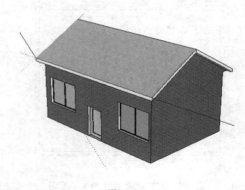

图4-88

图4-89

3. 如果想恢复轴方向，可右键单击轴，选择【重设】命令，即可恢复轴方向，如图 4-90、图 4-91 所示。

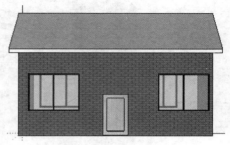

图4-90

图4-91

4.3.6　三维文本工具

三维文本工具，可以创建文本的三维几何图形。

　源文件: \Ch04\学校大门.skp

下面以一个实例来讲解如何为模型添加三维文字。

1.　打开学校大门模型，如图 4-92 所示。

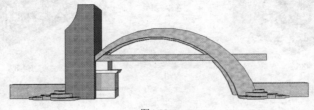

图4-92

2.　单击【三维文本】按钮 A，弹出【放置三维文本】对话框，如图 4-93 所示。

3.　在文本框中输入 "欣"，分别按需要在字体、对齐、高度选项中进行设置，如图 4-94 所示。

图4-93　　　　　　　　　　　　　　　　　　　图4-94

4.　单击 放置 按钮，移动鼠标放置到模型面上，如图 4-95 所示。

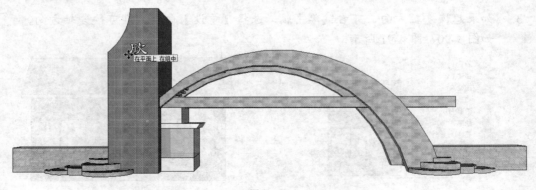

图4-95

5.　单击【拉伸】按钮，可直接缩放文字大小，如图 4-96 所示。

6.　继续添加三维文本，如图 4-97 所示。

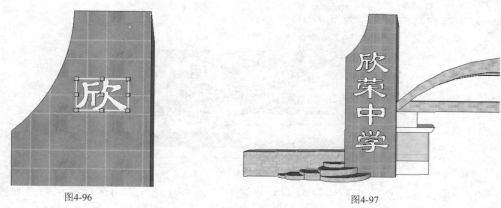

图4-96　　　　　　　　　　　　图4-97

7. 单击【颜料桶】按钮，在弹出的材质编辑器中，选择一种适合的材质给三维文本填充材质，如图 4-98 所示。

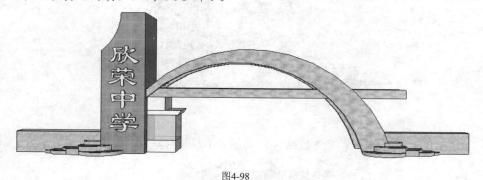

图4-98

提示：创建三维文本时必须选中【填充】和【已延伸】复选框，否则产生的文本没有立体效果。在放置三维时会自动激活移动工具，利用选择工具在空白处单击一下即可取消移动工具。

4.4　镜头工具

SketchUp 镜头工具，主要对模型控制不同角度的视图显示，包括环绕观察工具、平移工具、缩放工具、缩放窗口工具、缩放范围工具、上一个和下一个工具。图 4-99 所示为镜头工具条。

图4-99

4.4.1　环绕工具

环绕观察工具，可以围绕模型旋转镜头全方位的观察。

　源文件：\Ch04\别墅模型 1.skp

1.　打开别墅模型，如图 4-100 所示。

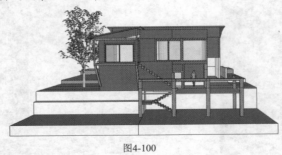

图4-100

2.　单击【环绕观察】按钮，按住鼠标左键不放进行不同方位的拖动，如图 4-101 所示。

图4-101

3.　从不同角度观察房屋模型的结构，如图 4-102、图 4-103 所示。

图4-102

图4-103

4.4.2　平移工具

平移工具，主要进行垂直和水平移动镜头来查看模型。

1. 单击【抓手】按钮 ，在场景中按住鼠标左键不放，执行左右平移，如图 4-104 所示。

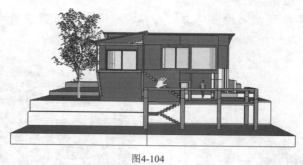

图4-104

2. 执行垂直方向平移，如图 4-105 所示。

图4-105

提示： 环绕观察工具使用时按住鼠标左键和"Shift"键，可以进行暂时的平移操作。

4.4.3 缩放工具

缩放工具，主要对模型进行放大或缩小，以方便观察。

 源文件：\Ch04\别墅模型 2.skp

一、缩放工具

1. 打开别墅模型。
2. 单击【缩放】按钮 ，按住左键不放，向上移动即可放大靠近模型，向下移动即可远离模型，图 4-106、图 4-107 所示为模型产生的远近对比。

图4-106   图4-107

二、缩放窗口工具

缩放窗口工具可以对模型的某一特定部分进行放大观察。

1. 单击【缩放窗口】按钮 ，按住左键不放，在模型窗户的周围绘制一个矩形缩放窗口，如图 4-108 所示。
2. 缩放窗口工具将放大缩放窗口中的内容，以观察模型窗户里的内容，如图 4-109 所示。

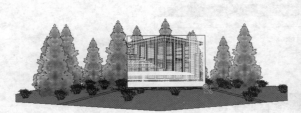

图4-108

图4-109

三、上一个和下一个缩放工具

单击【上一个】按钮 ，即返回上一个缩放操作。单击【下一个】按钮 ，即可撤消当前返回的缩放操作。两个工具之间是一个相互切换的缩放工具，相当于撤消与返回命令。

四、缩放范围工具

单击【缩放范围】按钮 ，可以把场景里的所有模型充满视窗。

提示：当使用鼠标滚轮时，光标的位置决定缩放的中心；当使用鼠标左键时，屏幕的中心决定缩放的中心。

4.5　漫游工具

SketchUp 漫游工具，主要对模型进行漫游观察，包括定位镜头工具、漫游工具、正面观察工具。图 4-110 所示为漫游工具条。

图4-110

4.5.1　定位镜头工具

定位镜头工具，使用定位镜头工具可以将镜头置于特定的眼睛高度，以查看模型的视线或在模型中漫游。第一种方法是将镜头置于某一特定点上方的视线高度处，第二种方法是将镜头置于某一特定点，且面向特定方向。

　源文件：\Ch04\别墅模型 3.skp

一、定位镜头工具使用方法一

1. 打开别墅模型，单击【定位镜头】按钮 👁，移到场景中，如图 4-111 所示。

图4-111

2. 在数值控制栏中以"高度偏移"名称显示，输入 5000mm，确定视图高度，按
   "Enter"键结束操作。

3. 在场景中单击确定一下，定位镜头工具变成了一对眼睛，表示正在查看模
   型，如图 4-112 所示。

图4-112

二、定位镜头工具使用方法二

1. 单击【定位镜头】按钮 👁，移到场景中，单击确定视点位置，按住鼠标左键
   不放拖向目标点，这时产生的虚线就是视线的位置，如图 4-113 所示。

图4-113

2. 松开鼠标左键，即可以当前视线距离查看模型，如图 4-114 所示。这时数值控
   制栏以"眼睛高度"名称显示，输入不同值改变视线高度进行查看模型。

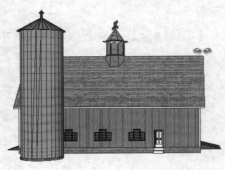

图4-114

提示：如果从平面视图放置镜头，视图方向会默认为屏幕上方，即正北方向。使用【卷尺】工具和【度量】工具可将平行构造线拖离边线，这样可实现准确的镜头定位。

4.5.2　正面观察工具

正面观察工具，可以围绕固定的点移动镜头，类似于让一个人站立不动，然后观察四周，即向上、下（倾斜）和左右（平移）观察。正面观察工具在观察空间内部或在使用定位镜头工具后评估可见性时尤其有用。

1. 单击【正面观察】按钮，光标变成一双眼睛，在使用定位镜头工具的时候，【正面观察】工具就被自动激活。按住鼠标左键不放，上移或下移可倾斜视图；向右或向左移动可平移视图。在观察时可以配合【缩放】工具、【环绕观察】工具使用。
2. 图 4-115、图 4-116 所示为上下左右观察模型。

图4-115

图4-116

4.5.3 漫游工具

漫游工具，使用漫游工具可以穿越模型，就像是正在模型中行走一样，特别是漫游工具会将镜头固定在某一特定高度，然后操纵镜头观察模型四周，但漫游工具只能在透视图模式下使用。

1. 单击【漫游】按钮，鼠标指针变成了一双脚，如图 4-117 所示。
2. 在场景中任意单击一点，多了一个"十"字光标，按住鼠标左键不放，向前拖动，就像走路一样一直往前走，直到离模型越来越近，观察越来越清楚，如图 4-118、图 4-119 所示。

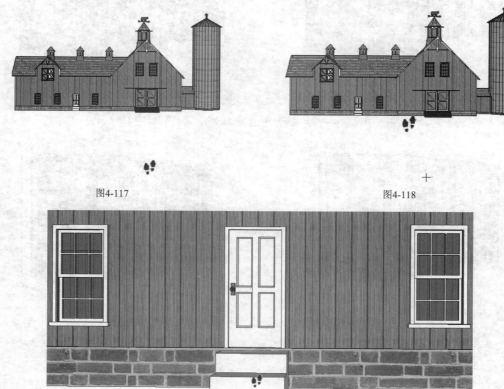

图4-117　　　　　　　　　　　　　　　　　　　　图4-118

图4-119

4.6 截面工具

SketchUp 截面工具，又称剖切工具，主要控制剖面效果，使用剖切工具可以很方便地对模型内部进行观察，减少编辑模型时所需要隐藏的操作。图 4-120 所示为截面工具条。

图4-120

选择【视图】/【工具栏】/【截面】命令，即可出现截面工具条。

源文件：\Ch04\建筑模型 1.skp

1. 打开建筑模型，如图 4-121 所示。
2. 单击【截平面】按钮 ，移动鼠标指针到面上，如图 4-122 所示。

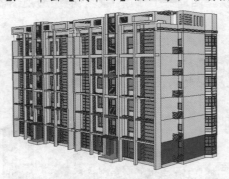

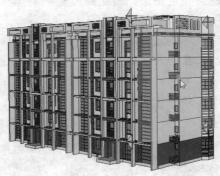

图4-121

图4-122

3. 在面上单击，即产生一种添加剖面效果，如图 4-123 所示。
4. 单击【选择】按钮 ，单击后呈蓝色选中状态，如图 4-124 所示。

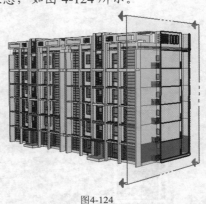

图4-123

图4-124

5. 单击【移动】按钮 ，按住左键不放，可以移动剖面，来观察模型建筑内部
   结构，如图 4-125、图 4-126 所示。

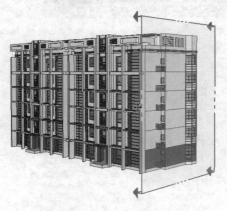

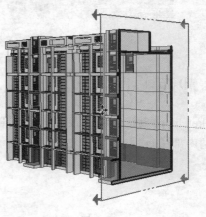

图4-125

图4-126

6. 同时单击【显示截平面】按钮和【显示截面切割】按钮，显示剖切面，如图 4-127 所示。

7. 单击【显示截面切割】按钮，显示剖切效果，如图 4-128 所示。

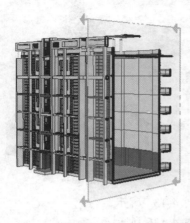

图4-127

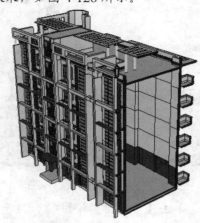

图4-128

提示：截平面工具只能隐藏部分模型而不是删除模型，如果截平面工具条里所有的工具按钮都不选择，则可以恢复模型完整模型。

4.7 视图工具

视图工具，主要对模型进行不用角度的观看，包括等轴视图、俯视图、主视图、右视图、后视图和左视图。图 4-129 所示为视图工具条。

图4-129 视图工具条

选择【视图】/【工具栏】/【视图】命令，即可出现视图工具条。

 源文件：\Ch04\别墅模型 4.skp

1. 打开建筑模型，单击【等轴】按钮，显示等轴视图，如图 4-130 所示。

2. 单击【俯视图】按钮，显示俯视图，如图 4-131 所示。

图4-130

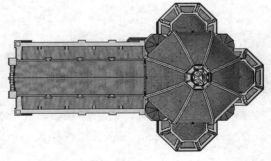

图4-131

3. 单击【主视图】按钮 🏠，显示主视图，如图 4-132 所示。
4. 单击【右视图】按钮 💾，显示右视图，如图 4-133 所示。

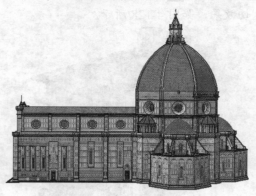

图4-132　　　　　　　　　　　　　　　　　　图4-133

5. 单击【后视图】按钮 🏠，显示后视图，如图 4-134 所示。
6. 单击【左视图】按钮 ▭，显示左视图，如图 4-135 所示。

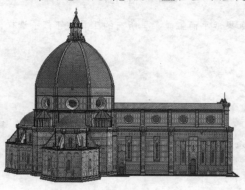

图4-134　　　　　　　　　　　　　　　　　　图4-135

4.8　样式工具

　　样式工具，主要对模型显示不同类型的样式，包括 X 射线、后边线、线框、隐藏线、阴影、阴影纹理和单色 7 种显示模式，图 4-136 所示为样式工具条。

图4-136

　　选择【视图】/【工具栏】/【样式】命令，即可出现样式工具条。

　　源文件：\Ch04\风车.skp

1. 打开风车模型，选择 按钮，显示 X 射线样式，如图 4-137 所示。
2. 选择 按钮，显示后边线样式，如图 4-138 所示。

图4-137

图4-138

3. 选择□按钮，显示线框样式，如图 4-139 所示。

4. 选择□按钮，显示隐藏线样式，如图 4-140 所示。

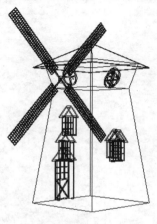

图4-139

图4-140

5. 选择□按钮，显示阴影样式，如图 4-141 所示。

6. 选择□按钮，显示阴影纹理样式，如图 4-142 所示。

图4-141

图4-142

7.　选择按钮，显示单色样式，如图 4-143 所示。

图4-143

第5章　SketchUp 绘图工具

上一章学习了 SketchUp 辅助设计功能，这一章主要学习 SketchUp 基本绘图功能，主要介绍了如何利用绘图工具制作不同的模型，利用编辑工具对模型进行不同的编辑，其次讲解了实体工具和沙盒工具，最终再补充讲解了如何在线搜索模型和组件，希望读者们能认真学习且能迅速掌握。

5.1　基本绘图工具

SketchUp 绘图工具包括线条工具、矩形工具、圆形工具、圆弧工具、徒手画工具、多边形工具。图 5-1 所示为绘图工具条。

图5-1

5.1.1　线条工具

线条工具，使用线条工具可以绘制直线和实体，直线和实体可以相互结合成一个表面。线条工具也可用来拆分表面或复原删除的表面。

一、绘制直线

利用线条工具绘制一条简单的直线。

1. 单击【线条】按钮 ✏，此时光标变成铅笔，单击鼠标左键确定直线起点，如图 5-2 所示。
2. 如果想画精确直线，可在数值控制栏中输入数值，这时数值栏以"长度"名称显示，如输入"300"，按"Enter"键结束操作，如图 5-3 所示。

　　　　图5-2 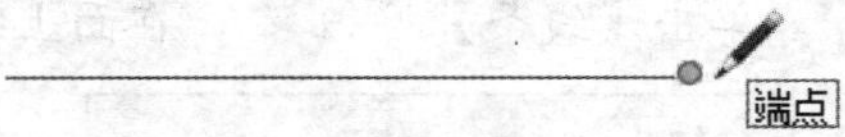　　　　　　　　　　　　　　　　　　　　　　图5-3

3. 拖动鼠标，单击确定第二点，即可绘制简单的一条直线，如图 5-4、图 5-5 所示。结束直线绘制，按"Esc"键退出。

长度 300

　　　　图5-4 　　　　　　　　　　　　　　　　　　　　　　图5-5

二、绘制封闭面

利用线条工具绘制一个三角形封闭面。

1. 单击【线条】按钮 ✎，单击鼠标左键确定直线起点，如图 5-6 所示。
2. 拖动鼠标，单击确定第二点，再确定第三点，即可画出一个三角形的面，如图 5-7 所示。
3. 如果三点不相接，则不能形成封闭面，如图 5-8 所示。

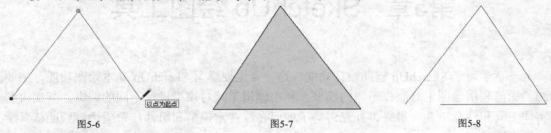

图5-6　　　　　　　　　　图5-7　　　　　　　　　　图5-8

三、拆分直线

将一条直线拆分成 5 段。

1. 单击【线条】按钮 ✎，画出一条直线，选中直线，单击右键选择【拆分】命令，如图 5-9 所示。

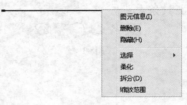

图5-9

2. 这时数值控制栏变成以"段"名称显示，如输入 5，则直接被拆分成 5 段，按"Enter"键结束操作，如图 5-10、图 5-11 所示。

图5-10　　　　　　　　　　　　　　　　　图5-11

四、拆分面

对绘制的一个矩形面拆分多个面。

1. 单击【线条】按钮 ✎，绘制一个矩形面，如图 5-12 所示。
2. 单击【线条】按钮 ✎，在面上绘制直线，如图 5-13、图 5-14 所示。

图5-12　　　　　　　　　　　　　图5-13

3. 图 5-15 所示为拆分的 4 个面。

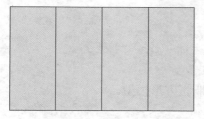

图5-14

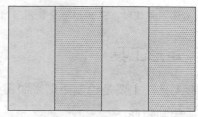

图5-15

五、绘制平行直线

绘制两条平行的直线。

1. 单击【线条】按钮，绘制直线，当自动变成红色、蓝色、绿色线段时，会提示在轴上，这时就可以绘制与轴相平行的直线，如图 5-16 所示。

2. 单击【线条】按钮，先画出一条直线，然后画出另一条与之平行的直线，当直线变成紫红色并提示和边线平行，这时就可以绘制平行直线了，如图 5-17 所示。

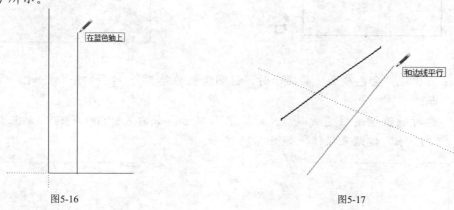

图5-16   图5-17

六、绘制垂直线

1. 单击【线条】按钮，绘制一条直线，如图 5-18 所示。
2. 利用线条工具，捕捉中心点，如图 5-19 所示。

图5-18   图5-19

3. 向上垂直绘制一条直线，松开鼠标，即可绘制一条过中心点垂直的线条，如图 5-20、图 5-21 所示。

图5-20   图5-21

提示：没有输入单位时，SketchUp 会使用当前默认的单位。

5.1.2 矩形工具

矩形工具，主要是绘制矩形平面模型，还可以绘制正方形模型。

一、绘制矩形

如何绘制一个矩形，操作步骤如下。

1. 单击【矩形】按钮■，鼠标指针变成一支带矩形的铅笔。单击场景中的任意地方，设置矩形的第一个角点。按对角方向移动光标，设置矩形的第二个角点，如图 5-22 所示。

2. 松开鼠标即绘制好一个矩形，如图 5-23 所示。

图5-22   图5-23

3. 当出现"金色截面"的提示时，说明绘制的是黄金分割的矩形，如图 5-24 所示。

4. 这时数值控制栏变成以"尺寸"名称显示，如输入"500，300"的矩形，按"Enter"键结束操作，如图 5-25 所示。

图5-24   图5-25

二、绘制正方形

1. 单击【矩形】按钮■，当出现"方线帽"时，说明绘制的是正方形，如图 5-26 所示。

提示：由于 SketchUp 版本不同，绘制矩形时显示的"金色截面"代表的是黄金分割，绘制正方形时显示的"方线帽"代表的是平方。

2. 松开鼠标，即可绘制一个正方形，如果在数值控制栏中输入"500，500"的数值，按"Enter"键结束操作，也可绘制一个正方形，如图 5-27 所示。

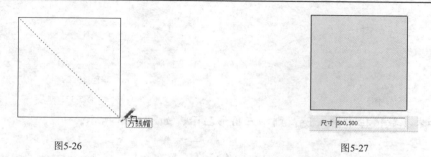

图5-26

图5-27

提示： 如果输入负值（-100，-100），SketchUp 将把负值应用到与绘图方向相反的方向，并在这个新方向上应用新的值。

5.1.3 圆形工具

圆形是由若干条首尾相接的线段组成的。

一、绘制圆形

下面介绍如何绘制一个精确半径圆。

1. 单击【圆形】按钮●，这时鼠标指针变成带圆的铅笔，如图 5-28 所示。

2. 在场景中单击任意一点，拖动鼠标即可画出一个圆形，如图 5-29 所示。

图5-28

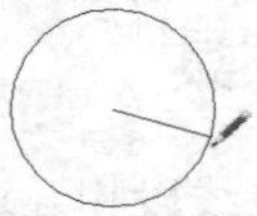

图5-29

3. 这时数值控制栏变成以"半径"名称显示，如输入"3000"，则可以画出半径为 3000mm 的圆形，如图 5-30 所示。

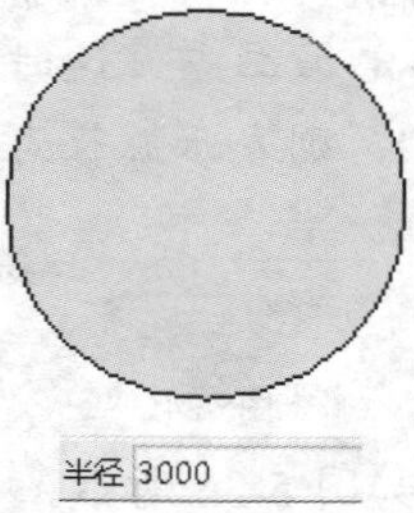

图5-30

二、设置圆形边数

设置圆的边数，边数越大，边缘越圆滑；边数越小，则边缘越清晰。圆形的边数的设置形式是 xs（如：8s 表示 8 条边。最少是 3 条）。

1. 单击【圆形】按钮●，画出圆，利用鼠标滑轮进行滚动放大，直到看到圆形的线段为止，如图 5-31 所示。

2. 在以"半径"名称的数值控制栏中输入"3000s"，说明当前圆形以 3000 条边显示，边缘非常圆滑，按"Enter"键结束操作，如图 5-32 所示。

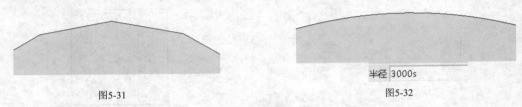

图5-31　　　　　　　　　　　　　　　　　　　　　　图5-32

3.　如果在数值栏中输入 3s，则以三角形显示，如图 5-33 所示。

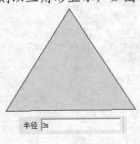

图5-33

提示：使用【圆】工具绘制的圆，实际上是由线段围合而成的，圆的段数较多时，曲率看起来平滑，但
　　　是，较多的段数会使模型变得更大，从而降低系统性能，其实较小的片段数值结合柔化边线和平滑
　　　表面也可以取得圆润的几何体外观。

5.1.4　圆弧工具

圆弧是由多条线段相互连接组合而成的，主要用于绘制圆弧实体。

一、绘制圆弧

绘制一段精确圆弧。

1.　单击【圆弧】按钮 ，这时鼠标指针变成带圆弧的铅笔。单击场景中确定圆
　　弧第一点，拖动鼠标单击确定第二点。这时数值控制栏出现以"长度"为名
　　称的输入栏，如输入"2000"，则表示弧长为 2000mm，如图 5-34 所示。

图5-34

2.　拖动鼠标不放，向上拉伸，如图 5-35 所示。

3.　这时数值控制栏又出现以"凸出"为名称的输入栏，如输入"500"，则圆弧
　　向上拉伸凸出 500mm，松开鼠标，绘制完成圆弧，如图 5-36 所示。

图5-35　　　　　　　　　　　　　　　　　图5-36

提示：绘制弧线（尤其是连续弧线）的时候常常会找不准方向，可以通过设置辅助面，然后在辅助面上绘

制弧线来解决。

二、绘制圆弧相切

绘制两段圆弧相切的效果。

单击【圆弧】按钮◯，先绘制一段圆弧。单击圆弧端点，向上拖动，当出现一条青色圆弧时，说明两圆弧已相切，如图 5-37、图 5-38 所示。

图5-37　　　　　　　　　　　　　　　　　　　　　　　　　　　　　　图5-38

提示： 当出现绘制错误时，可以按 "Esc" 键取消操作，这个命令适用于所有的工具。

5.1.5　徒手画工具

徒手画工具，可绘制曲线模型和 3D 折线模型形式的不规则手绘线条。曲线模型由多条连接在一起的线段构成。这些曲线可作为单一的线条，用于定义和分割平面，但它们也具备连接性，即选择其中一段就选择了整个模型。曲线模型可用来表示等高线地图或其他有机形状中的等高线。

利用徒手画工具绘制任意的形状。

1. 单击【徒手画】按钮✐，鼠标指针变为一支带曲线的铅笔。单击场景中，确定起点，按住鼠标左键不放，即可绘制不规则曲线，如图 5-39 所示。
2. 当起点与终点相结合时，即可绘制出一个封闭的面，如图 5-40 所示。

图5-39　　　　　　　　　　　　　　　　　　　　　　图5-40

5.1.6　多边形工具

使用多边形工具可绘制普通的多边形图元。在开始绘制多边形前，按住 "Shift" 键，可将绘图操作锁定到画多边形的方向。

一、绘制多边形

绘制多边形，默认的多边形为六条边。

1. 单击【多边形】按钮▽，鼠标指针变成一支带多边形的铅笔。在场景中单击确定画多边形的中心点，如图 5-41 所示。
2. 按住鼠标左键向外拖动，以确定多边形大小，松开鼠标，即多边形绘制完成，如图 5-42 所示。

图5-41　　　　　　　　　　　　　　　　　图5-42

二、绘制精确多边形

绘制精确八边形和五边形。

1. 单击【多边形】按钮▽，在数值控制栏处出现以"侧面"为名称的输入栏，如输入"8s"，即可绘制八边形，如图 5-43 所示。

2. 单击【多边形】按钮▽，当按住鼠标左键向外拖动多边形时，在数值控制栏处出现以"半径"名称的输入栏，如输入"2000"，则可绘制半径为 2000mm 的多边形，按"Enter"键结束操作，图 5-44 所示为精确五边形半径为 2000mm。

图5-43　　　　　　　　　　　　　　　　　图5-44

提示： 在数值控制栏中输入内容的具体格式取决于计算机的区域设置。对于一些欧洲用户来说，分隔符是分号而非逗号。

案例——绘制太极八卦

本案例主要应用线条工具、圆弧工具、圆工具、推/拉工具进行创建模型，图 5-45 所示为效果图。

图5-45

 结果文件：\Ch05\太极八卦.skp
视频：\Ch05\太极八卦.wmv

1. 单击【圆弧】按钮◠，绘制一段长为 1000mm 的圆弧，如图 5-46 所示。

2. 凸出部分为 300mm，如图 5-47、图 5-48 所示。

图5-46　　　　　　　　　　　　　　　　图5-47

3. 继续绘制圆弧相切，距离和凸出部分一样，如图 5-49、图 5-50、图 5-51 所示。

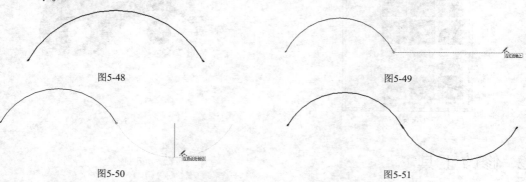

图5-48　　　　　　　　　　　　　　　　图5-49

图5-50　　　　　　　　　　　　　　　　图5-51

4. 单击【圆】按钮⬤，沿圆弧中心绘制一个圆，使它形成两个面，如图 5-52、图 5-53、图 5-54 所示。

图5-52　　　　　　　　　　　　　　　　图5-53

5. 单击【圆】按钮⬤，绘制两个半径为 150mm 的圆，如图 5-55 所示。

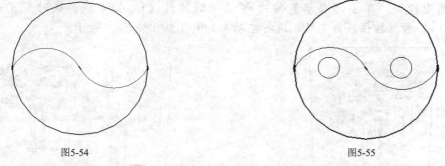

图5-54　　　　　　　　　　　　　　　　图5-55

6. 单击【颜料桶】按钮🪣，弹出【材质】编辑器，选择黑白颜色填充，效果如图 5-56、图 5-57 所示。

103

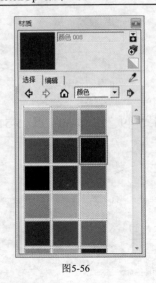

图5-56

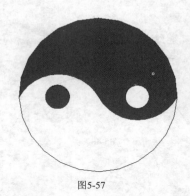

图5-57

5.2　修改工具

SketchUp 修改工具包括移动工具、推/拉工具、旋转工具、跟随路径工具、拉伸工具、偏移复制工具。图 5-58 所示为修改工具条。

图5-58

5.2.1　移动工具

移动工具，可以移动、拉伸和复制几何图形，此工具还可用于旋转组件和组。

一、利用移动工具复制模型

移动工具可以复制单个或多个模型，对植物模型进行复制操作。

1. 选中模型，单击【移动】按钮 ，同时按住 Ctrl 键不放，这时多了一个 "+" 号，按住鼠标不放，进行拖动，如图 5-59、图 5-60 所示。

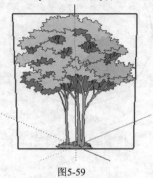

图5-59

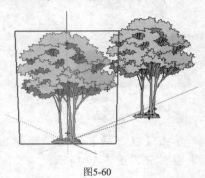

图5-60

2. 继续选中模型，可以复制多个，如图 5-61 所示。

3. 切换到选择工具，单击空白处，复制效果如图 5-62 所示。

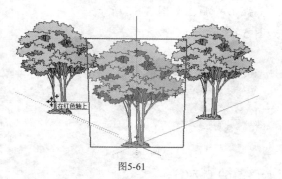
图5-61

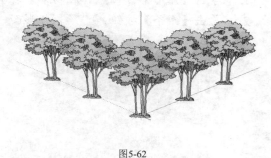
图5-62

二、复制同等比例模型

主要是利用数值控制栏精确复制模型。

1. 当复制好一个模型后，这时数值控制栏出现以"长度"为名称的输入栏，如输入"/10"，按"Enter"键结束操作，即可在一定距离内复制 10 个模型，如图 5-63、图 5-64 所示。

图5-63   图5-64

2. 如在"长度"名称栏输入"x10"，按"Enter"键结束操作，即可复制同等距离的模型，如图 5-65、图 5-66 所示。

图5-65   图5-66

提示： 复制同等比例模型，在创建包含多个相同项目的模型（如栅栏、桥梁和书架）时特别有用，因为柱子或横梁以等距离间隔排列。

5.2.2 推/拉工具

推/拉工具，可以将不同类型的二维平面（圆、矩形、抽象平面）推/拉成三维几何体模型。

下面以创建一个园林景观中的石阶模型为例。

1. 单击【矩形】按钮 ，在场景中绘制一个矩形平面，如图 5-67 所示。

2. 单击【线条】按钮 ，绘制矩形面，如图 5-68 所示。

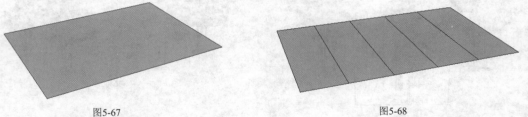

图5-67　　　　　　　　　　　　　　　　　图5-68

3. 单击【推/拉】按钮 ，选择一个面，如图 5-69 所示。

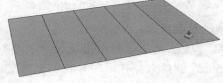

图5-69

提示：将一个面推拉一定的高度后，如果在另一个面上双击鼠标左键，则该面将拉伸同样的高度。

4. 按住左键不放，向上推拉一定距离，如图 5-70、图 5-71 所示。

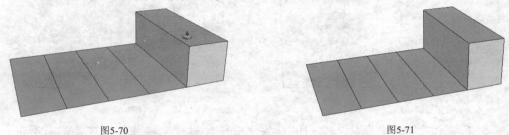

图5-70　　　　　　　　　　　　　　　　　图5-71

5. 继续单击【推/拉】按钮 ，推拉另外的矩形面，并且推拉出层次，形成石阶，如图 5-72、图 5-73 所示。

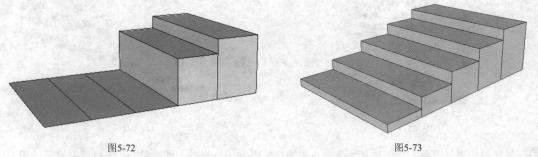

图5-72　　　　　　　　　　　　　　　　　图5-73

6. 单击【颜料桶】按钮 ，为石阶填充适合的材质，如图 5-74、图 5-75 所示。

图5-74

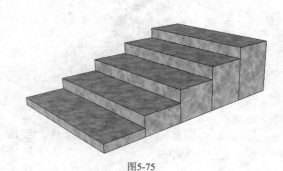

图5-75

提示：【推/拉】工具只能在平面上进行，因此不能在【线框】模式下操作。如果将 SketchUp 设置为线框渲染风格，就不能使用此功能。

5.2.3 旋转工具

旋转工具，确定旋转的轴心点、起点位置、终点位置进行旋转，同时还可以拉伸、扭曲或复制模型。

 源文件：\Ch05\中式餐桌.skp

旋转工具，也可对模型进行同等距离的复制操作，这里主要对餐桌快速创建周围的餐椅。

1. 打开中式餐桌模型，如图 5-76 所示。

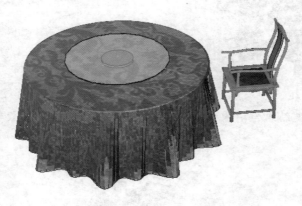

图5-76

2. 选中要旋转的模型，单击【旋转】按钮，以轴为中心原点进行旋转复制，如图 5-77、图 5-78 所示。

图5-77

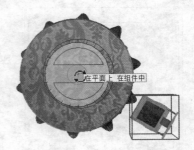

图5-78

3.　按住左键不放拖出一条辅助线，按住 "Ctrl" 键不放，复制模型，如图 5-79、
图 5-80 所示。

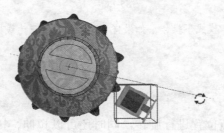

图5-79

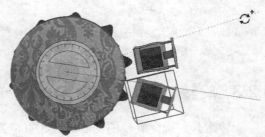

图5-80

4.　单击确定旋转的位置，这时数值控制栏出现以 "角度" 为名称的输入栏，如
输入 "12 ×"，则表示以当前的角度复制同等距离的十二个模型，如图 5-81、
图 5-82 所示。

图5-81

角度	12×

图5-82

5.　按 "Enter" 键结束当前操作，并在场景中单击一下，即可旋转复制模型，如
图 5-83 所示。

图5-83

提示：在旋转复制模型时，输入"12×"或者"12*"都一样，都可以复制同等距离模型。

5.2.4 跟随路径工具

跟随路径工具，可以沿一条路径复制平面轮廓，沿路径手动或自动拉伸平面从而创建模型，当要为模型添加细节时这个工具特别有用。

 结果文件：\Ch05\圆环.skp、球体.skp、锥体.skp

一、创建圆环

1. 单击【圆】按钮⬤，绘制一个平面，如图 5-84 所示。
2. 单击【圆】按钮⬤，在圆的边上绘制一个小圆面，形成放样的截面，如图 5-85、图 5-86 所示。

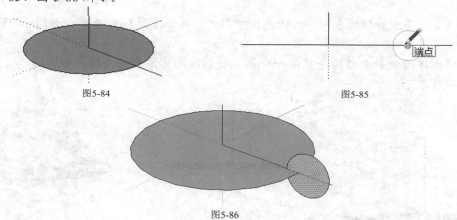

图5-84   图5-85

图5-86

3. 先单击大圆面，再单击【跟随路径】按钮，最后单击半圆面，如图 5-87、图 5-88、图 5-89 所示。

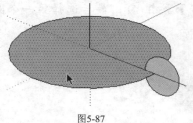 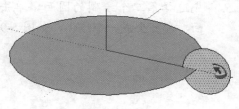

图5-87   图5-88

4. 将中间的面删除，圆环效果如图 5-90 所示。

图5-89   图5-90

二、创建球体

1. 单击【圆】按钮 ⬤ ，在绘图场景中以坐标中心点为圆心绘制一个半径为 500mm 的圆，如图 5-91 所示。

2. 单击【线条】按钮 ✎ ，由中心沿蓝轴方向绘制一条长为 500mm 的直线，如图 5-92 所示。

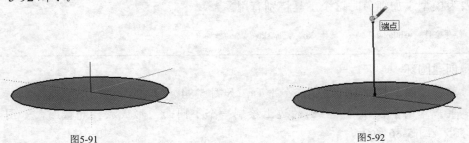

图5-91　　　　　　　　　　　　　　　　图5-92

3. 调整一下坐标轴的方向，方便捕捉中心点，单击【圆】按钮 ⬤ ，如图 5-93 所示。

4. 以刚才绘制的直线为半径画一个圆，并删除刚才绘制的直线，如图 5-94、图 5-95 所示。

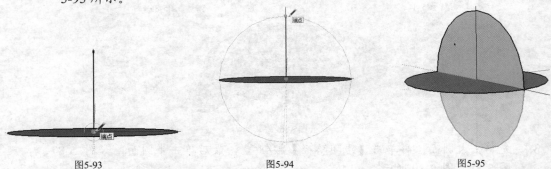

图5-93　　　　　　　　　　图5-94　　　　　　　　　　图5-95

5. 先选择第二个绘制的圆面，单击【跟随路径】按钮 ✋ ，最后选择第一个圆面，即可生成一个球体，如图 5-96 所示。

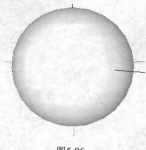

图5-96

三、创建锥体

1. 单击【圆】按钮 ⬤ ，在绘图场景中以坐标中心点为圆心绘制一个半径为 200mm 的圆，如图 5-97 所示。

2. 单击【线条】按钮 ✎ ，由中心沿蓝轴方向绘制一条长为 400mm 的直线，如图

5-98 所示。

图5-97   图5-98

3. 单击【线条】按钮 ✎，绘制一个三角面，如图 5-99、图 5-100 所示。
4. 选择圆面，再单击【跟随路径】按钮 ⬟，最后选择三角面，即可生成一个圆
    锥体，如图 5-101 所示。

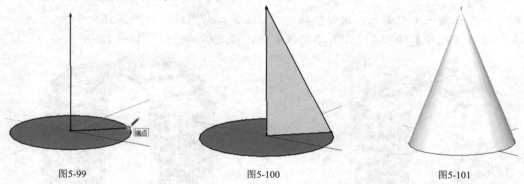

图5-99   图5-100   图5-101

提示：为了使【跟随路径】工具从正确的位置开始放样，在放样开始时，必须单击邻近剖面的路径。否则，
      【跟随路径】工具会在边线上挤压，而不是从剖面到边线。

5.2.5 拉伸工具

拉伸工具，又称缩放工具，可以对模型进行等比例或非等比例缩放，按"Shift"键可以
切换等比例/非等比例缩放；配合"Ctrl"键以中心为轴进行缩放。

  源文件：\Ch05\凉亭.skp

对一个凉亭模型进行缩放操作，可以自由缩放，也可按比例进行缩放，从而改变当前模
型的结构。

1. 打开凉亭模型，如图 5-102 所示。
2. 单击【选择】按钮 ▶，选中模型某一部分，如图 5-103 所示。
3. 单击【拉伸】按钮 ⬢，如图 5-104 所示。

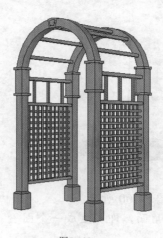

图5-102

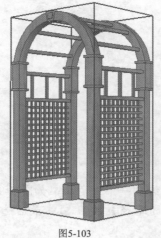

图5-103

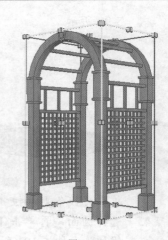

图5-104

4. 单击任意一个控制点，出现虚线，按住左键进行缩放，如图 5-105 所示。

5. 单击【选择】按钮，即可取消控制点，确定缩放模型，如图 5-106 所示。

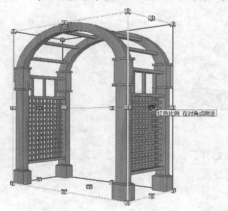

图5-105

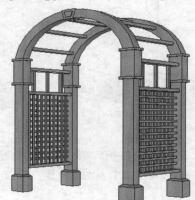

图5-106

6. 利用同样的方法缩放另一边的控制点，如图 5-107 所示。

7. 最后的缩放效果如图 5-108 所示。

图5-107

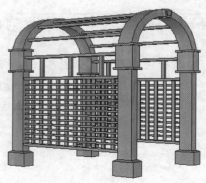

图5-108

5.2.6　偏移复制工具

偏移复制工具，可以偏移复制同一平面两条或两条以上的相交线，可以在原表面的内部或外部偏移表面的边线，偏移一个表面将建立一个新的表面。

　源文件：\Ch05\模型 1.skp

下面利用偏移复制工具完善一个花坛模型为例进行实际讲解。

1. 图 5-109 所示为已创建好的一部分花坛模型。
2. 单击【偏移复制】按钮，指针变成了带两个偏移角，确定偏移边线，如图 5-110 所示。

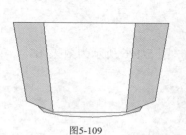
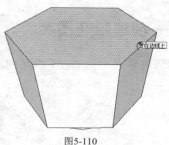

图5-109　　　　　　　　　　　　　　　　　　　　　图5-110

3. 按住鼠标左键不放向里偏移复制一个面，如图 5-111 所示。
4. 松开鼠标左键，即确定偏移复制面，如图 5-112 所示。

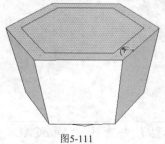

图5-111　　　　　　　　　　　　　　　　　　　　　图5-112

5. 单击【推/拉】按钮，可以对偏移复制的面单独进行推拉操作，如图 5-113、图 5-114 所示。

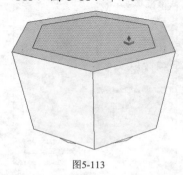
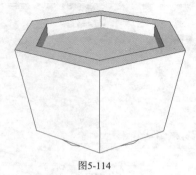

图5-113　　　　　　　　　　　　　　　　　　　　　图5-114

6. 单击【颜料桶】按钮，对创建的花坛填充适合的材质，如图 5-115 所示。

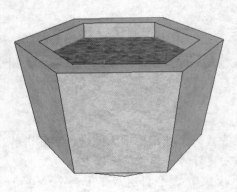

图5-115

案例——创建雕花图案

本案例将导入一张 CAD 雕花图纸，制作雕花模型，图 5-116 所示为效果图。

图5-116

　源文件：\Ch05\雕花图纸.dwg
　　　　　　结果文件：\Ch05\雕花图案.skp
　　　　　　视频：\Ch05\雕花图案.wmv

1. 选择【文件】/【导入】命令，在【文件类型】中选择"AutoCAD 文件
　　（*.dwg，*.dxf）"，如图 5-117、图 5-118 所示。

图5-117　　　　　　　　　　　　　　　　　　　图5-118

2. 单击　关闭　按钮，导入图案如图 5-119 所示。

114

图5-119

3. 单击【线条】按钮，沿边线对图案进行封闭面操作，如图 5-120、图 5-121 所示。

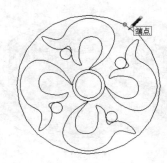

图5-120

图5-121

4. 将要单独推拉的面进行单独描边封面，如图 5-122、图 5-123 所示。

图5-122

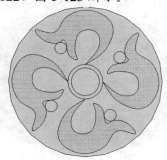

图5-123

5. 单击【偏移】按钮，将外框向外偏移复制 600mm，如图 5-124 所示。

图5-124

6. 单击【推/拉】按钮 ⬆，向上拉出 2000mm，如图 5-125 所示。

7. 单击【推/拉】按钮 ⬆，向下推 1000mm，如图 5-126 所示。

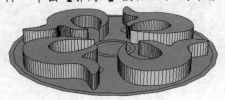

图5-125　　　　　　　　　　　　　图5-126

8. 单击【推/拉】按钮 ⬆，将 4 个圆向上拉高 2000mm，如图 5-127 所示。

9. 单击【推/拉】按钮 ⬆，将中间两圆分别拉出 2000mm 和 1000mm，如图 5-128 所示。

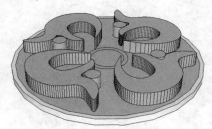 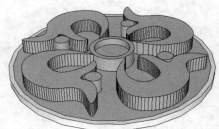

图5-127　　　　　　　　　　　　　图5-128

10. 选中模型，选择【窗口】/【柔化边线】命令，对边线进行柔化，如图 5-129、图 5-130、图 5-131 所示。

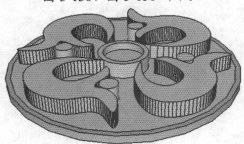 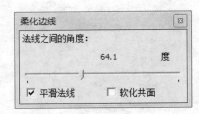

图5-129　　　　　　　　　　　　　图5-130

11. 对创建好的雕花图案填充适合的材质，最终效果如图 5-132 所示。

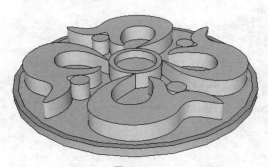 

图5-131　　　　　　　　　　　　　图5-132

提示： 创建复杂图案的封闭面时，需要读者有足够的耐心，描边时要仔细，一条线没有连结上，就无法创建一个面。遇到无法创建面的情况，可以尝试将导入的线条删掉，直接重新绘制并连接。

案例——创建户外帐篷

本案例主要利用绘制工具制作一个儿童帐篷，图 5-133 所示为效果图。

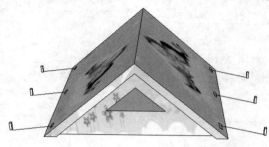

图5-133

 结果文件：\Ch05\户外帐篷.skp
视频：\Ch05\户外帐篷.wmv

1. 单击【多边形】按钮▼，绘制一个三角形，如图 5-134 所示。
2. 单击【拉伸】按钮，对三角形进行调整，如图 5-135 所示。

图5-134

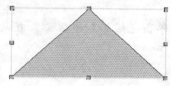

图5-135

3. 单击【推/拉】按钮，向后推 3000mm，如图 5-136 所示。
4. 单击【线条】按钮，绘制出图 5-137 所示的形状。

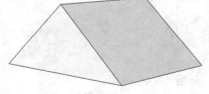

图5-136

图5-137

5. 单击【推/拉】按钮，将面向里推 100mm，如图 5-138 所示。
6. 单击【偏移】按钮，偏移复制一个三角形面，如图 5-139 所示。

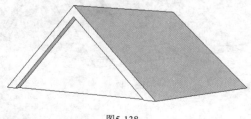

图5-138

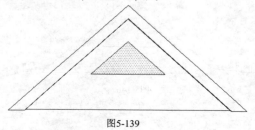

图5-139

117

7.　单击【矩形】按钮▢，绘制 3 个矩形面，如图 5-140 所示。

8.　单击【线条】按钮✎，绘制 3 条线，如图 5-141 所示。

图5-140

图5-141

9.　将矩形面删除，如图 5-142 所示。

10.　在模型另一边绘制同样的矩形面和线，如图 5-143 所示。

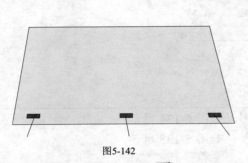

图5-142

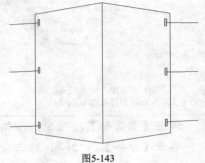

图5-143

11.　单击【矩形】按钮▢，在两边分别绘制 3 个矩形面，如图 5-144、图 5-145 所示。

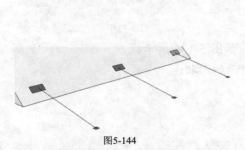

图5-144

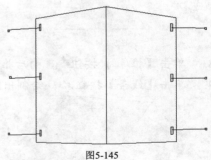

图5-145

12.　单击【推/拉】按钮◆，分别拉出一定高度，如图 5-146 所示。

13.　填充适合的材质，最终效果如图 5-147 所示。

图5-146

图5-147

5.3 实体工具

SketchUp 实体工具仅用于 SketchUp 实体，实体是任何具有有限封闭体积的 3D 模型（组件或组），实体不能有任何裂缝（平面缺失或平面间存在缝隙）。实体工具包括外壳工具、相交工具、并集工具、去除工具、修剪工具和拆分工具。图 5-148 所示为实体工具条。

图5-148

5.3.1 外壳工具

外壳工具，用于删除和清除位于交选组或组件内部的几何图形（保留所有外表面）。执行外壳的结果与执行并集的结果类似，但是执行外壳的结果是只能包含外表面，而执行并集的结果则还能包含内部几何图形。

1. 绘制两个圆柱实体，并将它们进行组合，以 X 射线样式显示，如图 5-149 所示。
2. 分别选中两个实体，选择【编辑】/【创建组】命令，即可创建两个组，如图 5-150 所示。

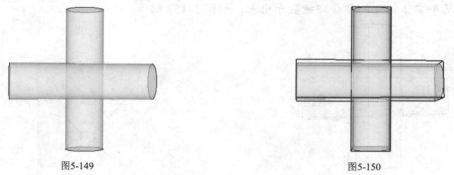

图5-149   图5-150

3. 单击【外壳】按钮 ，单击确定选中第一个组，如图 5-151 所示。
4. 再单击确定选中第二个组，两个实体的外壳效果如图 5-152、图 5-153 所示。

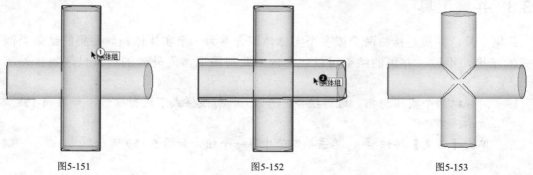

图5-151   图5-152   图5-153

提示：如果将鼠标指针放在组以外，指针会变成带有圆圈和斜线的箭头 ；如果将指针放在组内，指针会变成带有数字的箭头 。

5.3.2　相交工具

相交工具，相交是指某一组或组件与另一组或组件相交或交迭的几何图形，可以对一个或多个相交组或组件执行相交，从而仅产生相交的几何图形。

1. 同样以两个实体为例，进行组合，并在 X 射线样式下进行操作，如图 5-154 所示。

2. 单击【相交】按钮　，单击确定选中第一个组，如图 5-155 所示。

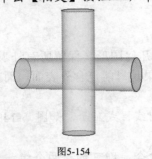

图5-154

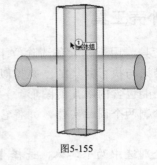

图5-155

3. 单击确定选中第二个组，如图 5-156 所示。

4. 两个实体相交的部分即被显示出来，如图 5-157 所示。

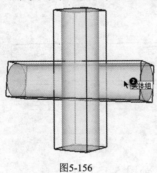

图5-156

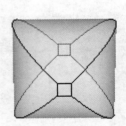

图5-157

5.3.3　并集工具

并集工具，并集是指将两个或多个实体体积合并为一个实体体积。并集的结果类似于外壳的结果，不过，并集的结果可以包含内部几何图形，而外壳的结果只能包含外部平面。

1. 同样以两个实体为例，进行组合，并在 X 射线样式下进行操作，如图 5-158 所示。

2. 单击【并集】按钮　，单击确定选中第一个组，如图 5-159 所示。

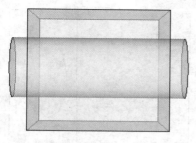

图5-158

图5-159

3. 单击确定选中第二个组，如图 5-160 所示。

4. 两个实体即被组合在一起，并集效果如图 5-161 所示。

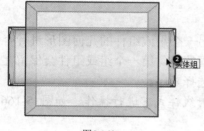

图5-160

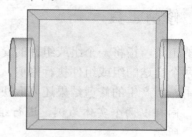

图5-161

5.3.4 去除工具

去除工具，指将一个组或组件的交选几何图形与另一个组或组件的几何图形进行合并，然后会从结果中删除第一个组或组件。只能对两个交选的组或组件执行去除，所产生的去除效果还要取决于组或组件的选择顺序。

1. 同样以两个实体为例，进行组合，并在 X 射线样式下进行操作，如图 5-162 所示。

2. 单击【去除】按钮 💵，单击确定选中第一个组，如图 5-163 所示。

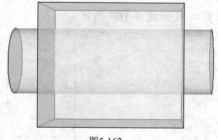

图5-162

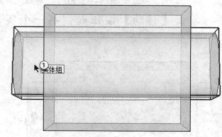

图5-163

3. 单击确定选中第二个组，如图 5-164 所示。

4. 去除效果如图 5-165 所示。

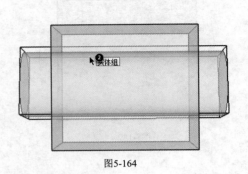

图5-164

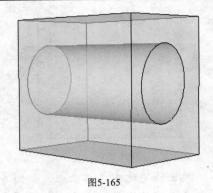

图5-165

5.3.5 修剪工具

修剪工具,指将一个组或组件的交迭几何图形与另一个组或组件的几何图形进行合并,只能对两个交迭的组或组件执行修剪。与去除功能不同的是,第一个组或组件会保留在修剪的结果中,所产生的修剪结果还要取决于组或组件的选择顺序。

1. 同样以两个实体为例,进行组合,并在 X 射线样式下进行操作,如图 5-166 所示。

2. 单击【修剪】按钮,单击确定选中第一个组,如图 5-167 所示。

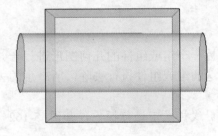

图5-166

图5-167

3. 单击确定选中第二个组,如图 5-168 所示。

4. 单击【移动】按钮,将一个实体移开,修剪效果如图 5-169 所示。

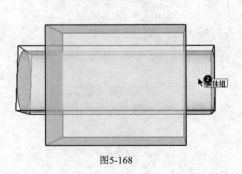

图5-168

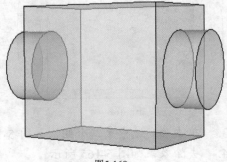

图5-169

5.3.6　拆分工具

拆分工具，拆分是指将交选的几何图形拆分为各个部分。

1. 同样以两个实体为例，进行组合，并在 X 射线样式下进行操作，如图 5-170 所示。

2. 单击【拆分】按钮，单击确定选中第一个组，如图 5-171 所示。

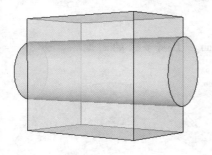

图5-170

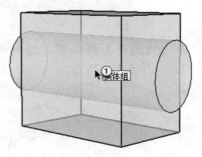

图5-171

3. 单击确定选中第二个组，如图 5-172 所示。

4. 单击【移动】按钮，将拆分后的图形移出来，效果如图 5-173 所示。

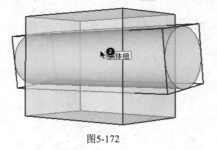

图5-172

图5-173

提示： 在创建实体时，一定要将实体分别创建群组，在组合实体时会因为组合的形状不同，选择的方式不同，产生的效果都会有所变化，读者可以根据不同的需要进行实体工具操作。

案例——创建圆弧镂空墙体

本案例主要应用绘图工具、实体工具创建镂空墙体模型，图 5-174 所示为效果图。

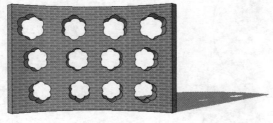

图5-174

　　结果文件：\Ch05\镂空墙体.skp
　　　　　　　视频：\Ch05\圆弧镂空墙体.wmv

1. 单击【圆弧】按钮 ，绘制一段长为 5000mm 的圆弧，凸出部分为 1000mm，如图 5-175 所示。

2. 继续绘制另一段圆弧并与之相连接，如图 5-176 所示。

图5-175　　　　　　　　　　　　　　　　图5-176

3. 单击【线条】按钮 ，绘制两条直线打断面，且将多余的面删除，如图 5-177、图 5-178 所示。

图5-177　　　　　　　　　　　　　　　　图5-178

4. 单击【推/拉】按钮 ，将圆弧面向上推高 3000mm，形成圆弧墙体，如图 5-179 所示。

5. 单击【圆】按钮 ，绘制一个半径为 300mm 的圆形，如图 5-180 所示。

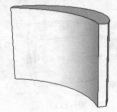

图5-179　　　　　　　　　　　　　　　　图5-180

6. 单击【圆弧】按钮 ，沿圆形面边缘绘制圆弧并与之相连接，如图 5-181、图 5-182 所示。

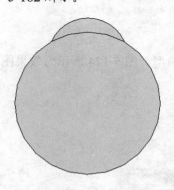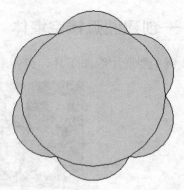

图5-181　　　　　　　　　　　　　　　　图5-182

7. 单击【擦除】按钮 ，将圆面删除，如图 5-183 所示。

8. 单击【推/拉】按钮 ，将形状推长 1500mm，如图 5-184 所示。

图5-183

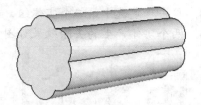

图5-184

9. 将墙体和形状分别选中，创建群组，如图 5-185、图 5-186 所示。

图5-185

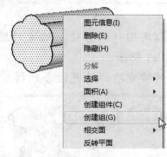

图5-186

10. 单击【移动】按钮，将形状移到墙体上，将两个实体进行组合，如图 5-187 所示。

11. 继续单击【移动】按钮，按住 "Ctrl" 键不放，复制形状，如图 5-188 所示。

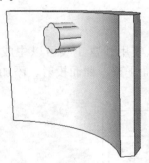

图5-187

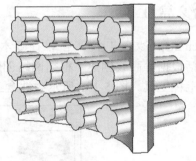

图5-188

12. 单击【拉伸】按钮，对复制的形状进行缩放大小，如图 5-189 所示。

13. 单击【去除】按钮，单击确定选中第一个实体组，如图 5-190 所示。

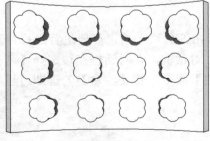

图5-189

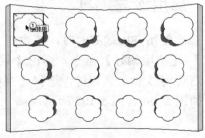

图5-190

14. 单击确定选中第二个实体组，如图 5-191 所示。
15. 两个实体产生的去除效果如图 5-192 所示。

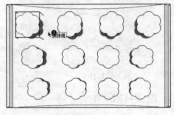

图5-191

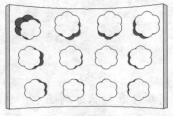

图5-192

16. 利用同样的方法，依次对墙体和形状产生去除效果，形成镂空墙体，如图 5-193 所示。
17. 对镂空墙体填充适合的材质，如图 5-194 所示。

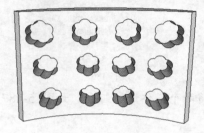

图5-193

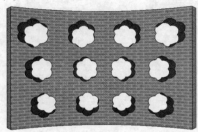

图5-194

5.4　沙盒工具

SketchUp 沙盒工具，在以往版本中又叫地形工具，使用沙盒工具可以生成和操纵表面。包括根据等高线创建、根据网络创建、曲面拉伸、曲面平整、曲面投射、添加细部、翻转边线七种工具。图 5-195 所示为沙盒工具条。

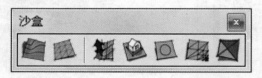

图5-195

5.4.1　启用沙盒工具

在初次使用 SketchUp 时，沙盒工具是不会显示在工具栏上的，需要进行选择。选择【窗口】/【使用偏好】命令，弹出【系统使用偏好】对话框。在对话框左边选择【延长】选项，右边将沙盒工具勾选，选择【视图】/【工具栏】命令，将【沙盒】勾选即可显示工具栏，如图 5-196、图 5-197 所示。

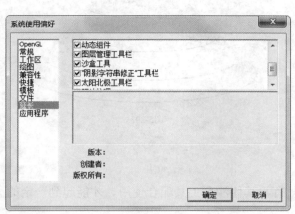

图5-196 图5-197

5.4.2 等高线创建工具

等高线创建工具，可以封闭相邻等高线形成三角面，等高线可以是直线、圆、圆弧、曲线，将这些闭合或不闭合的线形成一个面，从而产生坡地。

 结果文件：\Ch05\创建等高线坡地.skp

1. 单击【圆】按钮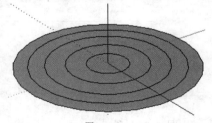，绘制几个封闭曲面，如图 5-198 所示。
2. 因为需要的是线而不是面，所以需要删除面，如图 5-199 所示。

图5-198 图5-199

3. 单击【选择】按钮 ，将每条线都选中；单击【移动】按钮 ，移动每条线都与蓝轴对齐，如图 5-200、图 5-201 所示。

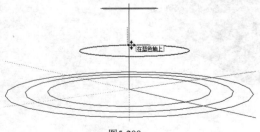

图5-200

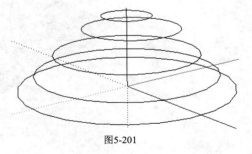

图5-201

4. 单击【选择】按钮 ，选中等高线，最后单击【根据等高线创建】按钮 ，即可创建一个像小山丘的等高线坡地，如图 5-202，图 5-203 所示。

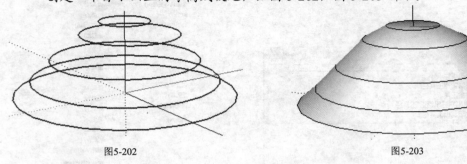

图5-202　　　　　　　　　　　　　　　　　图5-203

5.4.3　网格创建工具

网格创建工具，主要是绘制平面网格，只有与其他沙盒工具配合使用，才能起到一定的效果。

 结果文件：\Ch05\创建网格地形.skp

1. 单击【根据网格创建】 按钮，在数值控制栏出现以"删格间距"为名称的输入栏，输入"2000mm"，按"Enter"键确定。
2. 在场景中单击确定第一点，按住鼠标不放向右拖动，如图 5-204 所示。
3. 单击确定第二点，向下拖动鼠标，如图 5-205 所示。

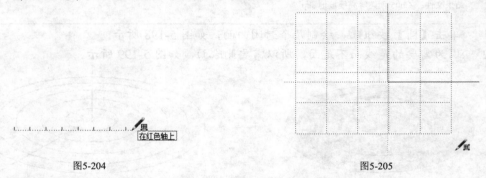

图5-204　　　　　　　　　　　　　　　　　图5-205

4. 单击确定网格面，从俯视图转换到等轴视图，如图 5-206 所示。

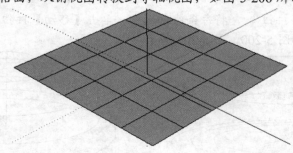

图5-206

128

5.4.4 曲面拉伸工具

曲面拉伸工具，主要对平面线、点进行拉伸，改变它的起伏度。

 结果文件：\Ch05\创建曲面拉伸.skp

1. 将上一操作的网格作为本次操作的源文件。
2. 双击网格，进入网格编辑状态，如图 5-207 所示。
3. 单击【曲面拉伸】按钮，进入曲面拉伸状态，如图 5-208 所示。

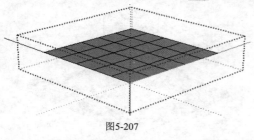

图5-207

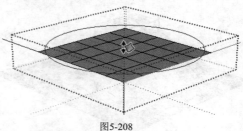

图5-208

4. 红色的圈代表半径大小，数值控制栏输入值可以改变半径大小，如输入"5000mm"，按"Enter"键结束。对着网格按住鼠标左键不放，向上拖动，如图 5-209 所示。
5. 松开鼠标，在场景中单击一下，最终效果如图 5-210 所示。

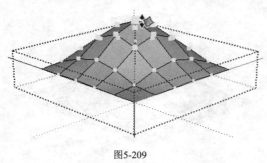

图5-209

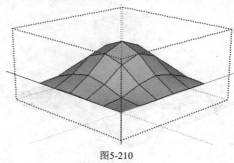

图5-210

6. 在数值控制栏中改变半径大小，如输入"500mm"，曲面拉伸线效果如图 5-211 所示，曲面拉伸点效果如图 5-212 所示。

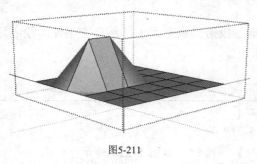

图5-211

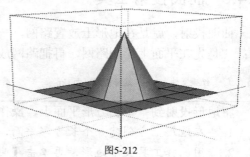

图5-212

5.4.5　曲面平整工具

当模型处于有高差距离倾斜时，使用曲面平整工具可以偏移一定的距离将模型放在地形上。

　结果文件：\Ch05\曲面平整地形.skp

1.　绘制一个矩形模型，移动放置到地形中，如图 5-213 所示。
2.　再次移动矩形模型放置到地形上方，如图 5-214 所示。

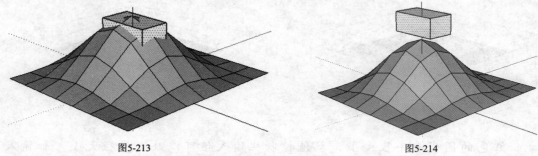

图5-213　　　　　　　　　　　　　　图5-214

3.　单击【曲面平整】按钮，这时矩形模型下方出现一个红色底面，如图 5-215 所示。单击地形，按住左键不放向上拖动，使矩形模型与上升曲面对齐，如图 5-216 所示。

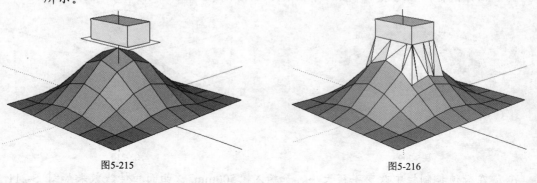

图5-215　　　　　　　　　　　　　　图5-216

5.4.6　曲面投射工具

曲面投射，就是在地形上放置路网，一是要地形投射到水平面上，然后在平面上绘制路网；二是先在平面上绘制路网，再把路网放到地形上。

　结果文件：\Ch05\地形投射平面.skp

将地形投射到一个长方形平面上，操作步骤如下。

1.　在地形上方创建一个长方形平面，如图 5-217 所示。
2.　用选择工具选中地形，再单击【曲面投射】按钮，如图 5-218 所示。
3.　对着长方形单击确定，则将地形投射在水平面上，如图 5-219 所示。

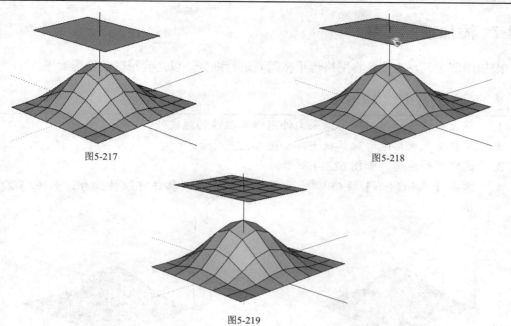

图5-217　　　　　　　　　　　　　　　　图5-218

图5-219

 结果文件：\Ch05\平面投射地形.skp

将一个圆形平面投射到地形上，操作步骤如下。

1. 在地形上方创建一个圆形平面，如图 5-220 所示。
2. 用选择工具选中平面，再单击【曲面投射】◎ 按钮，如图 5-221 所示。
3. 对着地形单击确定，则将平面投射到地形中，如图 5-222 所示。

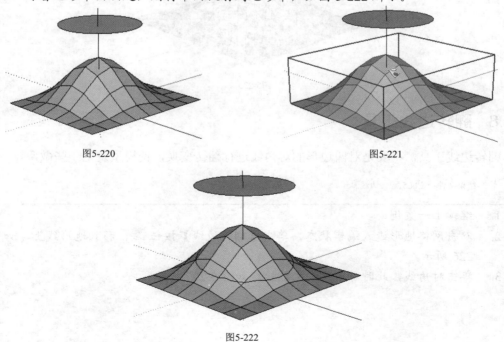

图5-220　　　　　　　　　　　　　　　图5-221

图5-222

5.4.7 添加细部工具

添加细部工具，主要是将网格地形按需要进行细分，以达到精确的地形效果。

  结果文件：\Ch05\细分网格.skp

1. 将上一操作的投射地形结果文件用作本操作的源文件。
2. 双击进入网格地形编辑状态，如图 5-223 所示。
3. 选中网格地形，如图 5-224 所示。
4. 单击【添加细部】按钮 ▨，当前选中的几个网格即可以被细分，如图 5-225 所示。

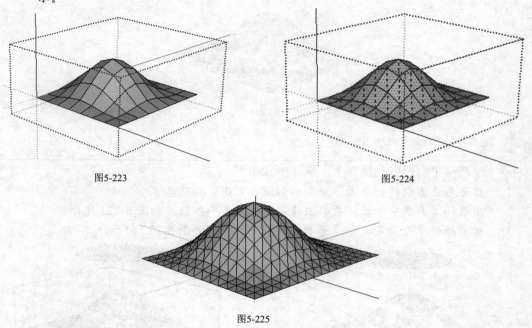

图5-223   图5-224

图5-225

5.4.8 翻转边线工具

翻转边线工具，主要是对四边形的对角线进行翻转变换，使模型发生一些微调。

  结果文件：\Ch05\翻转边线.skp

1. 继续上一案例。
2. 双击网格地形进入编辑状态，单击【翻转边线】按钮 ◪，移到地形线上，如图 5-226 所示。
3. 单击对角线，此时对角线发生翻转，如图 5-227 所示。

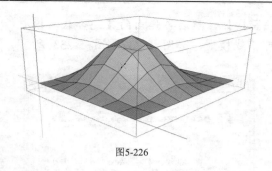

图5-226

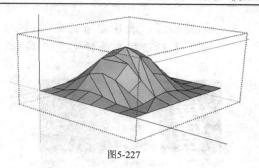

图5-227

5.5 运用 3D 模型库

可以在 Google 3D 模型库网在线获取你所需要的模型，然后直接下载到场景中，对于设计者来说非常方便，并且可以将自己设计的模型上传到 Google 网上，全球用户都会在 Google 3D 模型库中搜索到你所制作的模型。

一、获取模型

如何在线获取一个建筑模型，操作步骤如下。

1. 选择【文件】/【3D 模型库】/【获取模型】命令，弹出 3D 模型库对话框，如图 5-228、图 5-229 所示。

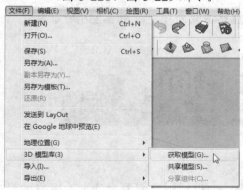

图5-228

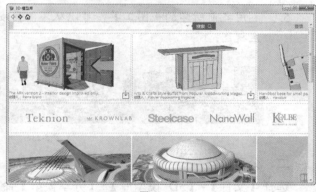

图5-229

2. 在搜索栏里输入"建筑"，单击 搜索 按钮，弹出关于建筑模型的对话框，如图 5-230、图 5-231 所示。

图5-230

图5-231

3.　浏览模型，选择你所需要的模型，单击 ⬇ 按钮，然后再弹出的【是否载入模型？】对话框中选择 是(Y) 按钮，即可下载模型，如图 5-232、图 5-233 所示。

图5-232

图5-233

4.　图 5-234 所示为正在下载模型，单击确定一下，即可将模型下载到场景中，图 5-235 所示为建筑模型。

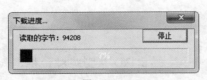

图5-234

图5-235

5.　利用之前所学的视图工具，可以从不同角度观察下载的模型，图 5-236 所示为主视图。

图5-236

二、分享模型

选择【文件】/【3D 模型库】/【分享模型】命令，会提示用户需要为分享的模型设置标题、说明、URL 网址、标记等，如图 5-237 所示。设置信息后单击【上载】按钮，即可完成模型的上传。上传的模型将可以在 3D 模型库中搜索并下载使用。

图5-237

5.6 添加组件模型

SketchUp 组件应用非常方便，可以自由地选择组件，也可以网络下载组件，组件的应用使设计师们在创作过程中节约了不少的时间。

一、在线获取组件模型

如何在线获取一个景观组件，操作步骤如下。

1. 选择【窗口】/【组件】命令，弹出组件对话框，如图 5-238、图 5-239 所示。

图5-238

图5-239

2. 在搜索栏里输入"景观"，单击 🔍 按钮，如图 5-240 所示。
3. 图 5-241 所示为正在线搜索景观组件。
4. 景观组件搜索完毕，图 5-242 所示为组件预览框。

图5-240

图5-241

图5-242

5. 单击选择你所想要下载的组件模型，图 5-243 所示为正在下载。
6. 组件模型下载完毕，会自动激活移动工具，如图 5-244 所示。

7. 单击确定，即将组件模型下载到场景中，如图 5-245 所示。

8. 选择缩放工具，进行放大，图 5-246 所示为景观亭组件模型。

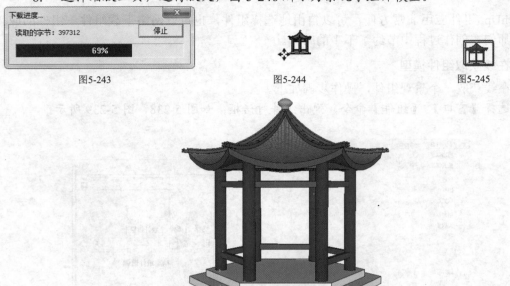

图5-243　　　　　　　　　　图5-244　　　　　　　　　　图5-245

图5-246

二、添加本地组件模型

利用之前所学习的组件安装方法，打开 SketchUp 模型库，这里面包含了各式各样的模型，都是从网上直接下载的单一组件。

　源文件：\Ch05\ SketchUp 模型库.skp

1. 选择【窗口】/【组件】命令，弹出组件对话框。

2. 单击 按钮，弹出下拉列表，如图 5-247 所示。

3. 选择【打开或创建本地集合】命令，弹出浏览文件夹对话框，选择组件文件夹，如图 5-248 所示。

图5-247　　　　　　　　　　　　　　　　　　　图5-248

4. 单击 [确定] 按钮，即当前文件夹内的组件模型都添加到了组件对话框中，如图 5-249 所示。

5. 选择组件模型，移到场景中，如图 5-250 所示。

6. 单击确定，即可添加本地组件模型，图 5-251 所示为床组件模型。

图5-249

图5-250

图5-251

5.7 综合案例

下面以几个动手操作的案例来详细讲解 SketchUp 基本绘图功能的应用。

5.7.1 案例——绘制太极八卦

本案例主要应用线条工具、圆弧工具、圆工具、推/拉工具创建模型。

结果文件：\Ch05\太极八卦.skp
视频：\Ch05\太极八卦.wmv

1. 单击【圆弧】按钮 ，绘制一段长为 1000mm 的圆弧，如图 5-252 所示。

2. 凸出部分为 300mm，如图 5-253、图 5-254 所示。

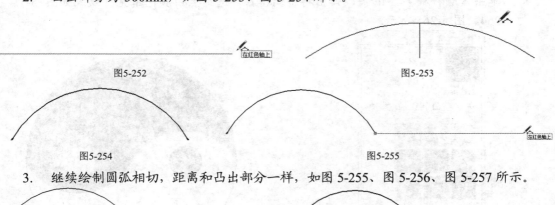

图5-252

图5-253

图5-254

图5-255

3. 继续绘制圆弧相切，距离和凸出部分一样，如图 5-255、图 5-256、图 5-257 所示。

图5-256

图5-257

4. 单击【圆】按钮⚫️，沿圆弧中心绘制一个圆，使它形成两个面，如图 5-258、图 5-259、图 5-260 所示。

5. 单击【圆】按钮⚫️，绘制两个半径为 150mm 的圆，如图 5-261 所示。

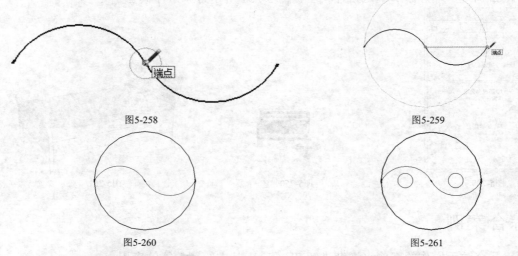

图5-258　　　　　　　　　　　　　　　　图5-259

图5-260　　　　　　　　　　　　　　　　图5-261

6. 单击【推/拉】按钮⬇️，将两个圆面向上推拉 200mm，如图 5-262 所示。

7. 单击【推/拉】按钮⬇️，将另外两个面向上推拉 100mm，如图 5-263 所示。

图5-262　　　　　　　　　　　　　　　　图5-263

8. 单击【颜料桶】按钮🖌️，弹出材质编辑器，选择黑白颜色填充，效果如图 5-264、图 5-265 所示。

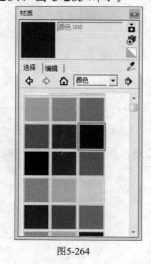

图5-264

图5-265

5.7.2 案例——绘制球体、锥体

本案例主要应用圆工具、直线工具、跟随路径工具来创建模型。

 结果文件：\Ch05\创建球体椎体.skp
视频：\Ch05\创建球体椎体.wmv

一、创建球体

1. 单击【圆】按钮 ⬤，在绘图场景中以坐标中心点绘制一个半径为 500mm 的圆，如图 5-266 所示。

2. 单击【线条】按钮 ✏，由中心沿蓝轴方向绘制一条长为 500mm 的直线，如图 5-267 所示。

3. 调整一下坐标轴的方向，方便捕捉中心点，单击【圆】按钮 ⬤，如图 5-268 所示。

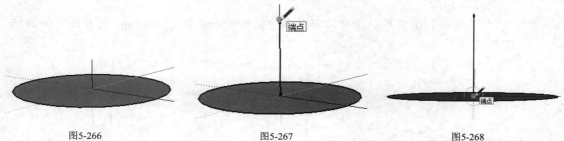

图5-266   图5-267   图5-268

4. 沿刚才绘制的直线画一个圆，且删除刚才绘制的直线，如图 5-269、图 5-270 所示。

5. 先选择第二个绘制的圆面，单击【跟随路径】按钮 🖑，最后选择第一个圆面，即可生成一个球体，如图 5-271 所示。

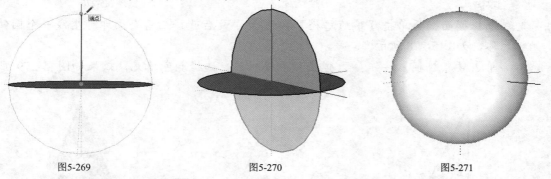

图5-269   图5-270   图5-271

6. 单击【颜料桶】按钮 🎨，弹出材质编辑器，选择颜色填充，效果如图 5-272、图 5-273 所示。

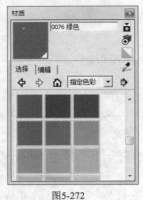

图5-272

图5-273

二、创建锥体

1. 单击【圆】按钮 ，在绘图场景中以坐标中心点绘制一个半径为 200mm 的圆，如图 5-274 所示。

2. 单击【线条】按钮 ，由中心沿蓝轴方向绘制一条长为 400mm 的直线，如图 5-275 所示。

3. 单击【线条】按钮 ，绘制一个三角面，如图 5-276、图 5-277 所示。

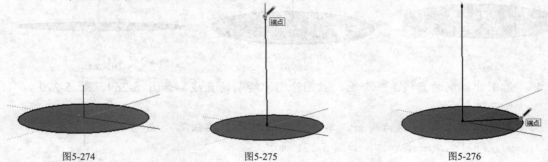

图5-274　　　　　　　　　　图5-275　　　　　　　　　　图5-276

4. 选择圆面，再单击【跟随路径】按钮 ，最后选择三角面，即可生成一个圆锥体，如图 5-278 所示。

5. 单击【颜料桶】按钮 ，弹出材质编辑器，选择颜色填充，效果如图 5-279 所示。

图5-277　　　　　　　　　　图5-278　　　　　　　　　　图5-279

5.7.3 案例——绘制吊灯

本案例主要应用圆工具、推/拉工具、偏移工具、移动工具来创建模型。

 结果文件：\Ch05\吊灯.skp
视频：\Ch05\吊灯.wmv

1. 单击【圆】按钮 ●，在场景中绘制一个半径为 500mm 的圆形，如图 5-280 所示。
2. 单击【推/拉】按钮 ♣，向上推拉 20mm，如图 5-281 所示。

图5-280

图5-281

3. 单击【偏移】按钮 ☞，向内偏移复制 50mm，如图 5-282 所示。
4. 单击【推/拉】按钮 ♣，向下推拉 10mm，如图 5-283 所示。

图5-282

图5-283

5. 单击【圆】按钮 ●，绘制半径为 50mm 的圆，单击【推/拉】按钮 ♣，向下推拉
50mm，如图 5-284、图 5-285 所示。

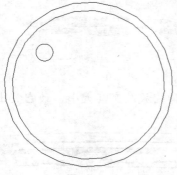

图5-284

图5-285

6. 单击【偏移】按钮 ☞，向内偏移复制 45mm；单击【推/拉】按钮 ♣，向下推拉
300mm，如图 5-286 所示。
7. 单击【偏移】按钮 ☞，将面向外偏移复制 80mm；单击【推/拉】按钮 ♣，向下推
拉 100mm，如图 5-287、图 5-288 所示。
8. 选中模型，选择【编辑】/【创建组】命令，如图 5-289 所示。

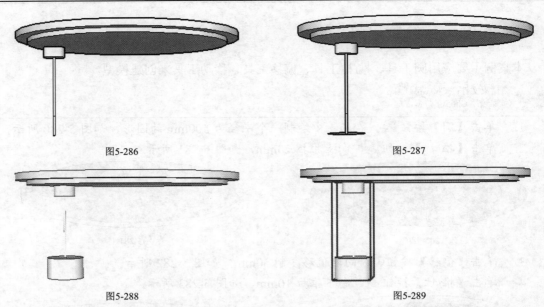

图5-286　　　　　　　　　　　　　　　图5-287

图5-288　　　　　　　　　　　　　　　图5-289

9.　单击【移动】按钮，按住 "Ctrl" 键不放，进行复制组，如图 5-290、图 5-291 所示。

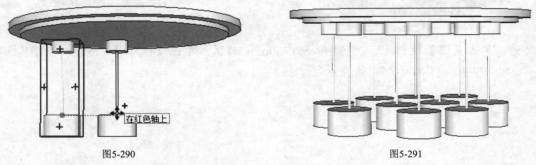

图5-290　　　　　　　　　　　　　　　图5-291

10.　单击【拉伸】按钮，对复制的吊灯进行不同拉伸缩放改变其大小，使它突出一个层次感，如图 5-292、图 5-293 所示。

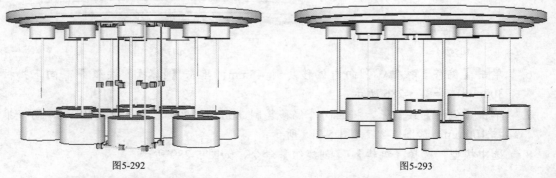

图5-292　　　　　　　　　　　　　　　图5-293

11.　单击【颜料桶】按钮，为制作的吊灯添加一种适合的材质，双击群组填充材质，如图 5-294、图 5-295、图 5-296 所示。

图5-294

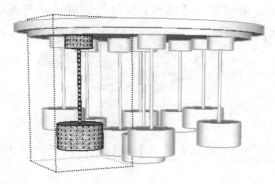

图5-295

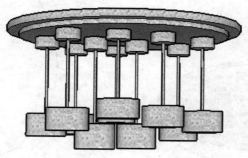

图5-296

5.7.4 案例——绘制古典装饰画

本案例主要应用圆工具、缩放工具、推/拉工具、偏移工具，并导入图片来完成创建模型。

 源文件：\Ch05\古典美女图片.bmp
结果文件：\Ch05\古典装饰画.skp
视频：\Ch05\古典装饰画.wmv

1. 单击【圆】按钮 ⬤，在场景中绘制一个圆，如图 5-297 所示。
2. 单击【拉伸】按钮 🔲，对圆进行缩放，使其变成椭圆，如图 5-298、图 5-299 所示。

图5-297

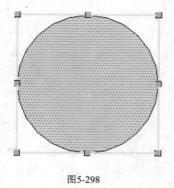

图5-298

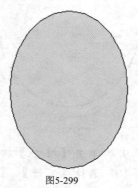

图5-299

143

3. 单击【推/拉】按钮,向上推拉 50mm,如图 5-300 所示。

4. 单击【偏移】按钮,将面向内偏移复制 50mm,如图 5-301 所示。

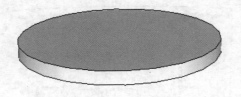

图5-300   图5-301

5. 单击【推/拉】按钮,向下推拉 30mm,如图 5-302、图 5-303 所示。

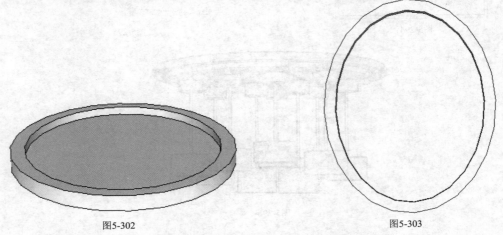

图5-302   图5-303

6. 单击【圆弧】按钮,在顶方绘制一段圆弧,如图 5-304 所示。

7. 单击【偏移】按钮,将面向外进行适当偏移复制,如图 5-305 所示。

8. 将中间的面删除,如图 5-306 所示。

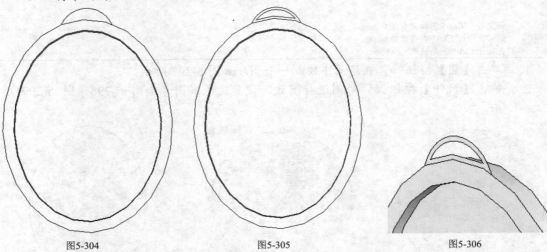

图5-304   图5-305   图5-306

9. 单击【推/拉】按钮,向外推拉,效果如图 5-307 所示。

10. 选择【文件】/【导入】命令,导入古典美女图片,放在框内,如图 5-308、图 5-309 所示。

图5-308

图5-309

图5-307

11. 右键单击图片，选择【分解】命令，将图片打散，如图 5-310 所示。

12. 选中多余的部分，将边线面进行删除，如图 5-311、图 5-312 所示。

13. 将边框填充一种适合的材质，装饰画效果如图 5-313 所示。

图5-310

图5-311

图5-312

图5-313

5.7.5　案例——绘制米奇卡通杯

本案例主要应用圆工具、推/拉工具、偏移复制工具、圆弧工具、跟随路径工具来创建模型。

源文件：\Ch05\米奇图片.bmp
结果文件：\Ch05\米奇卡通杯.skp
视频：\Ch05\米奇卡通杯.wmv

1. 单击【圆】按钮〇，绘制一个半径为 500mm 的圆，如图 5-314 所示。
2. 单击【推/拉】按钮◆，向上推拉 800mm，如图 5-315 所示。
3. 单击【偏移】按钮，向内偏移复制 50mm，如图 5-316 所示。

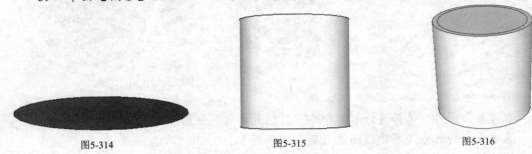

图5-314　　　　　　　　图5-315　　　　　　　　图5-316

4. 将中间部分删除，效果如图 5-317 所示。
5. 选择【视图】/【隐藏几何图形】命令，显示虚线，如图 5-318 所示。
6. 单击【圆】按钮，在平面上绘制一个半径为 60mm 的圆，如图 5-319 所示。

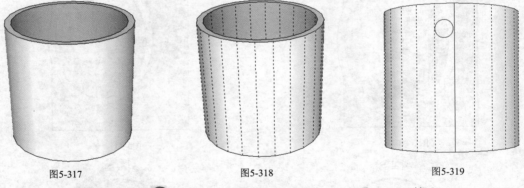

图5-317　　　　　　　　图5-318　　　　　　　　图5-319

7. 单击【圆弧】按钮，绘制一段圆弧，如图 5-320、图 5-321 所示。

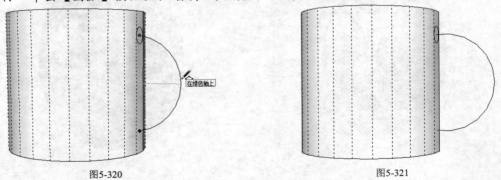

图5-320　　　　　　　　　　　　图5-321

8. 选中圆弧，再单击【跟随路径】按钮🖱，最后选择圆面，放样效果如图 5-322 所示。

9. 再次选择【视图】/【隐藏几何图形】命令，取消虚线，如图 5-323 所示。

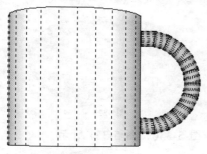

图5-322   图5-323

10. 单击【颜料桶】按钮🖱，导入米奇图片，填充材质，如图 5-324、图 5-325 所示。

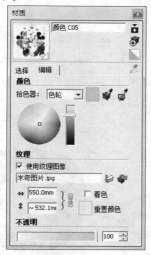

图5-324   图5-325

5.7.6 案例——绘制苹果

本案例主要应用圆工具、缩放工具、路径跟随工具来创建模型。

结果文件：\Ch05\苹果.skp
视频：\Ch05\苹果.wmv

1. 单击【圆】按钮⬤，绘制一个半径为 3000mm 的圆，如图 5-326 所示。

2. 单击【圆】按钮⬤，在旁边绘制一个圆，如图 5-327 所示。

图5-326   图5-327

3.　选中小圆面，再单击【跟随路径】按钮 🖱，最后选择大圆面，放样效果如图
　　5-328、图 5-329 所示。

图5-328

图5-329

4.　单击【拉伸】按钮 📐，对模型进行缩放，如图 5-330、图 5-331 所示。

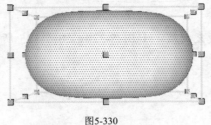

图5-330

图5-331

5.　单击【圆】按钮 ⬤，绘制一个小圆柱，如图 5-332 所示。

6.　单击【拉伸】按钮 📐，对模型进行缩放，如图 5-333 所示。

7.　选择一种适合的材质填充，如图 5-334 所示。

图5-332

图5-333

图5-334

5.7.7　案例——绘制花瓶

本案例主要应用圆工具、线条工具、路径跟随工具来创建模型。

结果文件：\Ch05\花瓶.skp
视频：\Ch05\花瓶.wmv

1.　单击【圆】按钮 ⬤，绘制一个半径为 500mm 的圆，如图 5-335 所示 。

2.　单击【线条】按钮 ✏️，沿垂直方向绘制一条直线，如图 5-336 所示。

3.　单击【线条】按钮 ✏️，绘制直线，如图 5-337 所示。

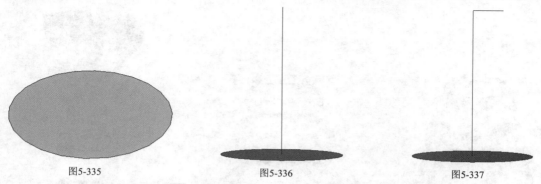

| 图5-335 | 图5-336 | 图5-337 |

4. 单击【圆弧】按钮 ，绘制几段圆弧相连接，如图 5-338、图 5-339 所示。

5. 单击【移动】按钮 ，将面上移一定高度，如图 5-340 所示。

| 图5-338 | 图5-339 | 图5-340 |

6. 选择圆面，再单击【跟随路径】按钮 ，最后选择圆弧面，放样效果如图 5-341 所示。

7. 将下方的面删除，如图 5-342 所示。

8. 单击【圆】按钮 ，在上方绘制一个圆面后再删除，如图 5-343、图 5-344 所示。

9. 填充材质，添加花组件作为装饰，如图 5-345、图 5-346 所示。

图5-341

图5-342

图5-343

图5-344　　　　　　　　　　　图5-345　　　　　　　　　　　图5-346

5.8　本章小结

　　本章我们主要学习了 SketchUp 基本绘图功能，利用绘图工具，可以创建一些简单的模型，并可用编辑工具对创建的模型进行编辑操作。通过本章学习，了解了如何利用实体工具创建两个实体不同组合效果，掌握了沙盒工具中每个工具的功能，掌握了如何利用 3D 模型库下载模型、如何添加组件模型，最后以几个实例操作来巩固工具的使用方法，知识内容丰富，且非常重要，是 SketchUp 学习中最重要的章节之一。

第6章　SketchUp 材质与贴图

SketchUp 的材质组成大致包括颜色、纹理、贴图、漫反射和光泽度、反射与折射、透明与半透明、自发光等。材质在 SketchUp 中应用广泛，它可以将一个普通的模型添加上丰富多彩的材质，使模型展现的更生动。

6.1　使用材质

之前学习了如何使用 SketchUp 中默认的材质，这部分主要学习如何导入材质及应用材质，如何利用材质生成器将图片生成材质。

6.1.1　导入材质

这里以一组下载好的外界材质为例，教读者们学习如何导入外界材质。

源文件：\Ch06\SketchUp 材质

1. 打开光盘中的"SketchUp 材质"文件夹。
2. 选择【窗口】/【默认面板】/【材料】命令，默认面板中显示【材料】对话框，如图 6-1 所示。
3. 单击 按钮，在弹出的菜单中选择【打开或创建材质库】选项，打开光盘中的 SketchUp 材质，如图 6-2、图 6-3 所示。

图6-1

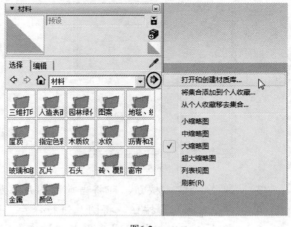

图6-2

4. 单击 确定 按钮，即可将外界的材质导入到材料对话框中，如图 6-4 所示。

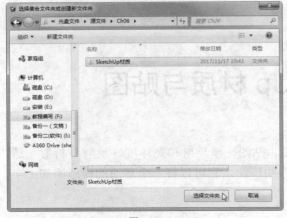

图6-3

图6-4

提示： 导入到材料对话框中的材质必须是一个文件夹形式，里面的材质文件格式必须是*.skm 格式。

6.1.2 材质生成器

SketchUp 的材质除了系统自带的材质库以外，还可以下载添加材质，也可以利用材质生成器自制材质库。材质生成器，是个自行下载的"插件"程序，它可以将你的一些*.jpg、*.bmp 格式的素材图片转换成*.skm 格式，SketchUp 可以直接使用。

 源文件：\Ch06\SKMList.exe

1. 在光盘文件夹下双击 SKMList.exe 程序，弹出材质库生成工具对话框，如图 6-5 所示。
2. 单击 Path ... 按钮，选择想要生成材质的图片文件夹，如图 6-6 所示。

图6-5

图6-6

3. 单击 确定 按钮，即将当前的图片添加到材质生成器中，如图 6-7 所示。
4. 单击 Save ... 按钮，将图片进行保存，弹出保存位置对话框，如图 6-8 所示。
5. 单击 保存(S) 按钮，图片生成材质完成，关闭材质库生成工具。

图6-7

图6-8

6. 打开材料对话框，利用之前学过的方法导入材质，图 6-9 所示为已经添加好的
材质文件夹。

7. 双击文件夹，即可打开应用当前材质，如图 6-10 所示。

图6-9

图6-10

6.1.3　材质应用

利用之前导入的材质，或者自己将喜欢的图片生成材质应用到模型中。

　源文件：\Ch06\茶壶.skp

1. 打开光盘文件夹下的"茶壶.skp"文件，如图 6-11 所示。

2. 打开材料对话框，可以在下拉列表中快速查找之前导入的 SketchUp 材质文件
夹，如图 6-12 所示。

图6-11　　　　　　　　　　　　　　　　图6-12

3. 将模型进行框选，选一种适合的材质，如图 6-13、图 6-14 所示。

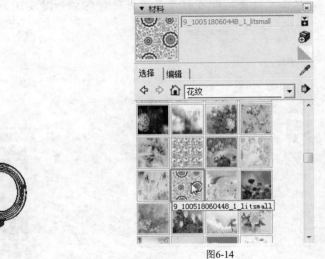

图6-13　　　　　　　　　　　　　　　　图6-14

4. 将光标移到模型上，填充材质，如图 6-15、图 6-16 所示。

图6-15　　　　　　　　　　　　　　　　图6-16

5. 填充效果不是很理想，选择【编辑】选项，修改一下尺寸，如图 6-17、图 6-18 所示。

154

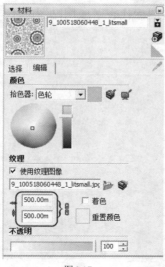

图6-17

图6-18

6.　修改一下材质颜色，效果如图 6-19、图 6-20 所示。

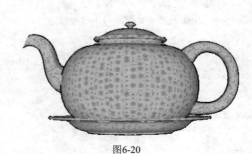

图6-19

图6-20

6.2　材质贴图

　　SketchUp 中的材质贴图是应用于平铺图像的，这就是说在上色的时候，图案或图形可以垂直或水平地应用于任何实体，SketchUp 贴图坐标包括【锁定别针】和【自由别针】两种模式。

6.2.1　锁定别针

　　锁定别针模式，每一个别针都有一个固定而且特有的功能。当固定一个或更多别针的时候，锁定别针模式可以按比例缩放、歪斜、剪切和扭曲贴图。在贴图上单击，可以确保锁定别针模式选中，注意每个别针都有一个邻近的图标。这些图标代表了应用贴图的不同功能，这些功能只存在于锁定别针模式。

一、锁定别针

图 6-21 所示为锁定别针模式。

- ⊞🔍：拖动此图钉可移纹理。
- ○🔍：拖动此图钉可调整纹理比例和旋转纹理。
- ◹🔍：拖动此图钉可调整纹理比例和修剪纹理。
- ▷🔍：拖动此图钉可以扭曲纹理。

二、图钉右键菜单

图 6-22 所示为图钉右键菜单。

- 完成：退出贴图坐标，保存当前贴图坐标。
- 重设：重置贴图坐标。
- 翻转：水平（左/右）和垂直（上/下）翻转贴图。
- 旋转：可以在预定的角度里旋转 90°、180° 和 270°。
- 固定图钉：锁定别针和自由别针的切换。
- 还原：可以撤销最后一个贴图坐标的操作，与编辑菜单中的撤销命令不同，这个还原命令一次只还原一个操作。
- 重做：重做命令可以取消还原操作。

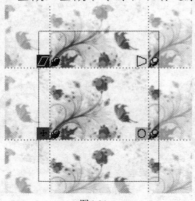

图6-21

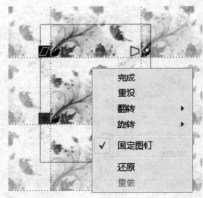

图6-22

6.2.2　自由别针

自由别针模式，只需将固定图钉取消勾选即可，它操作起来比较自由，不受约束，读者可以根据需要自由调整贴图，但相对来说没有锁定图钉方便。图 6-23 所示为自由别针模式。

图6-23

6.2.3　贴图技法

在材质贴图中，大致可分为平面贴图、转角贴图、投影贴图、球面贴图几种方法，每一种贴图方法都有它的不同之处，掌握了这几种贴图技巧，就能尽情发挥材质贴图的最大功能。

一、平面贴图

平面贴图只能对具有平面的模型进行材质贴图，以一个实例来讲解平面贴图的用法。

　源文件：\Ch06\立柜门.skp

1. 打开"立柜门.skp"，如图 6-24 所示。
2. 打开材质编辑器，给立柜门添加一种适合的材质，如图 6-25、图 6-26 所示。

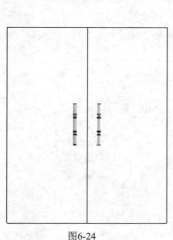

图6-24

图6-25

图6-26

3. 选中模型面，单击鼠标右键并选择【纹理】/【位置】命令，出现锁定别针模式，如图 6-27、图 6-28 所示。

图6-27

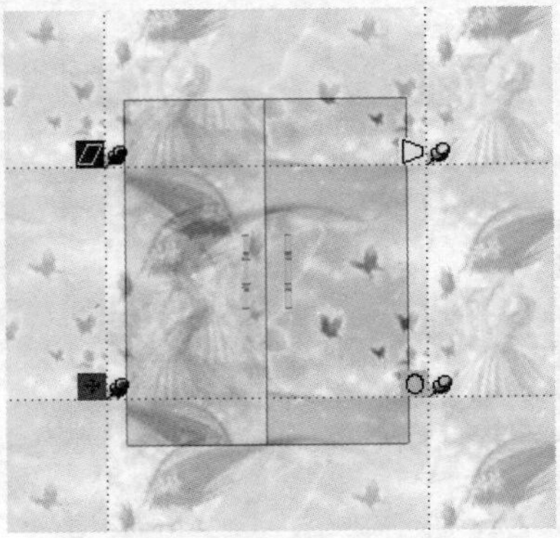

图6-28

4. 根据之前所讲的图钉功能，调整材质贴图的四个图钉，调整完后单击鼠标右键并选择【完成】命令，如图 6-29、图 6-30 所示。

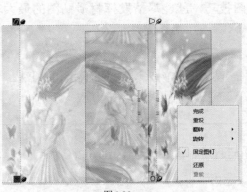

图6-29

图6-30

5. 选中另一面，单击鼠标右键并选择【纹理】/【位置】命令，如图 6-31、图 6-32 所示。

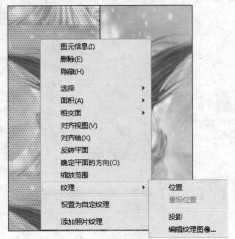

图6-31

图6-32

6. 调整完后单击鼠标右键并选择【完成】命令，如图 6-33、图 6-34 所示。

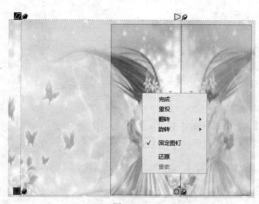

图6-33

图6-34

提示： 材质贴图坐标只能在平面进行操作，在编辑过程中，按住"Esc"键，可以使贴图恢复到前一个位置。按"Esc"键两次可以取消整个贴图坐标操作，在贴图坐标中，可以任何时候使用右键恢复到前一个操作，或者从相关菜单中选择返回。

二、转角贴图

转角贴图，能将模型具有转角的地方进行一种无缝连接贴图，使贴图效果非常均匀。

源文件：\Ch06\柜子.skp

1. 打开"柜子.skp"文件，如图 6-35 所示。
2. 打开材质编辑器，给柜子添加适合的材质，如图 6-36、图 6-37 所示。

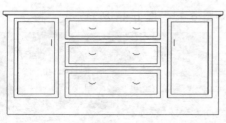

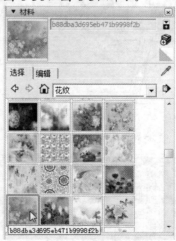

图6-35

图6-36

3. 选中模型面，单击鼠标右键并选择【纹理】/【位置】命令，如图 6-38 所示。

图6-37　　　　　　　　　　　　　　　　　　　图6-38

4. 调整图钉，单击鼠标右键并选择【完成】命令，如图 6-39、图 6-40 所示。

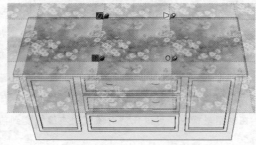

图6-39　　　　　　　　　　　　　　　　　　　图6-40

5. 单击【颜料桶】按钮并按住 "Alt" 键不放，鼠标指针变成吸管工具，对刚才完成的材质贴图进行吸取样式，如图 6-41 所示。

6. 吸取材质后即可对相邻的面填充材质，形成一种图案无缝连接的样式，如图 6-42 所示。

图6-41　　　　　　　　　　　　　　　　　　　图6-42

7. 依次对柜的其他地方填充材质贴图，效果如图 6-43、图 6-44 所示。

图6-43　　　　　　　　　　　　　　　　　　　图6-44

三、投影贴图

投影贴图，将一张图片以投影的方式将图案投射到模型上。

　源文件：\Ch06\咖啡桌.skp

1. 打开"咖啡桌.skp"文件，如图 6-45 所示。
2. 选择【文件】/【导入】命令，导入一张图片，并与模型平行于上方，如图 6-46 所示。

图6-45

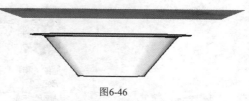
图6-46

3. 分别右键单击模型和图片，然后选择【分解】命令，如图 6-47 所示。
4. 右键单击图片并选择【纹理】/【投影】命令，如图 6-48 所示。

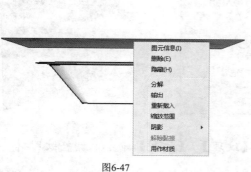
图6-47

图6-48

5. 以 X 射线方式显示模型，方便查看投影效果，如图 6-49 所示。
6. 打开材质编辑器，单击【样本颜料】按钮，吸取图片材质，如图 6-50 所示。

图6-49

图6-50

7. 对着模型单击，填充材质，如图 6-51 所示。
8. 取消 X 射线样式，将图片删除，最终效果如图 6-52 所示。

图6-51

图6-52

四、球面贴图

球面贴图，同样以投影的方式，将图案投射到球面上。

源文件：\Ch06\地球图片.jpg

1. 绘制一个球体和一个矩形面，矩形面长宽与球体直径一样，如图 6-53 所示。
2. 在材料对话框的【编辑】标签下导入光盘中的"地球图片.jpg"，给矩形面添加自定义纹理材质，如图 6-54、图 6-55 所示。

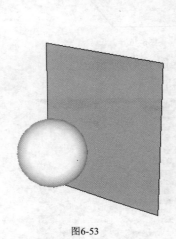

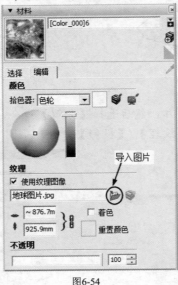

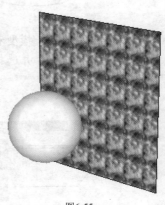

图6-53　　　　　　　　　　图6-54　　　　　　　　　　图6-55

3. 填充的纹理不均匀，右键单击并选择【纹理】/【位置】命令，调整纹理材质，如图 6-56、图 6-57 所示。

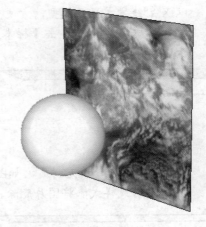

图6-56　　　　　　　　　　　　　　　图6-57

4. 在矩形面上单击右键并选择【纹理】/【投影】命令，如图 6-58 所示。
5. 单击【样本颜料】按钮，吸取矩形面材质，如图 6-59 所示。

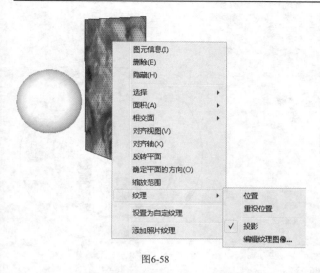

图6-58

图6-59

6. 对着球面单击，即可添加材质，将图片删除，如图 6-60、图 6-61 所示。

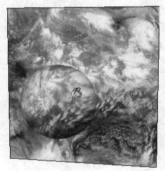

图6-60

图6-61

6.3 材质与贴图应用案例

在学习了贴图技法后，掌握了不同的贴图方法，这一部分以几个实例进行操作，使大家对材质贴图更加灵活地应用。

案例——创建瓷盘贴图

本例主要应用了材质工具和贴图坐标来创建贴图。

源文件：\Ch06\瓷盘.skp，图案 1.jpg
结果文件：\Ch06\瓷盘.skp
视频：\Ch06\瓷盘贴图.wmv

1. 打开瓷盘模型，如图 6-62 所示。
2. 在材料对话框的【编辑】标签下导入光盘中的"图案 1.jpg"图片，填充自定义纹理材质，如图 6-63、图 6-64 所示。

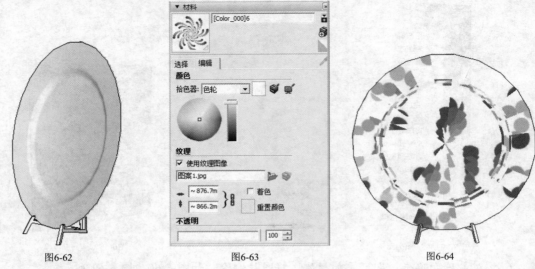

图6-62　　　　　　　　　　　　　图6-63　　　　　　　　　　　　　图6-64

3. 选择【视图】/【隐藏几何图形】命令，将模型以虚线显示，如图 6-65 所示。

4. 右键单击模型平面，选择【纹理】/【位置】命令，调整材质贴图，单击右键并选择【完成】命令，如图 6-66、图 6-67、图 6-68 所示。

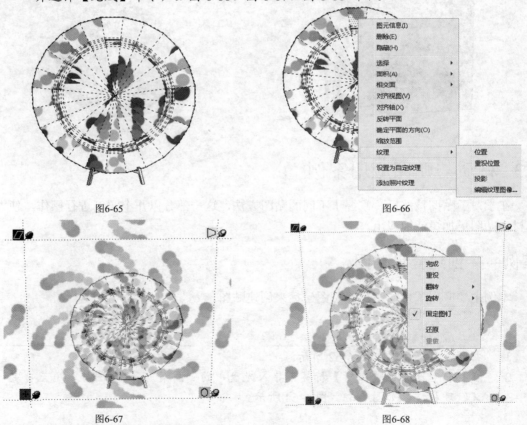

图6-65　　　　　　　　　　　　　　　　　　　图6-66

图6-67　　　　　　　　　　　　　　　　　　　图6-68

5. 单击【样本颜料】按钮 ，单击鼠标吸取材质，如图 6-69、图 6-70 所示。

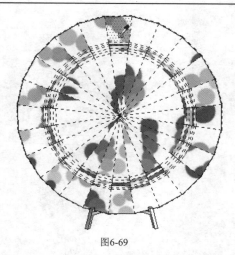
图6-69

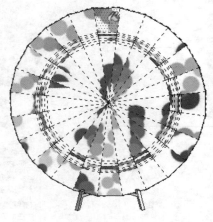
图6-70

6. 依次对模型的面进行填充，如图 6-71 所示。

7. 再次选择【视图】/【隐藏几何图形】命令，将虚线取消，效果如图 6-72、图 6-73 所示。

图6-71

图6-72

图6-73

案例——创建台灯贴图

本例主要应用了材质工具和贴图坐标来创建贴图。

源文件：\Ch06\台灯.skp，图案 2.jpg
结果文件：\Ch06\台灯.skp
视频：\Ch06\台灯贴图.wmv

1. 打开台灯模型，如图 6-74 所示。

2. 在材料对话框的【编辑】标签下导入光盘中的 "图案 2.jpg"，填充自定义纹理材质，如图 6-75、图 6-76 所示。

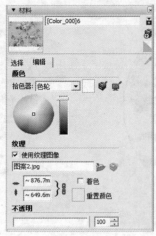

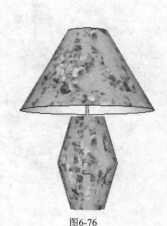

图6-74　　　　　　　　　　　　　　图6-75　　　　　　　　　　　　　　图6-76

3. 选择【视图】/【隐藏几何图形】命令，将模型以虚线显示，如图 6-77 所示。

4. 右键单击模型平面，选择【纹理】/【位置】命令，调整材质贴图，单击右键并选择【完成】命令，如图 6-78、图 6-79、图 6-80 所示。

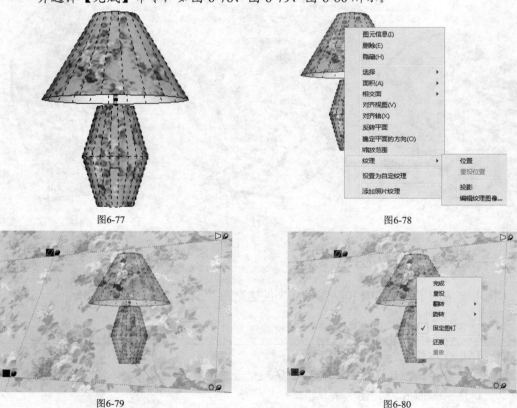

图6-77　　　　　　　　　　　　　　　　　　　图6-78

图6-79　　　　　　　　　　　　　　　　　　　图6-80

5. 单击【样本颜料】按钮 ，吸取材质，进行填充，如图 6-81、图 6-82 所示。

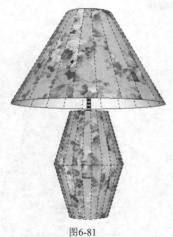

图6-81

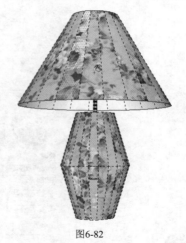

图6-82

6. 依次对模型的面进行填充，如图 6-83 所示。

7. 再次选择【视图】/【隐藏几何图形】命令，将虚线取消，效果如图 6-84 所示。

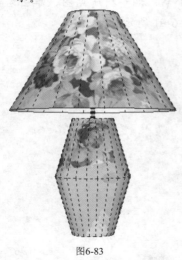

图6-83

图6-84

案例——创建花瓶贴图

本例主要应用了材质工具和贴图坐标来创建贴图。

源文件：\Ch06\花瓶.skp，图案 3.jpg
结果文件：\Ch06\花瓶.skp
视频：\Ch06\花瓶贴图.wmv

1. 打开花瓶模型，如图 6-85 所示。

2. 在材料对话框的【编辑】标签下导入光盘中的"图案 3.jpg"，填充自定义纹理材质，如图 6-86、图 6-87 所示。

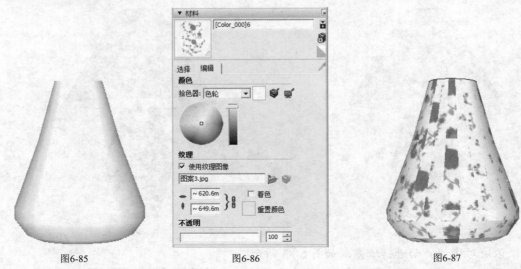

图6-85　　　　　　　　　　　　图6-86　　　　　　　　　　　　图6-87

3. 选择【视图】/【隐藏几何图形】命令，将模型以虚线显示，如图 6-88 所示。

4. 右键单击模型平面，选择【纹理】/【位置】命令，调整材质贴图，单击右键并选择【完成】命令，如图 6-89、图 6-90、图 6-91 所示。

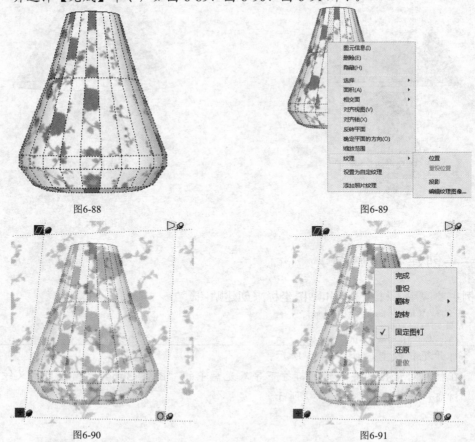

图6-88　　　　　　　　　　　　　　　　　　　图6-89

图6-90　　　　　　　　　　　　　　　　　　　图6-91

5. 单击【样本颜料】按钮，吸取材质，进行填充，如图 6-92、图 6-93 所示。

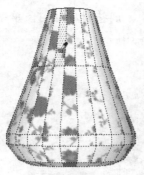

图6-92

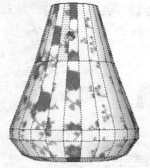

图6-93

6. 依次对模型的面进行填充，如图 6-94 所示。

7. 再次选择【视图】/【隐藏几何图形】命令，将虚线取消，效果如图 6-95 所示。

图6-94

图6-95

案例——创建储藏柜贴图

本例主要应用了材质工具和贴图坐标来创建贴图。

源文件：\Ch06\储藏柜.skp，图案 4.jpg
结果文件：\Ch06\储藏柜.skp
视频：\Ch06\储藏柜贴图.wmv

1. 打开储藏柜模型，如图 6-96 所示。

2. 在材料对话框的【编辑】标签下导入光盘中的"图案 4.jpg"，填充自定义纹理
   材质，如图 6-97、图 6-98 所示。

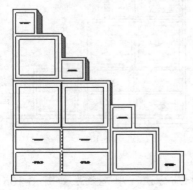

图6-96

图6-97

3. 右键单击模型平面，选择【纹理】/【位置】命令，调整材质贴图，单击右键并选择【完成】命令，如图 6-99、图 6-100、图 6-101 所示。

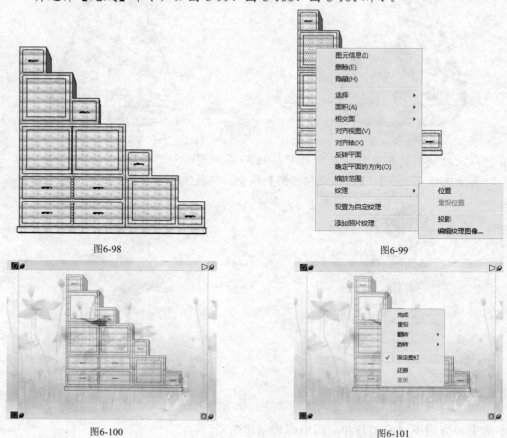

图6-98　　　　　　　　　　　　　　　　　图6-99

图6-100　　　　　　　　　　　　　　　　图6-101

4. 单击【样本颜料】按钮，吸取材质，进行填充，如图 6-102、图 6-103 所示。

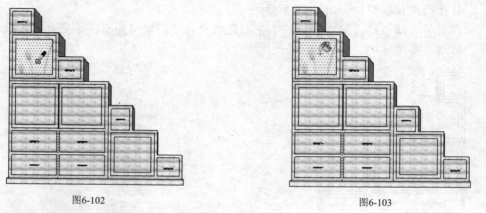

图6-102　　　　　　　　　　　　　　　　图6-103

5. 依次对模型的面进行填充，如图 6-104 所示。

6. 移到模型背面，调整贴图，利用同样的吸取材质方法，填充效果如图 6-105、图 6-106、图 6-107 所示。

图6-104

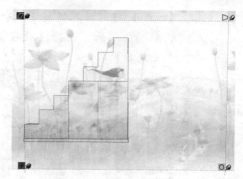

图6-105

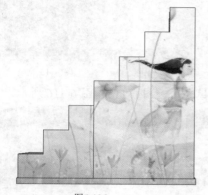

图6-106

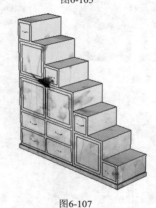

图6-107

案例——创建笔筒贴图

本例主要应用了材质工具和贴图坐标来创建贴图。

 源文件：\Ch06\笔筒.skp，图案 5.jpg
结果文件：\Ch06\笔筒.skp
视频：\Ch06\笔筒贴图.wmv

1. 打开笔筒模型，如图 6-108 所示。

2. 在材料对话框的【编辑】标签下导入光盘中的"图案 5.jpg"，填充自定义纹理
   材质，如图 6-109、图 6-110 所示。

图6-108

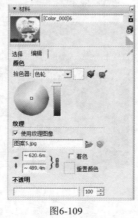

图6-109

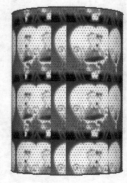

图6-110

3. 选择【视图】/【隐藏几何图形】命令，将模型以虚线显示，如图 6-111 所示。

4. 右键单击模型平面，选择【纹理】/【位置】命令，调整材质贴图，单击右键并选择【完成】命令，如图 6-112、图 6-113、图 6-114 所示。

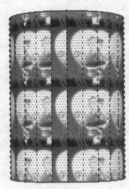

图6-111　　　　　　　　　　图6-112　　　　　　　　　　图6-113

5. 单击【样本颜料】按钮 ，吸取材质，进行填充，如图 6-115、图 6-116 所示。

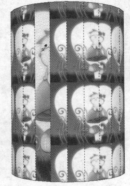

图6-114　　　　　　　　　　图6-115　　　　　　　　　　图6-116

6. 依次对模型的面进行填充，如图 6-117 所示。

7. 再次选择【视图】/【隐藏几何图形】命令，将虚线取消，效果如图 6-118、图 6-119 所示。

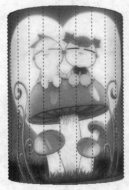

图6-117　　　　　　　　　　图6-118　　　　　　　　　　图6-119

案例——创建折扇贴图

本例主要应用了材质工具和贴图坐标来创建贴图。

源文件：\Ch06\折扇.skp，图案 6.jpg
结果文件：\Ch06\折扇.skp
视频：\Ch06\折扇贴图.wmv

1. 打开折扇模型，如图 6-120 所示。

2. 在材料对话框的【编辑】标签下导入光盘中的"图案 6.jpg"，填充自定义纹理材质，如图 6-121、图 6-122 所示。

3. 选择【视图】/【隐藏几何图形】命令，将模型以虚线显示，如图 6-123 所示。

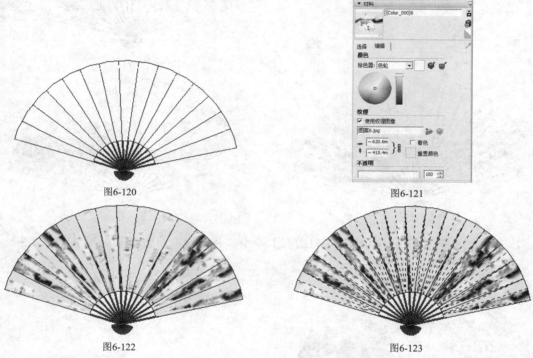

图6-120

图6-121

图6-122

图6-123

4. 右键单击模型平面，选择【纹理】/【位置】命令，调整材质贴图，单击右键并选择【完成】命令，如图 6-124、图 6-125、图 6-126 所示。

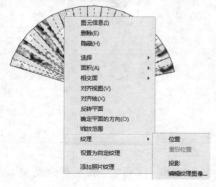

图6-124

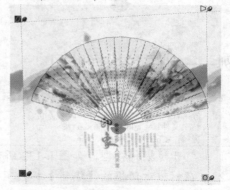

图6-125

5. 单击【样本颜料】按钮 ✎，吸取材质，进行填充，如图 6-127、图 6-128 所示。

6. 依次对模型的面进行填充，如图 6-129 所示。

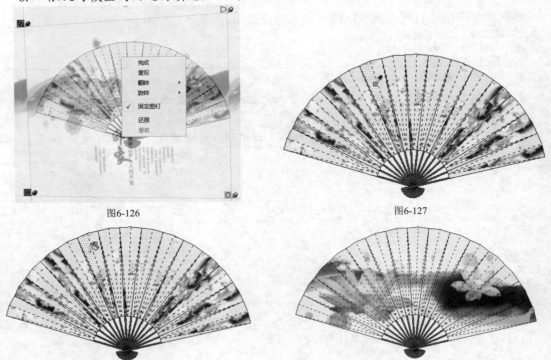

图6-126　　　　　　　　　　　　　　　　　图6-127

图6-128　　　　　　　　　　　　　　　　　图6-129

7. 再次选择【视图】/【隐藏几何图形】命令，将虚线取消，效果如图 6-130、图 6-131 所示。

图6-130　　　　　　　　　　　　　　　　　图6-131

案例——创建垃圾桶贴图

本例主要应用了材质工具和贴图坐标来创建贴图。

源文件：\Ch06\垃圾桶.skp，图案 7.jpg
结果文件：\Ch06\垃圾桶.skp
视频：\Ch06\垃圾桶贴图.wmv

1. 打开垃圾桶模型，如图 6-132 所示。

2. 在材料对话框的【编辑】标签下导入光盘中的"图案 7.jpg"，填充自定义纹理材质，如图 6-133、图 6-134 所示。

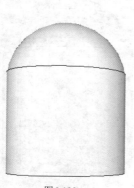

图6-132

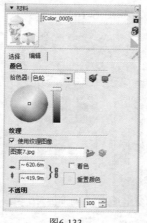

图6-133

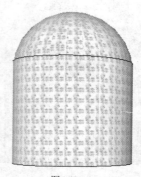

图6-134

3. 选择【视图】/【隐藏几何图形】命令，将模型以虚线显示，如图 6-135 所示。

4. 右键单击模型平面，选择【纹理】/【位置】命令，调整材质贴图，单击右键并选择【完成】命令，如图 6-136、图 6-137、图 6-138 所示。

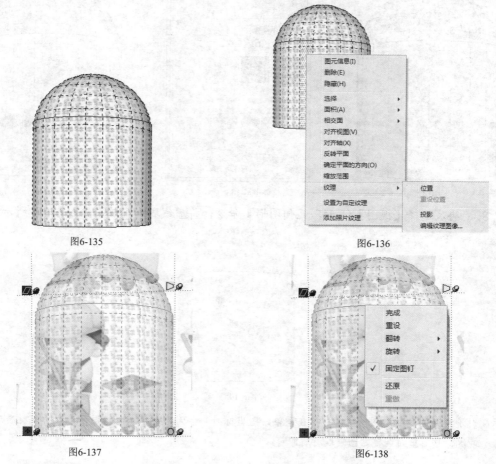

图6-135

图6-136

图6-137

图6-138

5. 单击【样本颜料】按钮 ，吸取材质，进行填充，如图 6-139、图 6-140 所示。

6.　依次对模型的面进行填充，如图 6-141 所示。

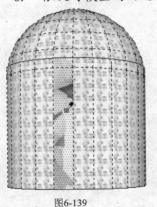
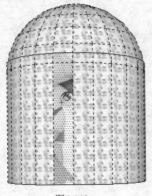
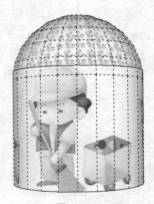

图6-139　　　　　　　　　　　图6-140　　　　　　　　　　　图6-141

7.　选中顶面，填充一种适合的材质，如图 6-142、图 6-143、图 6-144 所示。

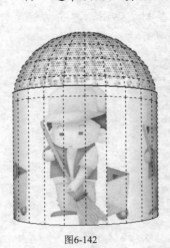

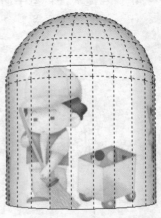

图6-142　　　　　　　　　　　图6-143　　　　　　　　　　　图6-144

8.　再次选择【视图】/【隐藏几何图形】命令，将虚线取消，效果如图 6-145 所示。

图6-145

提示： 对于复杂的多面贴图模型，有时在调整贴图坐标时，会因为调整方向错误而产生吸取材质时错位的
　　　　情况，这时重新调整贴图吸取材质即可。

案例——创建彩虹天空贴图

本例主要应用了材质工具和贴图坐标来创建贴图。

源文件：\Ch06\建筑模型.skp，彩虹.jpg
结果文件：\Ch06\建筑模型.skp
视频：\Ch06\建筑模型贴图.wmv

1. 制作一个球体，如图 6-146 所示。

2. 按 "Delete" 键删除面，即可生成一个半圆，如图 6-147 所示。

3. 选择【文件】/【导入】命令，导入光盘中的彩虹图片，如图 6-148 所示。

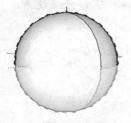

图6-146

图6-147

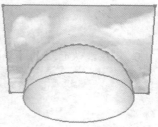

图6-148

4. 右键单击图片并选择【分解】命令，如图 6-149 所示。

5. 单击【拉伸】按钮，调整一个图片大小，使它填充材质更均匀，如图 6-150 所示。

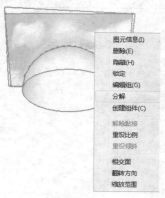

图6-149

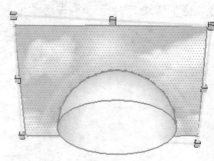

图6-150

6. 单击【样本颜料】按钮，吸取图片材质贴图样式，如图 6-151 所示。

7. 单击半圆面，添加彩虹天空材质贴图，删除图片，如图 6-152、图 6-153 所示。

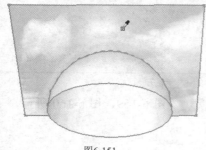

图6-151

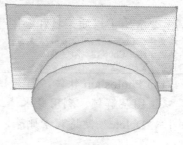

图6-152

8. 打开光盘下的建筑模型，将模型移到半圆彩虹天空下，地面、建筑、彩虹天空，效果如图 6-154、图 6-155 所示。

图6-153

图6-154

9. 在默认面板的【场景】对话框中，添加一个场景，如图 6-156 所示。

图6-155

图6-156

10. 将半圆进行封面，单击场景号即可观看彩虹天空，如图 6-157 所示。

图6-157

案例——创建 PNG 栏杆贴图

本例主要应用了材质工具和贴图坐标来创建贴图。

源文件：\Ch06\建筑阳台.skp，栏杆.jpg
结果文件：\Ch06\建筑阳台.skp
视频：\Ch06\建筑阳台贴图.wmv

1. 启动 Photoshop 软件，打开栏杆图片，如图 6-158 所示。

2. 双击图层解锁，利用魔术棒工具选中白色背景，如图 6-159、图 6-160 所示。

3. 按 "Delete" 键将背景删除，如图 6-161 所示。

图6-158

图6-159

图6-160

图6-161

4. 选择【文件】/【存储】命令，在格式下拉列表中选择*.PNG格式，如图6-162所示。

5. 在SketchUp中打开建筑阳台，如图6-163所示。

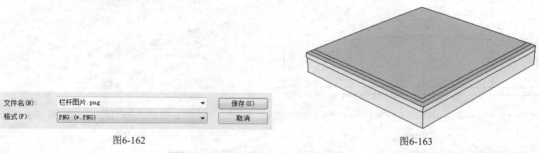

图6-162

图6-163

6. 单击【推/拉】按钮，推拉阳台栏杆的高度为700mm，如图6-164、图6-165所示。

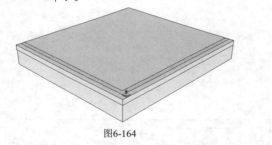

图6-164

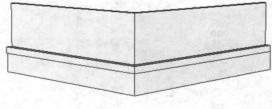

图6-165

7. 单击【擦除】按钮，将栏杆前的面和多余的线删除，如图6-166所示。

8. 选择面，单击右键并选择【反转平面】命令，如图6-167、图6-168所示。

9. 添加处理过后的栏杆图片为材质，如图6-169所示。

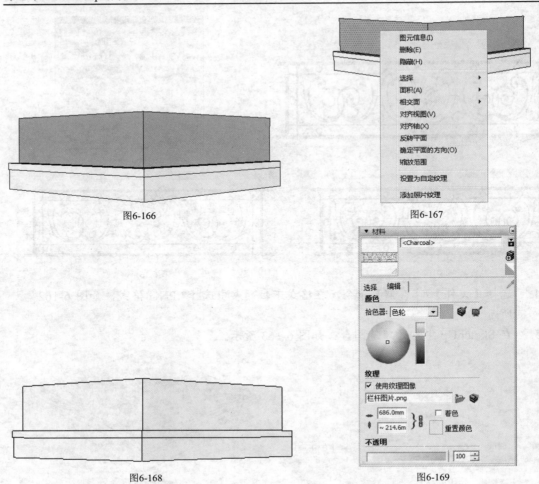

图6-166　　　　　　　　　　　　　　　图6-167

图6-168　　　　　　　　　　　　　　　图6-169

10.　修改一下材质的尺寸，填充效果如图 6-170、图 6-171 所示。

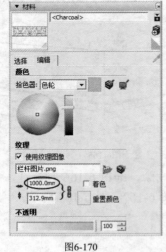

图6-170

图6-171

11.　选中面，单击右键并选择【纹理】/【位置】命令，调整贴图，如图 6-172、图

6-173、图 6-174 所示。

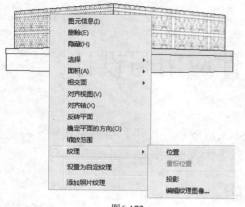

图6-172

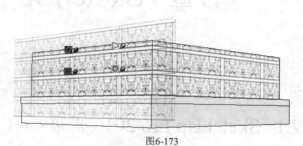

图6-173

12. 两个阳台栏杆贴图完毕，效果如图 6-175、图 6-176 所示。

图6-174

图6-175

图6-176

提示：PNG 存储时为透明格式，而 JPG 格式不能存储为透明格式，有时在材质贴图应用中会非常的方便。

6.4 本章小结

   本章我们主要学习了如何导入材质，如何利用材质生面器将图片转换成材质来应用，并认识了材质贴图的两种锁定别针和自由别针两种贴图技法，利用贴图方法学会了怎么样对模型进行平面贴图、转角贴图、投影贴图、球面贴图。最后以几个实际操作案例来更加详细了解贴图的不同用法。材质贴图在 SketchUp 中非常重要，它能使一个普通的建筑因为材质贴图而变的色彩生动。

第7章 SketchUp 插件应用与设计

本章主要介绍 SketchUp 插件，它的作用是配合 SketchUp 程序使用。当需要做某一特定功能时，插件能做较为复杂的模型，让设计师的工作效率大大提高。

7.1 SketchUp Pro 2016 扩展插件商店

SketchUp Pro 2016 扩展插件商店，您可以随心所欲到商店里面浏览并下载您所需要的各种插件。

下面我们介绍一下如何到 SketchUp Pro 2016 扩展插件商店中下载插件。

1. 打开 SketchUp Pro 2016 软件。
2. 在菜单栏的【窗口】菜单中选择【Extension Warehouse（扩展程序库）】命令，打开图 7-1 所示的对话框。

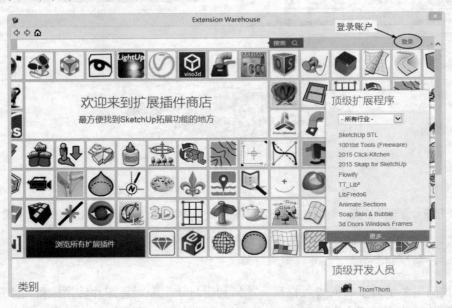

图7-1

3. 要下载 SketchUp 的插件，就必须先登录 Trimble SketchUp 账户。在【扩展程序库】窗口顶部右侧单击【登录】，打开如图 7-2 所示的登录页面。

提示： 如果你有 Trimble SketchUp 账号，那么我们就跳过申请账号这一环节。如果没有，接着我们须先申请账号，如图 7-3 所示。

图7-2

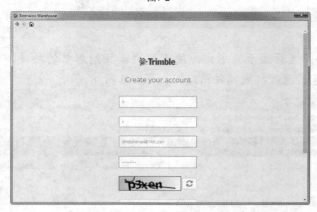

图7-3

4. 创建好 Trimble SketchUp 账户，登录后再次进入插件商店欢迎窗口页面。

5. 下面我们就可以下载所需的 SketchUp 插件了，不过这些插件都是国外顶级开发人员的劳作成果，由此插件的语言也是英文的。在【顶级扩展程序】中，可以选择各个行业或专业的应用插件，如图 7-4 所示。

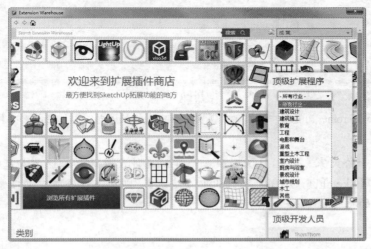

图7-4

6. 可以在窗口下方单击【475 扩展程序】，进入扩展插件的所有搜索结果中去找插件，通过在左侧勾选搜索条件，然后比较方便地搜索到想要的各专业插件，如图 7-5 所示。

图7-5

7. 若是想让插件名称显示为中文，便于您快速找到想要的插件，最好由 Google Chrome 浏览器进入扩展插件商店，如图 7-6 所示。

图7-6

提示：因为 Google Chrome 浏览器中有自带的英文翻译中文的翻译器，而且翻译成功率是目前国内最好的。

8. 为了演示给大家，我们仅仅下载一个建筑插件，在活动筛选器勾选 SketchUp 版本为【SketchUp 2016】和行业中【建筑】，则扩展程序库自动搜索到适合搜索条件的插件，如图 7-7 所示。

图7-7

9. 我们选择第一个免费的【1001bit 工具】插件进行下载，如图 7-8 所示。

图7-8

提示： 下载的插件为 rbz 格式的压缩文件，可以通过浏览器的下载工具或迅雷下载、旋风下载、快车下载等。

10. 下载成功后开始安装。在 SketchUp Pro 2016 中执行【窗口】/【系统设置】命令，打开【系统设置】对话框。在左侧列表中选择【扩展】选项，然后单击【安装扩展程序】按钮，如图 7-9 所示。

11. 然后将先前下载的插件文件打开即可，如图 7-10 所示。

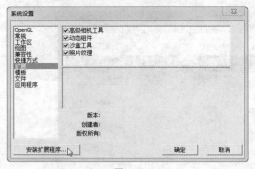

图7-9

图7-10

12. 随后单击【是】按钮开始安装，然后单击【已完成扩展程序安装】对话框的
    【确定】按钮结束安装，如图 7-11、图 7-12 所示。

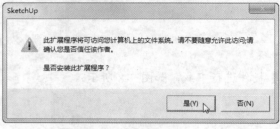

图7-11

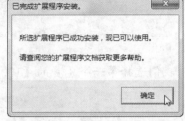

图7-12

13. 图 7-13 所示为安装成功的【1001bit-tools】插件工具。

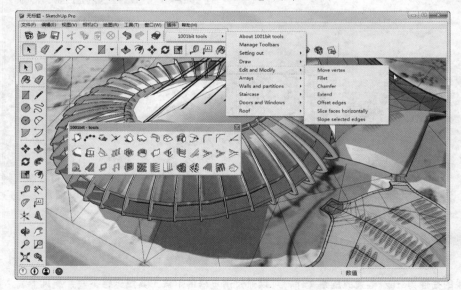

图7-13

7.2 SketchUp Pro 2016 中文插件

　　上一节我们所介绍的 SketchUp 扩展插件几乎都是英文版，不方便初学者学习，通常我们都会用一些国内顶级开发人员开发的中文插件。下面就简单介绍下这些插件的安装方法。

SketchUp 可安装的插件有两种，第 1 种是直接安装的应用程序，第 2 种是扩展名为 rb 的插件文件。第 2 种插件的安装只要把文件全部复制到 SketchUp 安装目录下的 Plugins 文件夹里就可以了。在安装插件时，应该注意选择同版本插件，避免出现安装失误。在安装完插件后，一定要重新启动 SketchUp 应用程序，插件工具栏才会自动显示在程序中。

7.2.1 安装插件方法一

这里以安装 SUAPP v3.2 建筑插件为例进行介绍，SUAPP v3.2 是一个独立的外挂插件，适用于 SketchUp Pro 2016 版本，主要用于建筑设计。

提示：SUAPP v3.2 插件不再支持 SketchUp 6/7/8 版本，安装时请注意。

源文件：\Ch07\SUAPPv3.2setup.exe

1. 双击 SUAPPv3.2setup.exe 应用程序，进入安装界面。单击【自定义安装】按钮，可以更改安装路径，如图 7-14 所示。
2. 单击【安装】按钮，程序自动完成安装，如图 7-15 所示。

图7-14   图7-15

3. 安装完成后，单击【云端模式】按钮，切换到【离线模式】，如图 7-16 所示。
4. 单击【启动 SUAPP】按钮后即可启动 SketchUp Pro 2016 和 SUAPP v3.2 插件，如图 7-17 所示。

提示：SUAPP v3.2 安装时不要选择默认的【云端模式】，这个模式是要收费的。是工程设计专用，不宜练习时使用。

图7-16   图7-17

5. SUAPP v3.2 的基本工具栏如图 7-18 所示。

图7-18

7.2.2　安装插件方法二

这里以下载的 rb 文件格式插件包为例进行介绍，插件包里面包含了非常丰富的插件，使用起来非常方便。

　源文件：\Ch07\SketchUp2016PluginsALL

1.　打开光盘中的 SketchUp2016 PluginsALL 文件夹，如图 7-19 所示。

图7-19

2.　打开 Plugins 文件夹，将里面所有的内容复制，如图 7-20 所示。

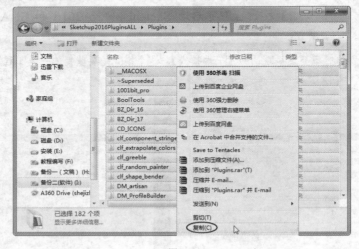

图7-20

3.　将复制的文件粘贴到 E（你的安装盘符）:\Program Files\SketchUp\SketchUp 2016\Tools 目录下，重新启动 SketchUp 程序，插件安装完成。这时在【插件】选项下可以查看，如图 7-21 所示。

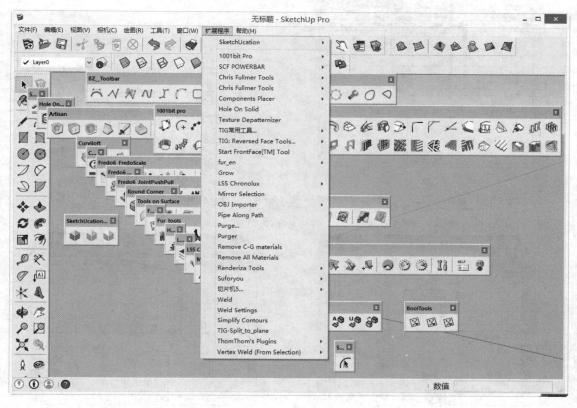

图7-21

提示：插件下载的方法很多，读者可以根据需要到各大网站进行搜索下载，但安装的方法大致相同，原始的 Plugins 文件夹一定要进行重命名，以免因为覆盖而产生混乱。

7.3 建筑插件及其应用

SUAPP 插件，全称是 SUAPP 中文建筑插件，是一款强大的工具，主要运用在建筑设计方面，它包含有超过 100 项的实用功能，大大提高了 SketchUp 的建模能力。

案例——创建墙体开窗

下面以绘制简单的小房子为例，介绍如何为墙体开窗。

源文件：\Ch07\房屋模型.skp
结果文件：\Ch07\墙体开窗.skp
视频：\Ch07\墙体开窗.wmv

1. 打开模型，图 7-22 所示为建好的房屋模型。
2. 启动 SUAPP 工具栏，单击 ▣ 按钮，在弹出的【Create Window】对话框中设置窗户的宽度、高度和样式，如图 7-23 所示。

图7-22

图7-23

3.　单击 确定 按钮，即可出现窗户模型，如图 7-24 所示。

4.　在墙体上单击，即可添加窗户，如图 7-25 所示。

图7-24

图7-25

5.　单击【拉伸】按钮，可调整窗户大小，如图 7-26、图 7-27 所示。

图7-26

图7-27

6.　单击【移动】按钮，可以复制并移动窗户，如图 7-28、图 7-29 所示。

图7-28

图7-29

7. 继续为其他墙体开窗，可更改窗户样式，如图 7-30 所示。

8. 墙体开窗只是一个镂空效果，单击【矩形】按钮 ▣，在窗户上绘制矩形面，如图 7-31 所示。

图7-30

图7-31

9. 选择玻璃材质填充，效果如图 7-32 所示。

图7-32

提示： 墙体开窗，其实添加的就是一个窗户组件，也可以对它编辑修改，操作非常方便。

案例——创建玻璃幕墙

下面以一个办公楼模型为例，为它添加玻璃幕墙。

 源文件：\Ch07\办公楼.skp
结果文件：\Ch07\玻璃幕墙.skp
视频：\Ch07\玻璃幕墙.wmv

1. 打开办公楼模型，如图 7-33 所示。
2. 单击【矩形】按钮 ，在墙体周围绘制矩形面，如图 7-34 所示。

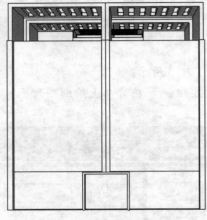

图7-33

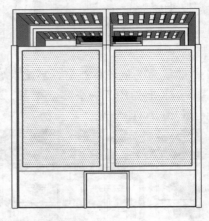

图7-34

3. 选中矩形面，如图 7-35 所示；单击 按钮，弹出参数设置对话框，如图 7-36 所示。

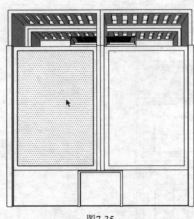

图7-35

图7-36

4. 图 7-37 所示为设置的参数，单击 确定 按钮，即可添加玻璃幕墙，如图 7-38 所示。

图7-37

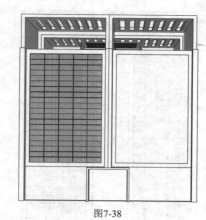

图7-38

5. 选中另一边的矩形面，添加同样的玻璃幕墙，如图7-39所示。

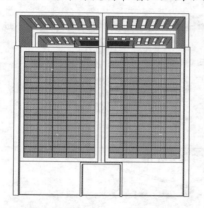

图7-39

6. 继续绘制其他的矩形面，并设置参数，添加玻璃幕墙效果，如图 7-40、图 7-41、图 7-42所示。

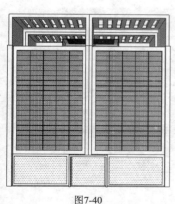

图7-40

图7-41

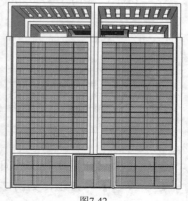

图7-42

7. 利用同样的方法，为办公楼其他面添加玻璃幕墙效果，如图 7-43、图 7-44 所示。

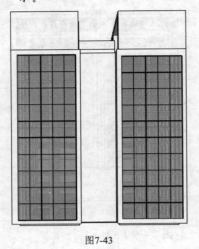

图7-43

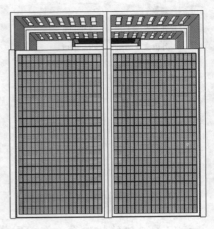

图7-44

提示：玻璃幕墙，只能对四边形墙体进行操作，不能对其他形状的墙体进行操作。

案例——创建阳台栏杆

下面以一个建筑阳台为例，为其添加栏杆。

源文件：\Ch07\阳台.skp
结果文件：\Ch07\阳台栏杆.skp
视频：\Ch07\阳台栏杆.wmv

1. 打开阳台模型，如图 7-45 所示。

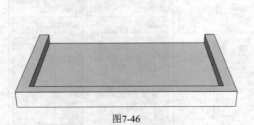

图7-45

2. 选中边线，如图 7-46 所示，单击【创建栏杆】按钮 ，弹出【栏杆构件】对话框，如图 7-47 所示。

图7-46   图7-47

3. 设置栏杆高度和立柱间距，如图 7-48 所示，单击 确定 按钮，打开【栏杆参数】对话框，如图 7-49 所示。

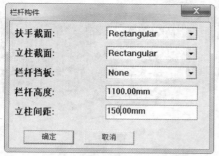

图7-48

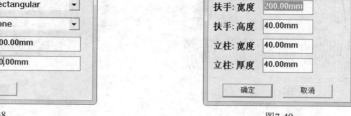

图7-49

4. 图 7-50 所示为设置的栏杆参数，单击 确定 按钮，即可添加阳台栏杆，如图 7-51 所示。

图7-50

图7-51

5. 依次添加其他的阳台栏杆，如图 7-52 所示。

6. 添加的阳台栏杆以组件形式显示，单击【全体炸开】按钮，全体炸开，如图 7-53 所示。

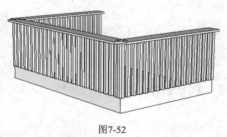

图7-52

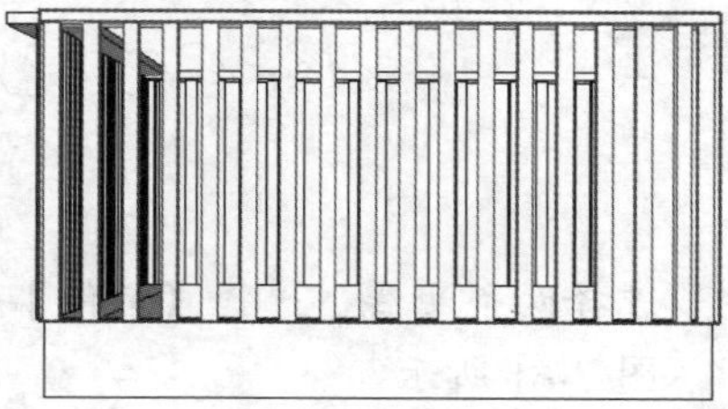

图7-53

7. 单击【线条】按钮，连接形状，如图 7-54 所示，单击【推／拉】按钮，向下推，如图 7-55 所示。

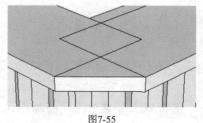

图7-54

图7-55

8. 将多余的线进行隐藏，如图 7-56 所示。

9. 填充材质，效果如图 7-57 所示。

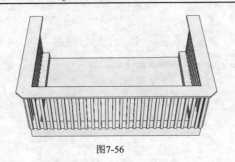

图7-56

图7-57

案例——创建窗帘

本案例主要应用绘图工具和插件工具创建模型，图 7-58 所示为效果图。

图7-58

结果文件：\Ch07\窗帘.skp
视频：\Ch07\窗帘.wmv

1.　单击【徒手画】按钮 ，绘制两段曲线形状，如图 7-59 所示。

图7-59

2.　选择两条曲线，选择【插件】/【线面工具】/【拉线成面】命令，如图 7-60、图 7-61 所示。

轴网墙体(1)	▶	
门窗构件(2)	▶	
建筑设施(3)	▶	
房间屋顶(4)	▶	
文字标注(5)	▶	
线面工具(6)	▶	修复直线
辅助工具(7)	▶	焊接线条
图层群组(8)	▶	生成面域
三维体量(9)	▶	拉线成面
渲染动画(0)	▶	生投影面

图7-60　　　　　　　　　　　　　　　　　　图7-61

3.　单击线上任意一点，将指针向上移动一定距离，如图 7-62、图 7-63 所示。

196

在绿色轴上

图7-62   图7-63

4. 在数值控制栏中输入"1000"，按"Enter"键结束操作，弹出【自动成组选项】对话框，单击 确定 按钮，即可拉线成面，如图 7-64、图 7-65 所示。

图7-64

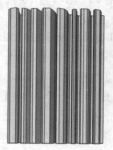

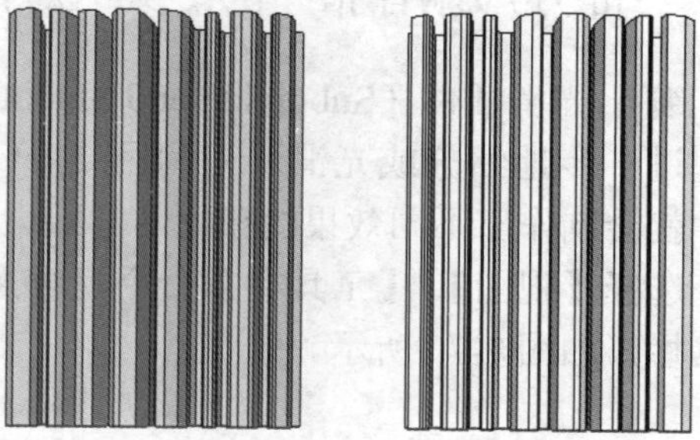

图7-65

5. 为窗帘制作一个挂杆，如图 7-66 所示。

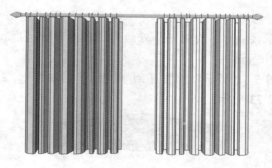

图7-66

6. 选择【窗口】/【柔化边线】命令，对窗帘执行柔化边线效果，如图 7-67、图 7-68 所示。

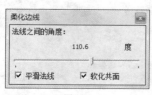

图7-67

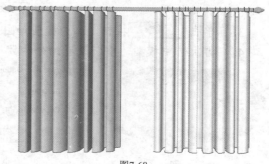

图7-68

7. 为窗帘填充适合的材质，如图 7-69 所示。

图7-69

7.4　细分/光滑插件及其应用

细分/光滑插件（Subdivide and Smooth），是一个必备的常用工具。使用该工具，可以对模型进一步地细分或光滑。先利用 SketchUp 制作出大概模型，再利用该插件进行精细处理，就会制作出不同效果的模型，其效果非常显著。

选择【视图】/【工具栏】命令，对【Subdivide and Smooth】复选框进行勾选，显示其工具栏，如图 7-70 所示。

图7-70

一、细分光滑模型

1. 单击【多边形】按钮▽，绘制一个五边形，然后单击【推/拉】按钮，拉出形状，如图 7-71 所示。
2. 选中模型，如图 7-72 所示，单击【细分/光滑】按钮，在弹出的对话框中设置参数，如图 7-73 所示。

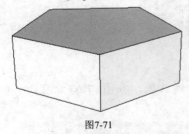
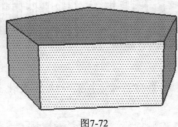

图7-71　　　　　　　　　图7-72　　　　　　　　　图7-73

3. 单击 确定 按钮，细分模型如图 7-74 所示。
4. 再次选中模型，重新设置细分参数，如图 7-75、图 7-76 所示。

图7-74　　　　　　　　　图7-75　　　　　　　　　图7-76

5. 将细分线设为打开状态，可更精细地查看细分效果，如图 7-77、图 7-78 所示。

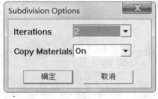

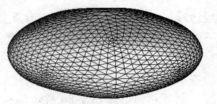

图7-77 图7-78

提示： 在执行细分/光滑命令时，模型会根据细分大小来决定它反应的快慢程度，所以不应过于频繁地执行操作，否则会导致死机。

二、细分光滑地形

利用沙盒工具绘制一个简单的地形，用【细分/光滑】插件工具进行细分光滑地形。

 源文件：\Ch07\地形.skp

1. 打开地形模型，如图 7-79 所示。
2. 选中地形，如图 7-80 所示。

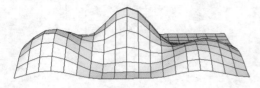

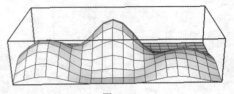

图7-79 图7-80

3. 单击【细分/光滑】按钮 ，在弹出的细分对话框中设置参数，如图 7-81 所示，单击 确定 按钮，结果如图 7-82 所示。

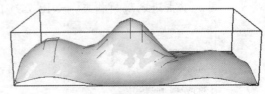

图7-81 图7-82

4. 选中地形，单击【平滑所有选择实体】按钮 ▲，平滑地形，如图 7-83、图 7-84 所示。

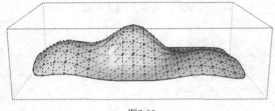

图7-83 图7-84

三、折痕工具

折痕工具，主要用来产生硬边和尖锐的顶点效果，在对模型光滑之前，使用该工具单击顶点或边线，光滑处理后就可以产生折痕效果。

下面举例说明折痕工具的用法。

1. 单击【矩形】按钮█，绘制一个矩形，单击【推/拉】按钮▲，拉起一定高度，如图 7-85 所示。

2. 创建群组，如图 7-86 所示，双击进入群组编辑状态，如图 7-87 所示。

图7-85

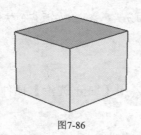
图7-86

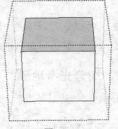
图7-87

3. 单击【折痕】按钮人，然后单击矩形边线和顶点，如图 7-88、图 7-89 所示。

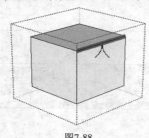
图7-88

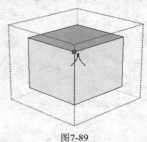
图7-89

4. 单击【细分/光滑】按钮▣，在弹出的对话框中设置参数，如图 7-90 所示，单击 ▢确定▢ 按钮。

5. 再次双击进入编辑状态，如图 7-91 所示。

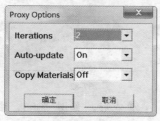
图7-90

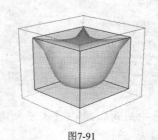
图7-91

6. 再次单击【折痕】按钮人，单击顶点或边线，如图 7-92 所示，即可恢复平滑状态，如图 7-93 所示。

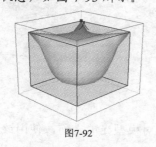
图7-92

图7-93

四、挤压选择表面工具

这个工具的用法与 SketchUp 的推/拉工具基本相同，即选择模型某一个表面，再利用该工具产生挤压效果。

下面举例说明挤压选择表面工具的用法。

1. 单击【多边形】按钮▽和【推/拉】按钮♨，拉出图 7-94 所示的形状。
2. 选中模型，如图 7-95 所示，单击【细分/光滑】按钮▦，设置参数如图 7-96 所示。

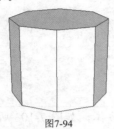

图7-94

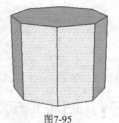

图7-95

3. 细分光滑效果如图 7-97 所示。

图7-96

图7-97

4. 选中模型，如图 7-98 所示，单击【挤压选择表面】按钮♨，挤压效果如图 7-99 所示。

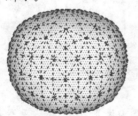

图7-98

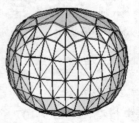

图7-99

5. 单独选中部分表面，如图 7-100 所示，再次单击【挤压选择表面】按钮♨，挤压效果如图 7-101 所示。

图7-100

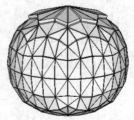

图7-101

案例——制作抱枕

本案例主要应用绘图工具和插件工具创建模型，图 7-102 所示为效果图。

图7-102

结果文件：\Ch07\抱枕.skp
视频：\Ch07\抱枕.wmv

1. 利用【矩形】按钮█和【推/拉】按钮 ♣，绘制立方体，如图 7-103 所示。
2. 单击【折痕】按钮人，然后单击顶点，如图 7-104 所示。

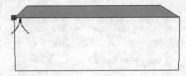

图7-103　　　　　　　　　　　　　　　　　　　　图7-104

3. 单击【细分/光滑】按钮▦，细分模型，参数设置和结果如图 7-105、图 7-106 所示。

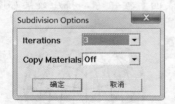

图7-105　　　　　　　　　　　　　　　　　　　　图7-106

4. 选中模型，如图 7-107 所示，单击【平滑所有选择实体】按钮▲，平滑结果如图 7-108 所示。

图7-107　　　　　　　　　　　　　　　　　　　　图7-108

5. 为枕头填充适合的材质，如图 7-109 所示。

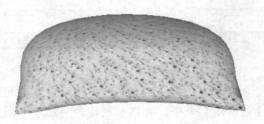

图7-109

案例——制作汤勺

本案例主要应用绘图工具和插件工具创建模型，图 7-110 所示为效果图。

图7-110

结果文件：\Ch07\汤勺.skp
视频：\Ch07\汤勺.wmv

1. 单击【矩形】按钮，绘制一个矩形，如图 7-111 所示。
2. 单击【推/拉】按钮，拉伸矩形，如图 7-112 所示。

图7-111

图7-112

3. 单击【偏移】按钮，向里偏移复制一定距离，如图 7-113 所示。
4. 单击【推/拉】按钮，推拉矩形，如图 7-114 所示。

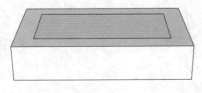

图7-113

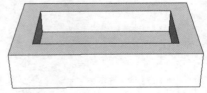

图7-114

5. 单击【拉伸】按钮，缩放拉伸，状态如图 7-115 所示，结果如图 7-116 所示。

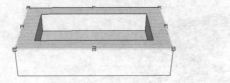

图7-115　　　　　　　　　　　　　　　　图7-116

6. 选择【编辑】/【创建组】命令，将模型创建为群组，如图 7-117 所示。

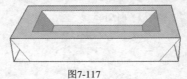

图7-117

7. 单击【矩形】按钮■和【推/拉】按钮▲，继续绘制矩形并推拉，如图 7-118、图 7-119 所示。

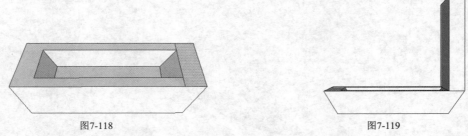

图7-118　　　　　　　　　　　　　　　　图7-119

8. 选中顶面，如图 7-120 所示，单击【移动】按钮，向后移动一定距离，如图 7-121 所示。

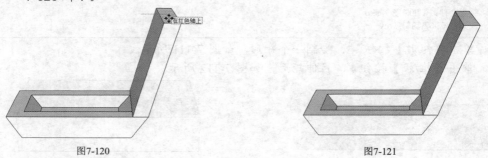

图7-120　　　　　　　　　　　　　　　　图7-121

9. 单击【拉伸】按钮，缩小拉伸面，如图 7-122 所示。

图7-122

10. 利用同样的方法绘制另一个矩形并缩小，分别如图 7-123 和图 7-124 所示。

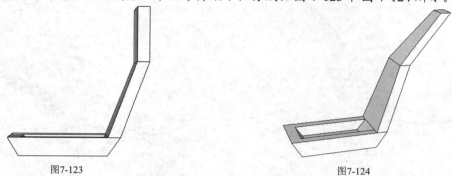

图7-123   图7-124

11. 选中制作的模型，单击右键并选择【分解】命令，打散群组，如图 7-125 所示。

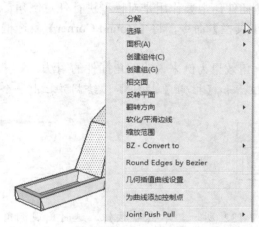

图7-125

12. 打开【细分/光滑】插件，选中模型，如图 7-126 所示，单击 ▣ 按钮，弹出细分对话框，参数设置如图 7-127 所示。

图7-126   图7-127

13. 单击 确定 按钮，即完成细分光滑模型，可多执行几次细分效果，如图 7-128 所示。

14. 填充适合的材质，如图 7-129 所示。

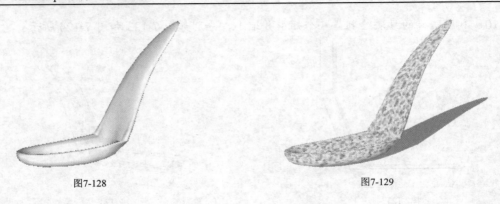

图7-128　　　　　　　　　　　　　　　图7-129

7.5　倒角插件及其应用

倒角（Round Corner）插件，主要作用是对模型进行任意倒角，弥补了 SketchUp 工具的不足。选择【视图】/【工具栏】命令，将【Round Corner】复选框勾选，显示其工具栏，如图 7-130 所示。

下面以制作一个矩形倒角效果为例来说明倒角插件的用法。

1. 利用【矩形】按钮■和【推/拉】按钮▲，绘制并拉出一个矩形，如图 7-131 所示。

图7-130　　　　　　　　　　　　　　　　　　　　图7-131

2. 选中模型，如图 7-132 所示，单击◆按钮，这时出现倒角设置参数工具栏，如图 7-133 所示。

图7-132　　　　　　　　　　　　　　　　　图7-133

3. 图 7-134 所示为选中的倒角面，单击确定按钮，即可看到倒角效果，如图 7-135 所示。

图7-134　　　　　　　　　　　　　　　　　图7-135

提示：在运用倒角插件时，倒角面容易发生自相交而造成破面的情况，需要修补面，但修补面的方法很复杂，所以还是建议重新删除面后再绘制。

案例——创建倒角沙发

本案例主要应用绘图工具和插件工具创建模型，图 7-136 所示为效果图。

图7-136

结果文件：\Ch07\倒角沙发.skp
视频：\Ch07\倒角沙发.wmv

1. 单击【矩形】按钮█，绘制矩形面，然后单击【推/拉】按钮➹，拉出一定距离，如图 7-137、图 7-138 所示。

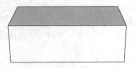

图7-137　　　　　　　　　　　　　　　　　　　　图7-138

2. 单击【矩形】按钮█，绘制矩形面，然后单击【推/拉】按钮➹，向下推一定距离，如图 7-139、图 7-140 所示。

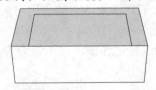
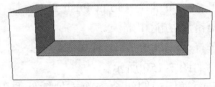

图7-139　　　　　　　　　　　　　　　　　　　　图7-140

3. 选中模型，如图 7-141 所示，打开倒角插件，选择倒角面，如图 7-142 所示，单击█按钮，制作沙发倒角，如图 7-143 所示。

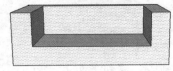
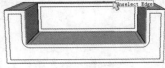
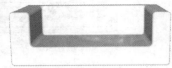

图7-141　　　　　　　图7-142　　　　　　　图7-143

4. 单击【多边形】按钮▽，绘制多边形，如图 7-144 所示，然后单击【推/拉】按钮➹绘制沙发脚柱，如图 7-145 所示。

图7-144　　　　　　　　　　　　　　　　　　　　图7-145

5. 打开【细分/光滑】插件，单击【细分光滑】按钮 ▥ ，选中脚柱，如图 7-146 所示，细分参数如图 7-147 所示，结果如图 7-148 所示。

图7-146　　　　　　　　　图7-147　　　　　　　　　图7-148

6. 填充适合的材质，并添加两个抱枕组件，效果如图 7-149 所示。

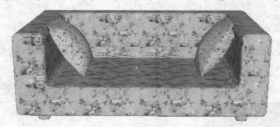

图7-149

7.6　组合表面推拉插件及其应用

组合表面推拉（Joint Push Pull）插件，功能远比推拉工具强大，它的作用可与 3ds Max 的表面挤压功能相媲美。

选择【视图】/【工具栏】命令，勾选【Joint Push Pull】复选框，显示组合表面推拉工具栏，如图 7-150 所示。

下面举例说明组合表面推拉插件的用法。

1. 单击【圆弧】按钮 ⌒ ，绘制形状，如图 7-151 所示。

图7-150　　　　　　　　　　　　　　　　　图7-151

2. 选中形状，如图 7-152 所示，单击【组合表面推拉】按钮 ，移到平面上，如图 7-153 所示。

图7-152　　　　　　　　　　　　　　　　　图7-153

3. 推拉形状，如图 7-154 所示，达到满意的效果后，双击结束推拉操作，如图 7-155 所示。

图7-154

图7-155

4. 选中形状，如图 7-156 所示，单击【向量推拉】按钮，推拉形状，如图 7-157 所示，达到满意效果后，双击结束操作，结果如图 7-158 所示。

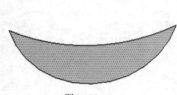
图7-156

图7-157

图7-158

5. 单击【法线推拉】按钮，推拉形状，分别如图 7-159、图 7-160 所示，结果如图 7-161 所示。

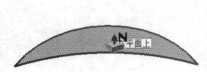
图7-159

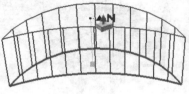
图7-160

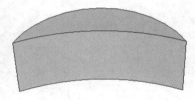
图7-161

6. 选择【视图】/【隐藏几何图形】命令，显示虚线，如图 7-162 所示。

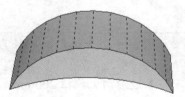
图7-162

7. 单击【组合表面推拉】按钮，可对单独面进行推拉操作，分别如图 7-163、图 7-164、图 7-165 所示。

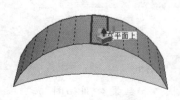
图7-163

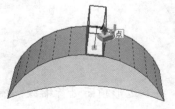
图7-164

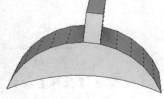
图7-165

8. 单击【法线推拉】按钮，继续进行推拉操作，效果如图 7-166、图 7-167 所示。

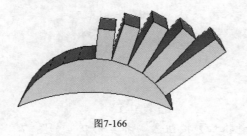

图7-166

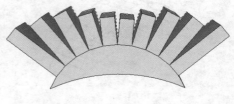

图7-167

案例——创建遮阳伞

本案例主要应用绘图工具和插件工具创建模型，图 7-168 所示为效果图。

图7-168

结果文件：\Ch07\遮阳伞.skp
视频：\Ch07\遮阳伞.wmv

1. 单击【多边形】按钮 ▼，绘制一个六边形，半径为 500mm，如图 7-169 所示。

2. 单击【推/拉】按钮 ，将多边形向上推拉 200mm，如图 7-170 所示。

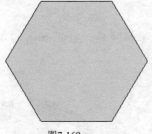

图7-169

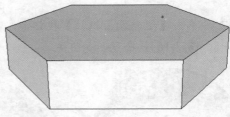

图7-170

3. 单击【拉伸】按钮 ，将多边形顶面进行缩放，缩放状态和结果分别如图 7-171、图 7-172 所示。

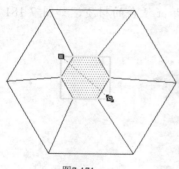

图7-171

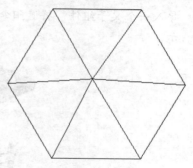

图7-172

4. 单击【选择】按钮 ▶，选中底面并删除，选中状态和结果分别如图 7-173、图 7-174 所示。

图7-173

图7-174

5. 选中形状，如图 7-175 所示，单击【组合表面推拉】按钮 ♨，移到平面上，如图 7-176 所示。

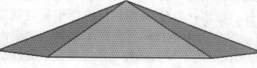

图7-175

图7-176

6. 向上拉 50mm，状态如图 7-177 所示，双击鼠标结束推拉操作，结果如图 7-178 所示。

图7-177

图7-178

7. 单击【推/拉】按钮 ♨，选择里面的小圆，如图 7-179 所示，向下推 1000mm，结果如图 7-180 所示。

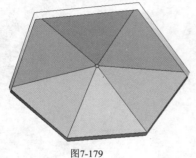

图7-179

图7-180

8.　导入一个桌子组件，将遮阳伞放置于上方，并填充适合的材质，如图 7-181 所示。

图7-181

7.7　本章小结

本章主要学习了 SketchUp 的插件，包括安装插件的方法、建筑插件介绍、细分/光滑插件介绍、倒角插件介绍、组合表面推拉插件介绍 5 部分，每个插件以实例方式讲解插件的具体用法。安装插件的方法介绍了两种，一种是安装外挂插件；另一种是安装插件包。建筑插件介绍了如何创建墙体开窗、玻璃幕墙、阳台栏杆、窗帘；细分/光滑插件介绍了如何制作抱枕、汤勺；倒角插件介绍了如何创建沙发倒角；组合表面推拉插件介绍了如何创建遮阳伞。插件在 SketchUp 创建模型时是必不可少的，它能利用不同的插件功能完成复杂的模型创建。

第8章　SketchUp 渲染和效果图后期处理

本章将介绍渲染知识，这里主要介绍 VRay for SketchUp 2016 渲染器和 Artlantis 5 渲染器。这两个渲染器能与 SketchUp 完美地结合，渲染出高质量的图片效果。

8.1　V-Ray 渲染器

由于 SketchUp 没有内置的渲染器，因此要得到照片级的渲染效果，只能借助其他渲染器来完成。V-Ray 渲染器是目前最为强大的全局光渲染器之一，适用于建筑及产品渲染。通过使用此渲染器，既可发挥出 SketchUp 的优势，又可弥补 SketchUp 的不足，从而作出高质量的渲染作品。

8.1.1　V-Ray 简介

一、V-Ray 的优点

- 最为强大的渲染器之一，具有高质量的渲染效果，支持室外、室内及产品渲染。
- V-Ray 还支持其他三维软件，如 3ds Max、Maya，其使用方式及界面相似。
- 以插件的方式实现对 SketchUp 场景的渲染，实现了与 SketchUp 的无缝整合，使用起来很方便。
- V-Ray 有最为广泛的用户群，教程、资料、素材非常丰富，遇到困难很容易通过网络找到解决方法。

二、V-Ray 的材质分类

- 标准材质和常用材质，可以模拟出多种材质类型，如图 8-1 所示。
- 角度混合材质，是与观察角度有关的材质，如图 8-2 所示。

图8-1

图8-2

- 双面材质，有一种半透明的效果，如图 8-3、图 8-4 所示。

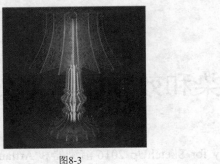

图8-3　　　　　　　　　　　　　　　　　　图8-4

- SketchUp 双面材质，对单面模型的正面及反面使用不同的材质，如图 8-5 所示。
- 卡通材质，可将模型渲染成卡通效果，如图 8-6 所示。

图8-5　　　　　　　　　　　　　　　　　图8-6

8.1.2　V-Ray 的安装

1. 打开安装程序所在文件夹，启动安装程序 VRay_Adv_Sketchup_2016.exe，如图 8-7 所示。
2. 双击应用程序，弹出 V-Ray 安装对话框，如图 8-8 所示。

图8-7　　　　　　　　　　　　　　　　　图8-8

3. 单击 `Next >` 按钮，弹出安装许可协议对话框，选择 ◉ I accept the agreement 选项，如图 8-9 所示。
4. 单击 `Next >` 按钮，弹出选择安装程序的对话框。勾选所有复选框再单击 `Next >` 按钮，如图 8-10 所示。

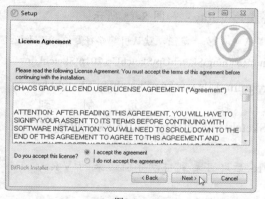

图8-9

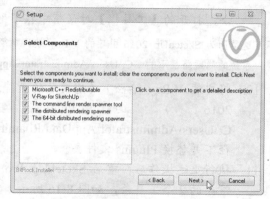

图8-10

5. 接着设置安装路径，安装路径要与 SketchUp 安装路径一致，如图 8-11 所示。

6. 单击 Next > 按钮进入准备安装页面，接着再单击 Next > 按钮开始安装，如图 8-12 所示。

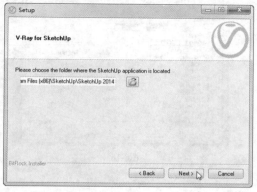

图8-11

图8-12

提示：V-Ray 渲染器安装的版本要与 SketchUp 版本一致，也就是要能相互识别，否则会提示安装不成功。

7. 随后安装开始，如图 8-13 所示。完成安装后单击 Finish 按钮结束整个安装过程，如图 8-14 所示。

图8-13

图8-14

8. V-Ray 安装完成后，可以用汉化程序进行汉化。

9. 当打开 SketchUp Pro 2016 后会发现，执行菜单栏中的【视图】/【工具栏】命令,打开的【工具栏】对话框中找不到安装的 V-Ray,如图 8-15 所示。

提示:这是因为 SketchUp 2016 引导的 V-Ray 默认路径不是 V-Ray 安装路径,默认引导路径是在 Windows
系统的隐藏路径下的:C:\Users\Administrator\AppData\Roaming\SketchUp\SketchUp 2016\SketchUp\。

10. 将安装 V-Ray 路径下(您安装的盘符:\Program Files (x86)\SketchUp\SketchUp
    2016) 的 Plugins 文件夹复制到
    C:\Users\Administrator\AppData\Roaming\SketchUp\SketchUp 2016\SketchUp\ 路
    径下并替换 Plugins 文件夹。

11. 执行上述操作后,重启 SketchUp Pro 2016 后即可看到自动导引进来的 V-Ray
    渲染的 2 个工具条,如图 8-16 所示。

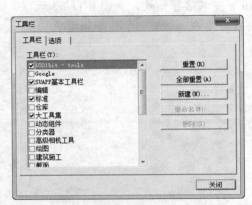

图8-15

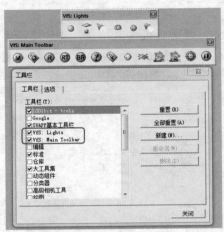

图8-16

8.1.3 V-Ray for SketchUp 工具栏

图 8-17 所示为 V-Ray 的渲染工具栏。

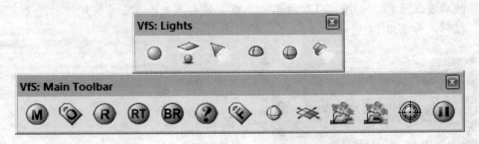

图8-17

● 单击⑩按钮,打开 V-Ray 材质管理器,它由 3 部分组成,左上方是材质预览
  区、左下方是材质管理区、右边是参数设置区,如图 8-18 所示。

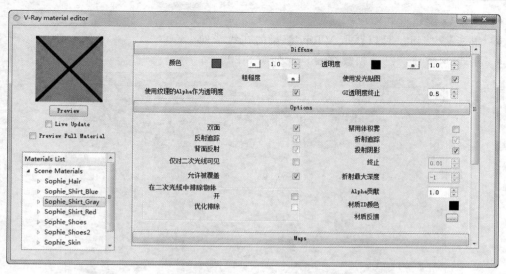

图8-18

- 单击按钮，打开 V-Ray 渲染选项设置面板，如图 8-19 所示。

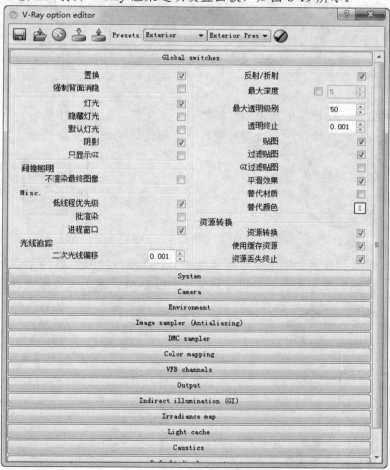

图8-19

- 单击 ⓡ 按钮，开始渲染。
- 单击 ❓ 按钮，可以获取 V-Ray 渲染的在线帮助。
- 单击 🔖 按钮，打开帧缓存窗口，如图 8-20 所示。

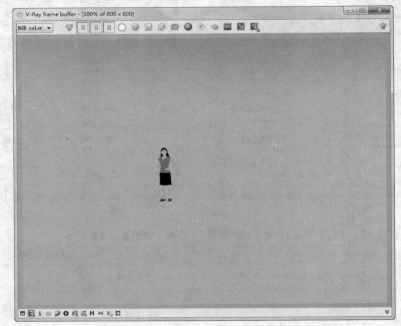

图8-20

- 单击 ⭕ 按钮，在场景中单击即可拖出一个点光源，如图 8-21 所示。
- 单击 👤 按钮，在场景中单击即可拖出一个面光源，如图 8-22 所示。

图8-21

图8-22

- 单击 🚩 按钮，在场景中单击即可拖出一个聚光源，如图 8-23 所示。
- 单击 按钮，在场景中单击即可拖出一个图 8-24 所示的光域网光源。

图8-23

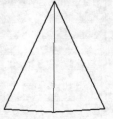

图8-24

- 单击 ⭕ 按钮，在场景中单击即可拖出一个球体，如图 8-25 所示。
- 单击 ⋙ 按钮，在场景中单击即可拖出一个平面，如图 8-26 所示。

图8-25

图8-26

案例——室内客厅渲染

本案例以 V-Ray 渲染室内客厅为主进行介绍，主要分为布光前准备、设置灯光、材质调整、渲染出图几个部分。室内客厅建立了 3 个不同的场景页面，图 8-27、图 8-28、图 8-29 所示为渲染之前的效果；图 8-30、图 8-31、图 8-32 所示为渲染之后的效果。

源文件：\Ch08\室内客厅.skp
结果文件：\Ch08\室内客厅渲染案例\
视频：\Ch08\室内客厅渲染.wmv

图8-27

图8-28

图8-29

图8-30

图8-31

图8-32

一、布光前准备

布光前准备，是指设置灯光之前的准备，一般是按照由主到次的顺序，一盏一盏地加入光源。这样的方式肯定需要进行大量的渲染测试，如果渲染参数很高的话会花费较长时间，所以先对参数进行设置后再操作，会缩短渲染测试的时间。下面打开 V-Ray 渲染设置面板对参数进行设置，如图 8-33 所示。

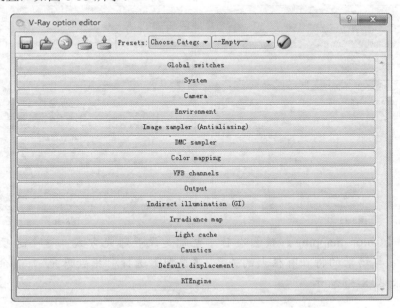

图8-33

1. 设置【Global switches】全局开关。暂时先关闭【反射/折射】选项，勾选【替代材质】选项，并单击替代颜色色块，在弹出的【Select Color】对话框中设置一个灰度值（R170，G170，B170），如图 8-34 所示。

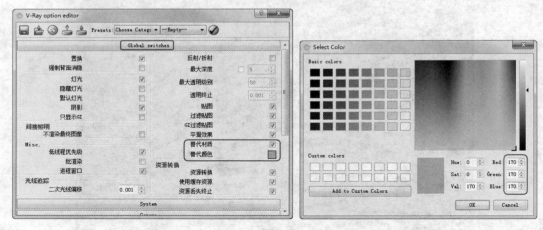

图8-34

提示：V-Ray 安装了汉化才会显示部分中文。

2. 设置【Image sampler（Antialiasing）】图像采样器。【类型】一般推荐使用"固定比率"采样器，这种采样器速度更快，同时关闭【抗锯齿过滤器】选项，将【细分】设为"1"，如图 8-35 所示。

3. 设置纯蒙特卡罗【DMC sampler】采样器，是为了不让测试效果产生太多的黑斑和噪点，将【最小采样】提高为"12"，其他参数全部保持默认值，如图 8-36 所示。

图8-35

图8-36

4. 设置【Color mapping】颜色映射，也就是设置曝光方式。这个选项非常重要，它与场景的特点有很大的关系，【类型】选择"指数曝光"，其余参数默认，如图 8-37 所示。

图8-37

5. 设置【Irradiance map】发光贴图和【Light cache】灯光缓存，这两项都设定为相对比较低的数值，图 8-38、图 8-39 所示为设置的参数。

图8-38

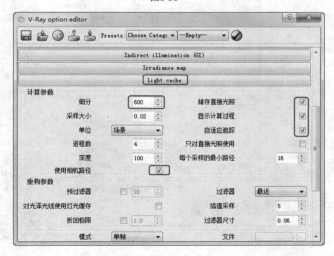

图8-39

二、设置灯光

一般在进光的洞口放置一个与洞口大小相同的矩形光，然后将其调节为天空漫射光的颜色，并以适当的倍增来增强天空漫射的效果。

1. 单击 按钮，在模型窗户入口处绘制两个矩形面光源，如图 8-40 所示。

提示： 滑动鼠标滚轮将整个房间缩小，直至退出房间以显示整个外部模型。

矩形面光源

矩形面光源

图8-40

2. 设置灯光参数。右键单击矩形面，在快捷菜单中选择【V-Ray for SketchUp】/【Edit light】命令，设置【颜色】为蓝色调，用来模拟天光，再勾选【隐藏】和【忽略灯光法线】复选框，最后将【细分】设置为"20"，【亮度】设为"150"，如图 8-41、图 8-42 所示。同理，另一个矩形面光源也如此设置。

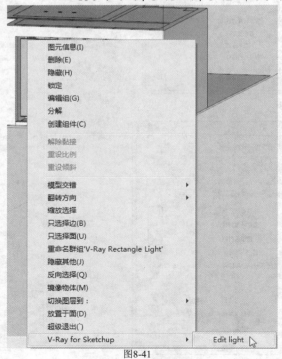

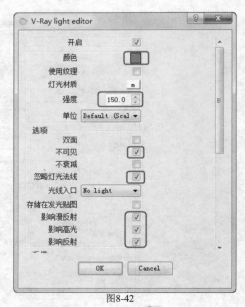

图8-41　　　　　　　　　　　　　　　　图8-42

3. 为了使场景灯光更加生动，需要为场景增加光域网光源。单击 按钮，依次创建光域网光源，如图 8-43 所示。

图8-43

4. 同样右键单击局域网光源，选择【V-Ray for SketchUp】/【编辑光源】命令，
设置【滤镜颜色】为暖黄色，【强度】为"200"，如图 8-44、图 8-45 所示。

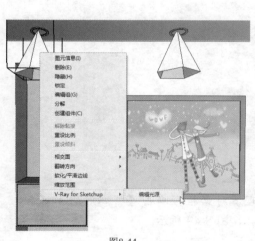

图8-44

图8-45

三、材质调整

　　一般材质调节的顺序是先主后次，如地面、墙面和沙发等属于主，其他摆设饰品属于次，最后再对个别细节材质进行调整。注意，在调节材质的时候应该将【材质覆盖】选项关闭，并激活全局开关里的【反射/折射】选项，如图 8-46 所示。单击 Ⓜ 按钮，弹出材质编辑器，如图 8-47 所示。

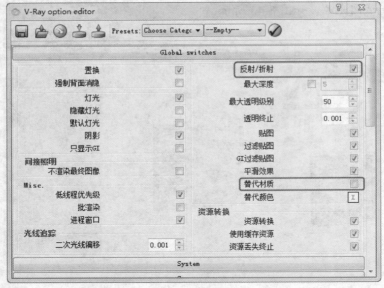

图8-46

图8-47

(1) 设置地砖。

1. 单击【颜料桶】按钮 ，弹出材质管理器对话框，单击【样本颜料】 按钮，在地砖上单击以吸取材质，如图 8-48、图 8-49 所示。

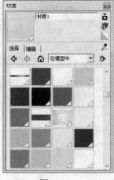

图8-48

图8-49

2. 该材质的属性会自动显示在 V-Ray 材质编辑器中，右键单击【Materials List】材质列表中自动选中的"材质 1"，在弹出的菜单中选择【Create Layer（创建材质层）】/【Reflection（反射）】命令，如图 8-50 所示。

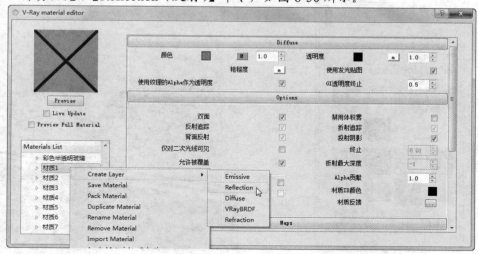

图8-50

3. 将高光光泽度的数值调整为"0.8"，反射光泽度调整为"0.8"，并单击【反射】右侧的【M】按钮，在弹出的对话框中选择【TexFresnel】模式，最后单击 OK 按钮，如图 8-51、图 8-52 所示。

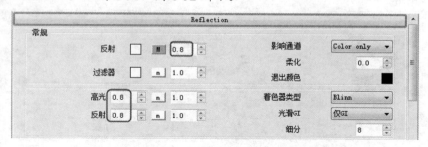

图8-51

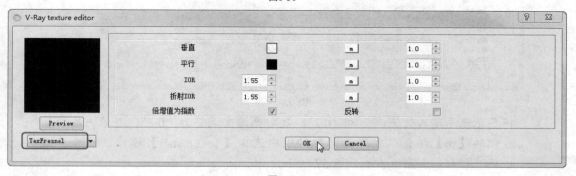

图8-52

提示：在吸取材质后，要单击 V-Ray 材质编辑器中的【预览】按钮，该材质才会显示在预览框中，高光光泽度和反射光泽度默认值都是"1"。

（2）　设置壁砖。

1. 单击【样本颜料】按钮 ✐，在壁砖上单击，如图 8-53、图 8-54 所示。

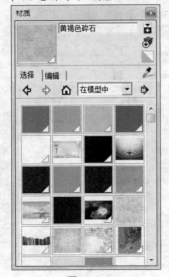

图8-53

图8-54

2. 该材质的属性会自动显示在 V-Ray 材质编辑器中，右键单击【材质列表】中自动选中的材质，在弹出的菜单中选择【Create Layer】/【Reflection】命令，如图 8-55 所示。

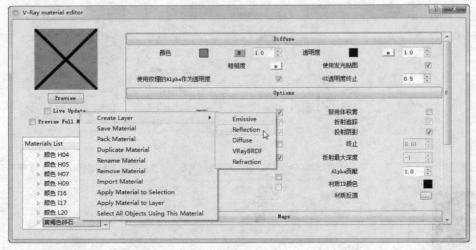

图8-55

3. 将高光光泽度的数值调整为 "0.2"，反射光泽度调整为 "0.3"，并单击反射层右侧的【m】按钮，在弹出的对话框中选择【TexFresnel】模式，最后单击 OK 按钮，如图 8-56、图 8-57 所示。

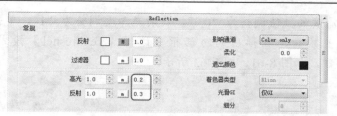

图8-56

图8-57

(3) 设置玻璃。

1. 单击【样本颜料】按钮，在玻璃上单击，如图 8-58、图 8-59 所示。

图8-58

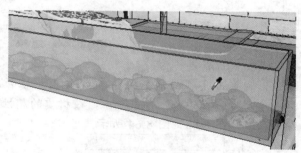

图8-59

2. 该材质的属性会自动显示在 V-Ray 材质编辑器中，右键单击材质列表中自动选中的材质，在弹出的菜单中选择【Create Layer】/【Reflection】命令，如图 8-60 所示。

图8-60

3. 将高光光泽度的数值调整为 "0.9"，反射光泽度调整为 "1"，单击【反射】右
   侧的【m】按钮，在弹出的对话框中选择【TexFresnel】模式，最后单击
   OK 按钮，如图 8-61、图 8-62 所示。

图8-61

图8-62

(4) 设置餐具。

1. 单击【颜料桶】按钮，弹出材质管理器对话框，单击【样本颜料】按钮
   ，在茶几上单击一下，该材质的属性会自动显示在 V-Ray 材质编辑器中，
   如图 8-63、图 8-64 所示。

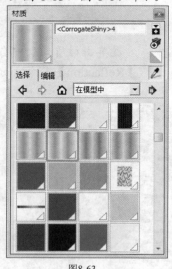

图8-63

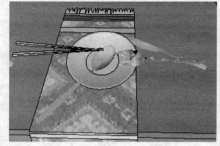

图8-64

2. 右键单击【材质列表】中自动选中的材质，在弹出的菜单中选择【Create
   Layer】/【Reflection】命令，如图 8-65 所示。

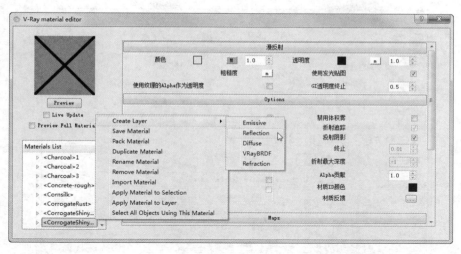

图8-65

3. 单击【反射】右侧的【m】按钮，在弹出的对话框中选择【TexFresnel】模式，最后单击 OK 按钮，如图 8-66、图 8-67 所示。

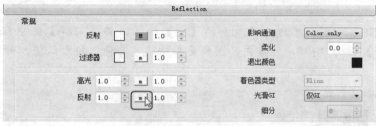

图8-66

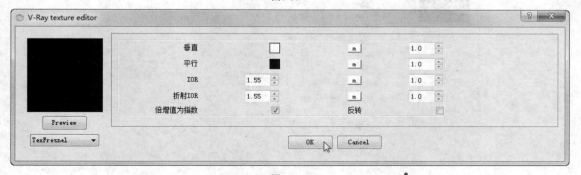

图8-67

四、渲染出图

1. 单击 ◎ 按钮，再选择【Environment】环境选项，将【全局光颜色】和【背景颜色】都设为 "1.2"，如图 8-68 所示。

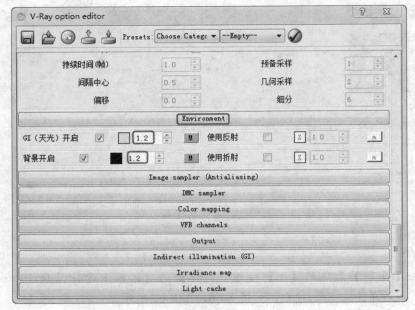

图8-68

2. 单击 GI（天光）开启选项后面的【M】按钮，将【采样】选项栏里的阴影【细分】设为 "17"，让室内的阴影更加细腻，其他保持默认值，如图 8-69 所示。

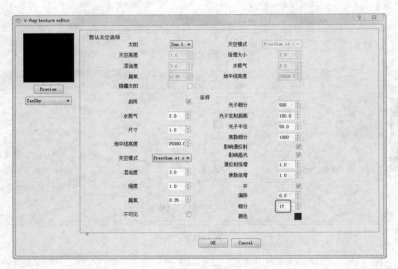

图8-69

3. 选择【Image sampler (Antialiasing)】图像采样器选项，将【类型】更改为 "自适应 DMC"，将【最小细分】设为 "1"，【最大细分】设为 "17"，提高细节区域的采样，勾选【抗锯齿过滤】复选框，选择常用的 "Catmull Rom" 过滤器，大小设为 "1"，如图 8-70 所示。

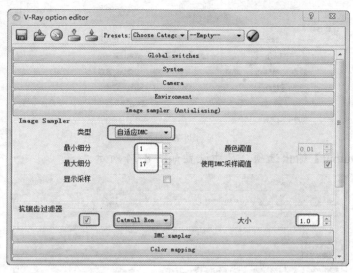

图8-70

4. 选择【DMC sampler】选项，将【最少采样】设为"12"，如图 8-71 所示。

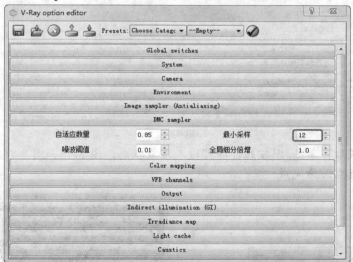

图8-71

5. 选择【Irradiance map】发光贴图选项，将【最小比率】设为"- 5"，【最大比率】改成"- 3"，如图 8-72 所示。

Irradiance map			
基本参数			
最小比率	-5	颜色阈值	0.3
最大比率	-3	法线阈值	0.3
半球细分	50	距离极限	0.1
插值采样	20	帧插值采样	2

图8-72

6. 选择【Light cache】灯光缓存选项，将【细分】设为"1000"，如图 8-73 所示。

图8-73

7. 选择【Output】输出选项，尺寸设置如图 8-74 所示。

图8-74

8. 设置完成后，单击 ⑧ 按钮，即可进入渲染状态，图 8-75、图 8-76 所示为正在
渲染，直至渲染完成。

图8-75

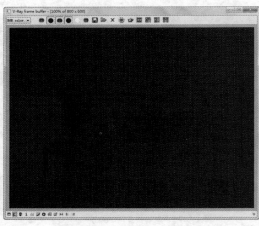

图8-76

提示：由于 SketchUp Pro 2016 是中文版，而 V-ary 是英文版，因此可能单击 ⑧ 按钮不会立即进行渲染或没
有反应。解决的方法是将本案例中所涉及的材质名称由中文改为英文，通过将模型中的材质名称中
的中文字符去掉即可，如图 8-77 所示。

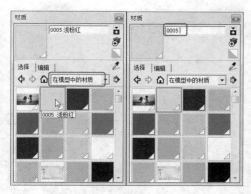

图8-77

9. 单击 按钮，打开帧缓存窗口，会显示渲染的图片，单击【保存】按钮，即可保存当前渲染图片，如图 8-78 所示。

图8-78

10. 图 8-79、图 8-80、图 8-81 所示为渲染效果图。

图8-79

图8-80

图8-81

案例——某学校渲染及后期处理

　　本案例介绍如何利用 V-Ray 对学校进行室外渲染。室外渲染与室内渲染相比较要简单一些，室外渲染包括调整阴影、布光前准备、材质调整、渲染出图、后期处理几个部分。该模型建立了 3 个不同的场景页面，根据各个场景页面，可以渲染出学校各个角度的效果。图8-82、图 8-83、图 8-84 所示为 3 个页面场景渲染前的效果，图 8-85、图 8-86、图 8-87 所示为渲染后期的处理效果。

　　源文件：\Ch08\学校.skp、背景图片 1.jpg
　　结果文件：\Ch08\学校渲染案例\
　　视频：\Ch08\学校渲染.wmv

图8-82

图8-83

图8-84

图8-85

图8-86

图8-87

一、设置阴影

1. 选择【窗口】/【阴影】命令，打开【阴影设置】面板，给页面场景设置一个合适的阴影角度，如图 8-88、图 8-89 所示。

图8-88

图8-89

2. 右键单击左上方的【场景号 1】选项卡，选择【更新】命令，然后单击 更新场景 按钮，将 3 个场景替换成有阴影设置的场景，如图 8-90、图 8-91 所示。

图8-90

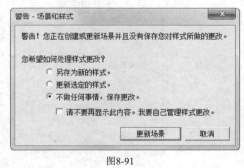

图8-91

二、布光准备

布光准备，主要是对 V-Ray 渲染设置面板参数进行设置。

1. 打开 V-Ray 渲染设置面板，如图 8-92 所示。

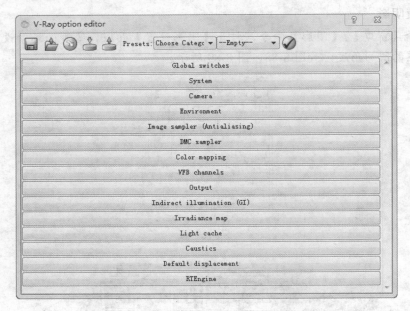

图8-92

2.　设置全局开关。暂时先关闭【反射/折射】选项，激活【替代材质】选项，并
　　单击替代颜色颜色块，设置一个灰度值（R170，G170，B170），如图 8-93 所
　　示。

图8-93

3.　设置图像采样器。【类型】一般推荐使用 "固定比率"，这样速度更快，同时
　　取消勾选【抗锯齿过滤器】复选框，如图 8-94 所示。

图8-94

4. 设置纯蒙特卡罗（DMC）采样器。为了不让测试效果产生太多的黑斑和噪点，将【最少采样】提高为"13"，其他参数全部保持默认值，如图 8-95 所示。

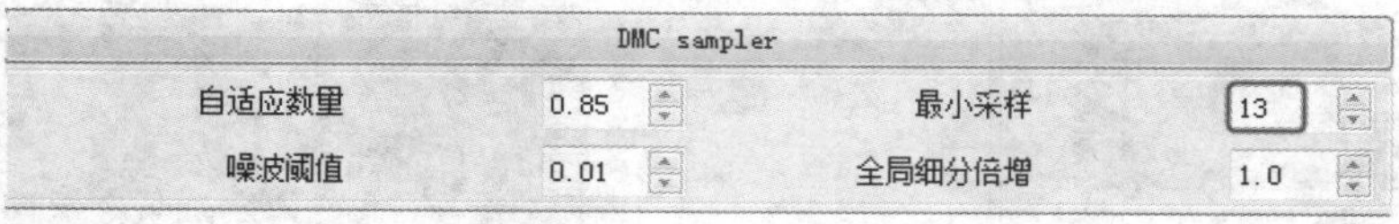

图8-95

5. 设置颜色映射，也就是设置曝光方式。这个选项非常重要，它与场景的特点有很大的关系，【类型】选择"指数曝光"，如图 8-96 所示。

图8-96

6. 设置发光贴图和灯光缓存。两项都设定为相对比较低的数值，如图 8-97、图8-98 所示。

图8-97

图8-98

三、材质调整

单击【窗口】/【材质】命令，打开【材质】管理器，同时单击 按钮，打开 V-Ray 材质编辑器。

(1) 设置地砖。

1. 单击【样本颜料】按钮 ，在地面上单击以吸取材质，如图 8-99、图 8-100 所示。

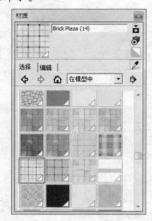

图8-99

图8-100

2. 该材质的属性会自动显示在 V-Ray 材质编辑器中，右键单击【材质列表】中自动选中的材质，在弹出的菜单中选择【Create Layer)】/【Reflection】命令，如图 8-101 所示。

图8-101

3. 单击【反射】右侧的【M】按钮，在弹出的对话框中选择【TexFresnel】模式，最后单击 OK 按钮，如图 8-102、图 8-103 所示。

图8-102

242

图8-103

(2) 设置花坛壁砖。

1. 单击【样本颜料】按钮 🖋️，在壁砖上单击以吸取材质，如图 8-104、图 8-105 所示。

图8-104

图8-105

2. 该材质的属性会自动显示在 V-Ray 材质编辑器中，右键单击【材质列表】中自动选中的材质，在弹出的菜单中选择【Create Layer】/【Reflection】命令，图 8-106 所示。

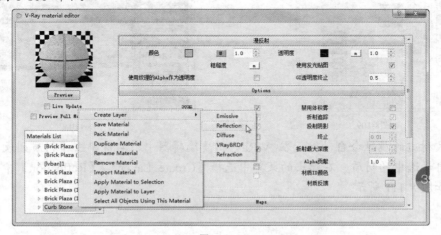

图8-106

3. 单击【反射】右侧的【M】按钮，在弹出的对话框中选择【TexFresnel】模式，最后单击 OK 按钮，如图 8-107、图 8-108 所示。

图8-107

图8-108

(3)　设置玻璃。

1.　单击【样本颜料】按钮 ✎，在玻璃上单击以吸取材质，如图 8-109、图 8-110 所示。

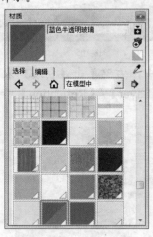

图8-109

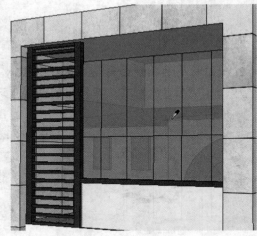

图8-110

2.　该材质的属性会自动显示在 V-Ray 材质编辑器中，右键单击【材质列表】中自动选中的材质，在弹出的菜单中选择【Create Layer】/【Reflection】命令，如图 8-111 所示。

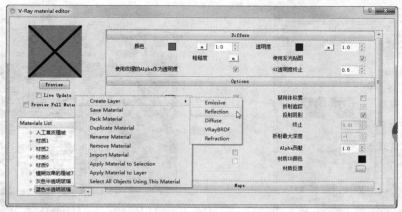

图8-111

3. 将高光光泽度设为"0.9"，反射光泽度设为"1"，并单击【反射】后面的
   【M】按钮，在弹出的对话框中选择【TexFresnel】模式，最后单击 OK 按
   钮，如图 8-112、图 8-113 所示。

图8-112

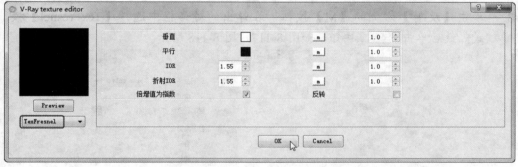

图8-113

(4) 设置墙砖。

1. 单击【样本颜料】按钮 🖋，在墙上单击以吸取材质，如图 8-114、图 8-115 所
   示。

2. 该材质的属性会自动显示在 V-Ray 材质编辑器中，右键单击【材质列表】中
   自动选中的材质，在弹出的菜单中选择【Create Layer】/【Reflection】命令，
   如图 8-116 所示。

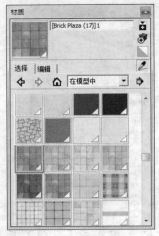

图8-114

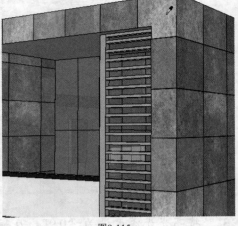

图8-115

图8-116

3.　单击【反射】右侧的【M】按钮，在弹出的对话框中选择【TexFresnel】模式，最后单击 OK 按钮，如图 8-117、图 8-118 所示。

图8-117

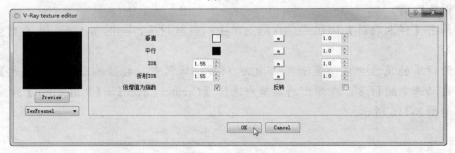

图8-118

246

(5) 设置文字。

1. 单击【样本颜料】按钮 ✐，在文字上单击以吸取材质，如图 8-119、图 8-120 所示。

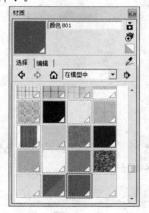

图8-119

图8-120

2. 该材质的属性会自动显示在 V-Ray 材质编辑器中，右键单击【材质列表】中自动选中的材质，在弹出的菜单中选择【Create Layer】/【Reflection】命令，如图 8-121 所示。

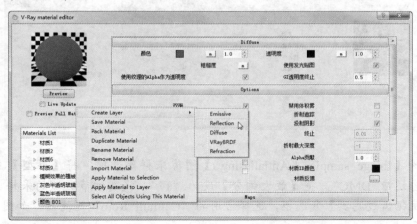

图8-121

3. 单击【反射】右侧的【M】按钮，在弹出的对话框中选择【TexFresnel】模式，最后单击 ___ OK ___ 按钮，如图 8-122、图 8-123 所示。

图8-122

图8-123

四、渲染出图

1. 单击按钮，再选择【Environment（环境）】选项，分别单击两个"M"按钮，将它们的参数设置为一样，如图 8-124、图 8-125 所示。

图8-124

图8-125

2. 选择【Image sampler（Antialiasing）】图像采样器选项，将【类型】更改为"自适应 DMC"，将【最大细分】设为"17"，提高细节区域的采样。勾选【抗锯齿过滤器】复选框，选择常用的"Catmull Rom"过滤器，如图 8-126 所示。

图8-126

3. 选择【DMC sampler】纯蒙特卡罗采样器选项，将【最小采样】设为"12"，如图 8-127 所示。

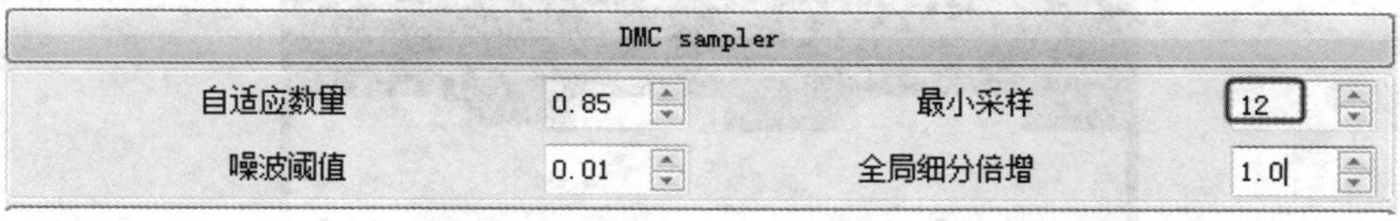

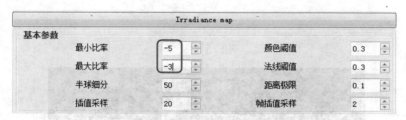

图8-127

4. 选择【Irradiance map】发光贴图选项，将【最小比率】设为"﹣5"，【最大比率】改成"﹣3"，如图 8-128 所示。

图8-128

5. 选择【Light cache】灯光缓存选项，将【细分】设为"500"，如图 8-129 所示。

图8-129

6. 选择【Output】输出选项，将尺寸设为如图 8-130 所示。

图8-130

7. 设置完成后，单击 ⓡ 按钮，依次对场景页面 1、页面 2、页面 3 进行渲染出图，另外还可以得到 3 张渲染通道图，图 8-131、图 8-132、图 8-133 所示为渲染通道图，图 8-134、图 8-135、图 8-136 所示为渲染图效果。

图8-131

图8-132

图8-133

图8-134

图8-135

图8-136

五、后期处理

1. 将渲染图片导入到 Photoshop 中，如图 8-137 所示。

图8-137

2. 双击图层进行解锁，如图 8-138、图 8-139 所示。

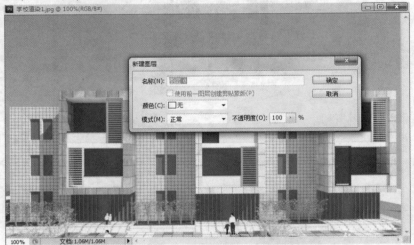

图8-138

图8-139

3. 选择魔棒工具将图片背景选中，按"Delete"键删除背景，并按"Ctrl"+

"D"组合键取消选区，如图 8-140、图 8-141 所示。

图8-140

图8-141

4. 打开背景图片，拖动到图层中作为背景，调整图层顺序，如图 8-142、图 8-143 所示。

图8-142

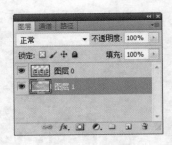

图8-143

5. 按 "Ctrl" + "T" 组合键调整两张图片的大小，进行组合，如图 8-144 所示。

图8-144

6. 选择裁剪工具将多余的部分剪掉，如图 8-145、图 8-146 所示。

图8-145

图8-146

7. 选择【图像】/【调整】/【亮度/对比度】命令，调整亮度，如图 8-147、图 8-148 所示。

图8-147

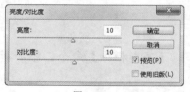

图8-148

8. 选择【图像】/【调整】/【色彩平衡】命令，调整颜色，如图 8-149、图 8-150 所示。

图8-149

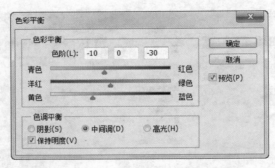

图8-150

9. 新建一个图层，按 "Ctrl" + "Shift" + "Alt" + "E" 键，盖印可见图层，如图 8-151、图 8-152 所示。

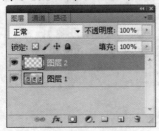

图8-151

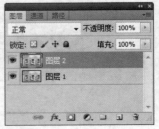

图8-152

10. 选择【滤镜】/【模糊】/【高斯模糊】命令，添加模糊效果，如图 8-153、图 8-154 所示。

图8-153

图8-154

11. 将【图像模式】设为"柔光"，【不透明度】设为"50%"，如图 8-155，结果如图 8-156 所示。

图8-155

图8-156

12. 对图层进行合并，如图 8-157 所示，选择加深工具和减淡工具，对太亮和太暗的地方进行涂抹处理，效果如图 8-158 所示。

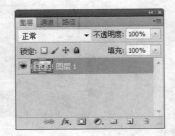

图8-157

图8-158

13. 利用同样的方法处理另外两张渲染图片，效果如图 8-159、图 8-160 所示。

图8-159

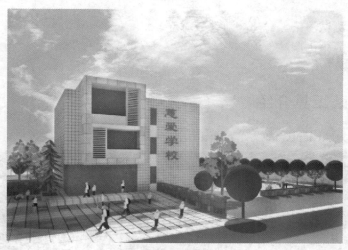

图8-160

8.2 Artlantis 渲染器

　　Artlantis 是法国 Advent 公司的重量级渲染引擎，也是 SketchUp 的一个极佳渲染伴侣，它是用于建筑室内和室外场景的专业渲染软件，其超凡的渲染速度与质量，以及简洁的用户界面令人耳目一新。它的问世被誉为是建筑绘图场景、建筑效果图和多媒体制作领域的一场革命。

8.2.1 Artlantis 与 V-Ray 的区别

- Artlantis 与 V-Ray 不同，它属于单独的一个渲染软件，但好像只为 SketchUp

而生，而 V-Ray 是 SketchUp 的一个插件。

- Artlantis 设置材质及参数都比 V-Ray 设置要简单和方便。
- Artlantis 渲染速度比 V-Ray 渲染速度快，能节约很多时间。
- Artlantis 渲染室外效果质量较好，而 V-Ray 渲染室内效果质量较好。
- Artlantis 注重效果，而 V-Ray 注重品质，所以后者的渲染质量相对较弱。

8.2.2　Artlantis 的操作流程

(1)　SketchUp 模型整理。
- 对模型赋予材质贴图，命名可以用英文和数字，但不可用中文。
- 注意正反面，将所有面设置为正面。
- 添加渲染页面。

(2)　在 Artlantis 里打开 SketchUp 模型。

(3)　调整阳光，可以设置阴影、时间、云彩。

(4)　调整相机镜头。

(5)　调整材质。

(6)　用低参数测试渲染。

(7)　用高参数渲染出图。

(8)　后期处理。

8.2.3　Artlantis 工具介绍

图 8-161 所示为 Artlantis 的操作界面。

图8-161

8.2.4 Artlantis 渲染器的安装

一、安装 Artlantis 5

Artlantis 5（本例安装的是 64 位系统的渲染器）的安装也非常方便，可以在其官网或其他网站上搜索下载并安装。

1. 双击 Artlantis5 安装应用程序，打开安装语言选择对话框，选择【简体中文】进行安装，然后单击【OK】按钮，如图 8-162 所示。

图8-162

2. 随后进入安装向导对话框，单击 下一步(N) > 按钮，如图 8-163 所示。

3. 进入安装许可协议对话框，单击 我接受(I) 按钮，如图 8-164 所示。

图8-163   图8-164

4. 然后选择要安装的组件，默认情况下是全部选中的，单击 下一步(N) > 按钮，如图 8-165 所示。

5. 随后选择安装位置，并单击 下一步(N) > 按钮，如图 8-166 所示。

图8-165   图8-166

6. 接着选择"开始菜单"文件夹，保留默认设置，单击【安装】按钮，开始安装，如图 8-167 所示。

7.　图 8-168 所示为安装完毕，单击 [完成(F)] 按钮即可。

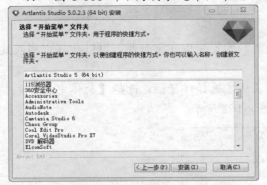

图8-167

图8-168

二、　安装 QuickTime

QuickTime 是一款拥有强大多媒体技术的内置媒体播放器，可让你以各式各样的文件格式观看互联网视频、高清电影预告片和个人媒体作品，更可让你以非比寻常的高品质欣赏这些内容。QuickTime 不仅仅是一个媒体播放器，而且是一个完整的多媒体架构，可以用来进行多种媒体的创建、生产和分发，并为这一过程提供端到端的支持：包括媒体的实时捕捉，以编程的方式合成媒体，导入和导出现有的媒体，还有编辑和制作、压缩、分发，以及用户回放等多个环节。

QuickTime 的安装主要是为了配合 Artlantis 软件。

1.　双击 QuickTime 安装应用程序，进入安装向导对话框，如图 8-169 所示。

2.　单击 [下一步(N) >] 按钮，进入安装许可协议对话框，如图 8-170 所示。

图8-169

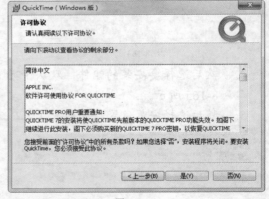

图8-170

3.　单击 [是(Y)] 按钮，然后选择目标安装文件夹，如图 8-171 所示。

4.　单击 [安装(I)] 按钮，图 8-172 所示为正在安装。

图8-171

图8-172

5. 图 8-173 所示为安装完毕。

图8-173

提示: 在 SketchUp 中保存模型时根据 Artlantis 版本不同,可保存相对较低的版本,也可以直接导出为 art
格式,但需安装插件;也可以导出为 3ds 格式,Artlantis 可以直接打开。

案例——戏剧室渲染

本案例介绍如何利用 Artlantis 对戏剧室进行室内渲染。戏剧室建立了 2 个不同的场景页
面,图 8-174、图 8-175 所示为场景原图,图 8-176、图 8-177 所示为渲染后的效果。

源文件:\Ch08\戏剧室.skp
结果文件:\Ch08\戏剧室渲染案例\
视频:\Ch08\戏剧室渲染.wmv

图8-174

图8-175

图8-176

图8-177

一、打开模型

1. 启动 Artlantis 渲染器，在软件左上角单击【打开窗口菜单】按钮 ，再选择 【打开】/【导入】命令，通过【打开】对话框选择 "戏剧室.skp" 模型，如图 8-178 所示。

图8-178

提示： 导入的 SketchUp 模型要用低版本保存，否则 Artlantis 不能正常导入。

2. 在弹出的【导入 SKP 文件】对话框单击【导入】按钮，如图 8-179 所示。加 载成功后界面出现图 8-180 所示的夜晚场景。

图8-179

图8-180

二、设置阳光

1.　在【日光】选项卡中，先调整日期，默认日期是 29/08，修改为 15/10，可以
　　直接更改值，也可以拖动滑块进行微调，如图 8-181 所示。

图8-181

2.　拖动滑块或键入值，将时间设置为 09：00，如图 8-182 所示。

图8-182

3.　将【太阳】强度设置为"30"，单击颜色块，设置阳光颜色为浅黄色，如图 8-
　　183 所示。

图8-183

4.　将【天空】强度设置为"40"，将天空颜色设置为浅蓝色，如图 8-184 所示。

图8-184

5. 单击列表中的另一个场景, 对阳光参数进行同样的设置, 效果如图 8-185、图 8-186 所示。

图8-185

图8-186

提示: 在导入模型后, 如果发现当前模型材质与 Artlantis 不兼容, 那么可以在 Artlantis 中重新赋予新的材质, 也可以在 SketchUp 中调整材质。

三、设置材质

1. 在【着色器】选项卡中设置材质参数, 图 8-187 所示为材质列表和下方边框单击所弹出的基本材质。

图8-187

2. 单击基本材质菜单中的【显示素材浏览器】按钮 , 可以单独显示材质目录对话框, 如图 8-188 所示。

图8-188

3. 在材质目录对话框，选择"发光菲涅耳"材质，如图 8-189 所示。

图8-189

4. 将"菲涅耳玻璃"拖到场景中的玻璃材质上进行替换，如图 8-190、图 8-191 所示。

图8-190   图8-191

5. 在着色器上方的材质编辑器中，将【反射】颜色设为黄色，将【菲涅耳过渡】设为"2"，如图 8-192 所示。

图8-192

6. 单击木柱，当前材质被自动选中，将【凸起】设为"3"，如图 8-193 所示。

图8-193

7. 单击花纹木材，当前材质被自动选中，将【凸起】设为"3"，如图 8-194 所示。

图8-194

8. 单击金属花纹，当前材质被自动选中，将【反射】设为 "5"，【凸起】设为
"3"，如图 8-195 所示。

图8-195

9. 在【透视图】选项卡中设置焦距为 "32"，并选中面板下方的【稍后渲染】选
项，如图 8-196 所示。

图8-196

10. 单击【继续】按钮，然后为另一个场景设置采样点间距为"35"。设置效果分别如图 8-197、图 8-198 所示。

图8-197

图8-198

提示：调整相机这一步是非常关键的，因为调整的角度就是渲染后的角度。调整的方法可以利用焦距滑块，可以利用抓手工具，可以利用场景中的图标按 x、y、z 轴进行拖动调整，还可以利用二维视图进行调整。

四、设置渲染

1. 选择场景 1，单击【开始渲染】 按钮，弹出【最终渲染】面板。

2. 按图 8-199 所示的参数进行设置。

图8-199

3. 单击 按钮，弹出图 8-200 所示的【另存为】对话框，选择保存的位置和文件格式。然后选中【开始渲染】单选选项，随即进入渲染状态，如图 8-201 所示。

图8-200

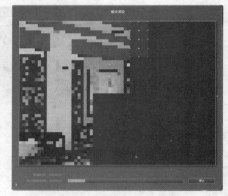

图8-201

4. 同理，对场景 2 进行参数设置并渲染，最终两个场景渲染的效果如图 8-202、图 8-203 所示。

图8-202

图8-203

案例——办公楼渲染及后期处理

本案例介绍如何利用 Artlantis 对办公楼进行室外渲染。办公楼建立了两个不同的场景页面，图 8-204、图 8-205 所示为原图，图 8-206、图 8-207 所示为后期处理的效果。

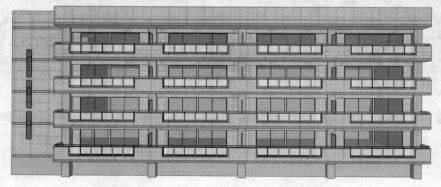

图8-204

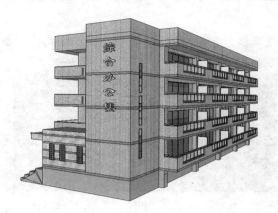

图8-205

图8-206

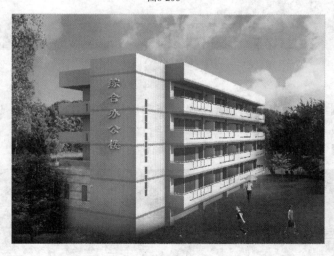

图8-207

源文件：\Ch08\办公楼.skp，背景图片 2.jpg
结果文件：\Ch08\办公楼渲染案例\
视频：\Ch08\办公楼渲染.wmv

一、打开模型

1. 启动 Artlantis 渲染器，导入 "SketchUp(*.skp)" 格式的 "办公楼.skp" 文件，如图 8-208 所示。

图8-208

2. 导入模型，图 8-209 所示为夜晚场景。

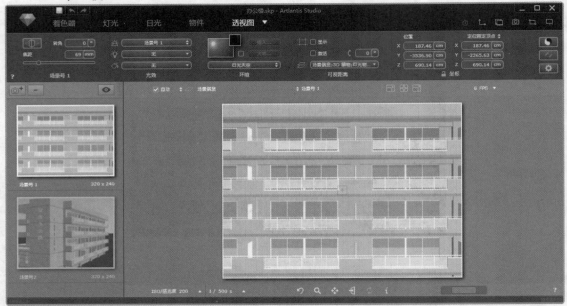

图8-209

二、设置阳光

1. 在【日光】选项卡中设置阳光参数，拖动滑块，将时间设置为 12：00，日期设为 15/10。
2. 将【阴影】复选框勾选，设置参数为 "10"，如图 8-210 所示。

图8-210

3. 单击列表中的另一个场景，进行同样的阳光参数设置，效果如图 8-211、图 8-212 所示。

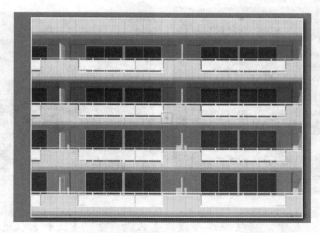

图8-211

图8-212

三、设置材质

1. 在【着色器】选项卡中设置材质参数。
2. 在软件窗口底部单独打开【素材目】材质列表对话框，在材质库列表中选中【玻璃】里的"发光菲涅耳"，如图 8-213 所示。

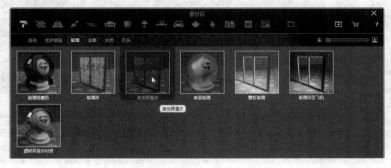

图8-213

3. 将"发光菲涅耳"材质直接拖动到办公楼栏杆玻璃上，即替换当前材质，如图 8-214、图 8-215 所示。

图8-214

图8-215

4. 在左侧材质列表中，将【菲涅耳过渡】设为"2"，【反射】颜色设为天蓝色，如图 8-216 所示。

图8-216

5. 单击玻璃材质，当前材质被自动选中，将【反射】设为"0.2"，如图 8-217 所示。

图8-217

6.　单击墙砖，当前材质被自动选中，将【反射】设为"10"，【凸起】值设为"0.2"，如图 8-218 所示。

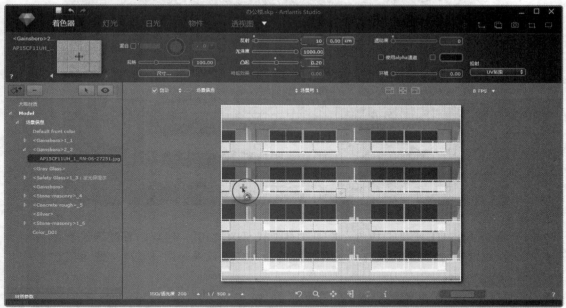

图8-218

7.　单击场景号 2 中的墙砖，当前材质被自动选中，设置参数，将【反射】设为"10"，【凸起】值设为"0.2"，如图 8-219 所示。

图8-219

四、设置相机

1.　返回到【透视图】选项卡中，设置场景号 1 的焦距，如图 8-220 所示。

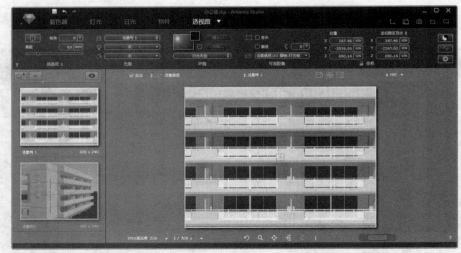

图8-220

2. 拖动【焦距】滑块，将场景号 1 的焦距设置为 "30"，同理，再对场景号 2 的焦距设置为 "48"，最终设置焦距后的两个场景效果如图 8-221、图 8-222 所示。

图8-221

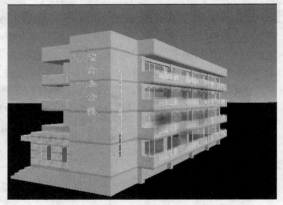

图8-222

五、设置渲染

1. 选择场景 1，单击【开始渲染】按钮 ，弹出【最终渲染】面板。

2. 按图 8-223 所示设置参数。

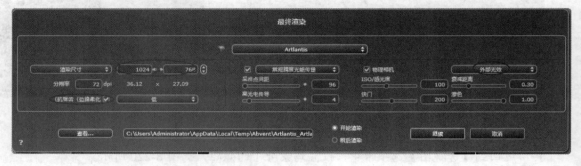

图8-223

3. 选中【开始渲染】单选选项，然后单击 继续 按钮，开始渲染场景 1，效果如图 8-224 所示。

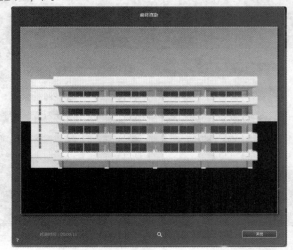

图8-224

4. 同理，对场景号 2 进行渲染设置，并进行最终渲染。效果如图 8-225 所示。

图8-225

六、后期处理

1. 将渲染图片导入到 Photoshop 中，如图 8-226 所示。

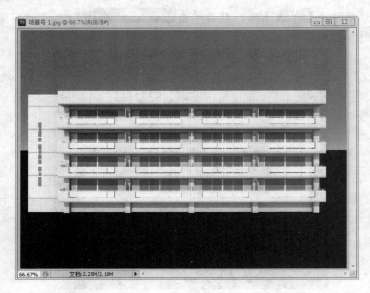

图8-226

2. 双击图层进行解锁，如图 8-227、图 8-228 所示。

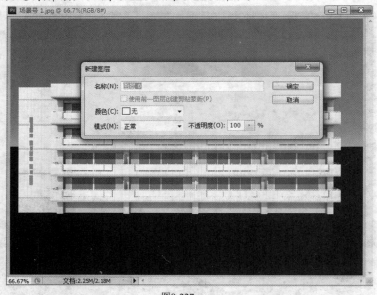

图8-227

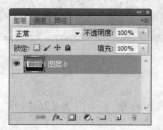

图8-228

3. 选择【魔棒】工具将图片背景选中并删除，如图 8-229、图 8-230 所示。

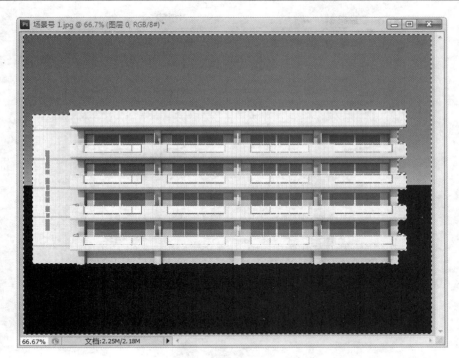

图8-229

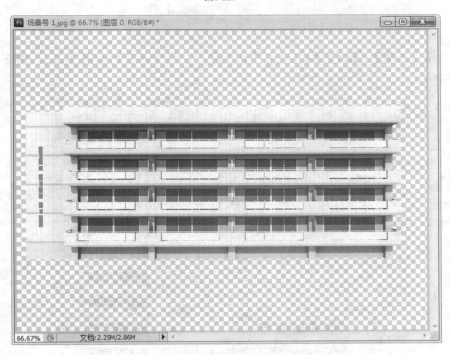

图8-230

4. 选择【图像】/【调整】/【亮度/对比度】命令，调整亮度，如图 8-231、图 8-232 所示。

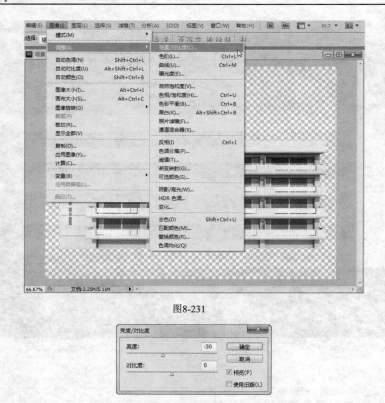

图8-231

图8-232

5.　选择【图像】/【调整】/【色彩平衡】命令，调整颜色，如图 8-233、图 8-234 所示。

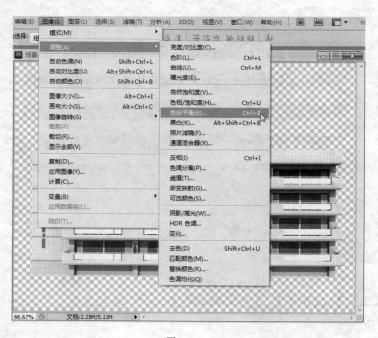

图8-233

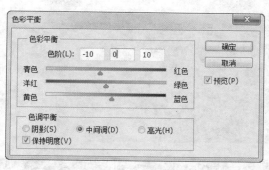

图8-234

6. 打开背景图片，将两张图片组合，并调整图层顺序，如图 8-235、图 8-236 所示。

图8-235

图8-236

7. 添加植物和人物素材，如图 8-237、图 8-238 所示。

图8-237

图8-238

8. 使用加深工具和减淡工具，涂抹出明暗效果。利用同样的方法处理另外一张
   渲染图片，最终效果如图 8-239、图 8-240 所示。

图8-239

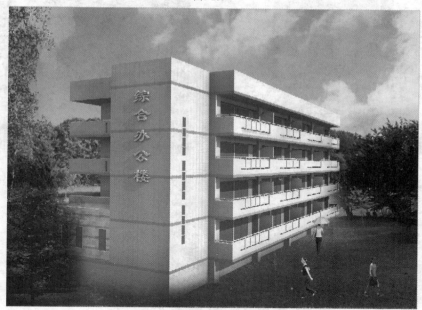

图8-240

8.3 本章小结

    本章主要学习了 V-Ray 和 Artlantis 渲染器之间的区别及作用，并掌握了渲染器的安装方法和渲染方法。并用两个室内和两个室外模型渲染进行实例讲解，了解了室内渲染和室外渲染的区别和操作方法。最后再对渲染的室外模型进行后期处理，使读者们能了解到 SketchUp 模型渲染与后期制作之间的重要性。

第9章 建筑/园林/景观小品的设计

本章主要介绍 SketchUp 中常见的建筑、园林、景观小品的设计方法，并以真实的设计图来表现模型在日常生活中的应用。

9.1 建筑单体设计

本节以实例的方式讲解 SketchUp 建筑单体设计的方法，包括创建建筑凸窗、花形窗户、小房子，图 9-1、图 9-2 所示为常见的建筑窗户和小房屋设计的效果图。

图9-1

图9-2

案例——创建建筑凸窗

本案例主要利用绘制工具制作建筑凸窗，图 9-3 所示为效果图。

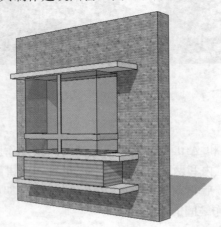

图9-3

1. 单击【矩形】按钮 ▦ ，绘制一个长宽都为 5000mm 的矩形，如图 9-4 所示。
2. 单击【推/拉】按钮 ⬙ ，拉伸 500mm，如图 9-5 所示。

图9-4

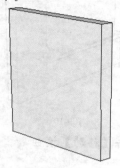

图9-5

3. 单击【矩形】按钮 ▦ ，绘制一个长为 2500mm，宽为 2000mm 的矩形，如图 9-6 所示。
4. 单击【推/拉】按钮 ⬙ ，向里推 500mm，如图 9-7 所示。

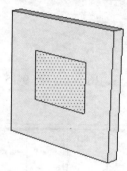

图9-6

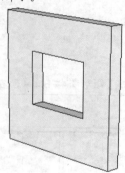

图9-7

5. 单击【线条】按钮 ✎ ，绘制一个封闭面，单击【推/拉】按钮 ⬙ ，向外拉 600mm，如图 9-8、图 9-9 所示。

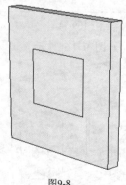

图9-8

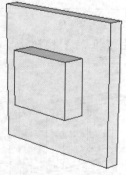

图9-9

6. 利用【矩形】按钮 ▦ 和【推/拉】按钮 ⬙ ，绘制出如图 9-10 所示的矩形块。
7. 选中矩形块，选择【编辑】/【创建组】命令，创建一个群组，如图 9-11 所示。

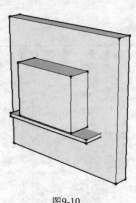

图9-10

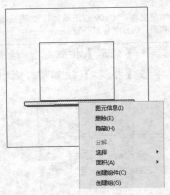

图9-11

8.　单击【移动】按钮，按住 "Ctrl" 键不放进行垂直复制，如图 9-12 所示。

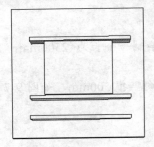

图9-12

9.　单击【矩形】按钮，在墙面上绘制矩形面，如图 9-13、图 9-14、图 9-15 所示。

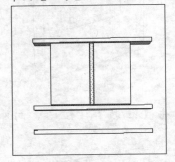

图9-13

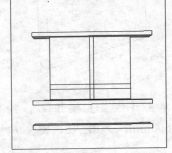

图9-14

10.　单击【推/拉】按钮，将矩形面向外推拉 25mm，如图 9-16 所示。

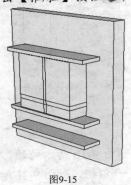

图9-15

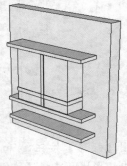

图9-16

11. 单击【矩形】按钮 ▇，在窗体上绘制矩形面，单击【推/拉】按钮 ⬆，向外拉，如图 9-17、图 9-18 所示。

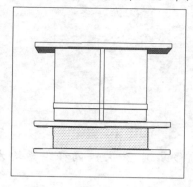

图9-17

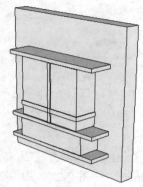

图9-18

12. 单击【颜料桶】按钮 ✎，打开材质管理器对话框，填充适合的材质，如图 9-19、图 9-20 所示。

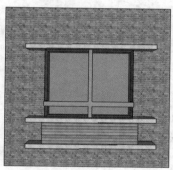

图9-19

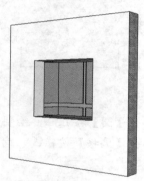

图9-20

案例——创建花形窗户

本案例主要利用绘制工具制作花形窗户，图 9-21 所示为效果图。

图9-21

 结果文件：\Ch09\建筑单体设计\花形窗户.skp
视频：\Ch09\花形窗户.wmv

1. 利用【线条】按钮 ✎ 和【圆弧】按钮 ⌒，绘制两条长度各为 200mm 的线段，与半径为 500mm 的圆弧相连接，如图 9-22 所示。

2. 依次画出其他相等的三边形状，如图 9-23 所示。

图9-22　　　　　　　　　　　　　　　　图9-23

3. 选中形状，单击【偏移】按钮 ，向里偏移复制 3 次，偏移距离均为 50mm，如图 9-24、图 9-25 所示。

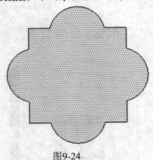

图9-24　　　　　　　　　　　　　　　　图9-25

4. 单击【圆】按钮 ，绘制一个半径为 50mm 的圆，如图 9-26 所示。

5. 单击【偏移】按钮 ，向外偏移复制 15mm，如图 9-27 所示。

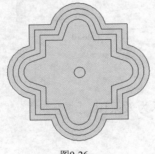

图9-26　　　　　　　　　　　　　　　　图9-27

6. 单击【线条】按钮 ，连接出图 9-28、图 9-29 所示的形状。

图9-28　　　　　　　　　　　　　　　　图9-29

7. 单击【推/拉】按钮，向外拉 60mm，向里推 60mm、30mm，如图 9-30、图 9-31、图 9-32 所示。

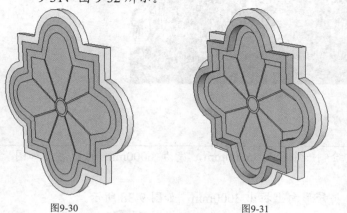

图9-30　　　　　　　　　图9-31　　　　　　　　　图9-32

8. 单击【推/拉】按钮，将圆环和连接的面分别向外拉 20mm，如图 9-33、图 9-34 所示。

图9-33　　　　　　　　　　　　　　　图9-34

9. 填充适合的材质，效果如图 9-35 所示。

图9-35

案例——创建小房子

本案例主要利用绘图工具制作一个小房子模型，图 9-36 所示为效果图。

图9-36

 结果文件：\Ch09\建筑单体设计\小房子.skp
视频：\Ch09\小房子.wmv

1. 单击【矩形】按钮 ▇，绘制一个长为 5000mm，宽为 6000mm 的矩形，如图 9-37 所示。

2. 单击【推/拉】按钮 ▲，将矩形向上拉出 3000mm，如图 9-38 所示。

图9-37

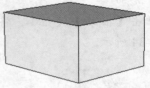

图9-38

3. 单击【线条】按钮 ✐，在顶面捕捉绘制一条中心线，如图 9-39、图 9-40 所示。

图9-39

图9-40

4. 单击【移动】按钮 ✣，向蓝色轴方向垂直移动，移动距离为 2500mm，如图 9-41、图 9-42 所示。

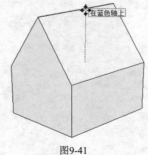

图9-41

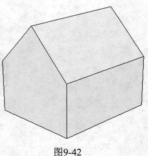

图9-42

5. 单击【推/拉】按钮 ▲，选中房顶两面往外拉，距离为 200mm，如图 9-43 所示。

6. 单击【推/拉】按钮 ▲，对房子立体两面往里推，距离为 200mm，如图 9-44、图 9-45 所示。

图9-43

图9-44

图9-45

7. 按住"Ctrl"键选择房顶两条边,单击【偏移】按钮 ，向里偏移复制 200mm,如图9-46、图9-47、图9-48所示。

图9-46

图9-47

图9-48

8. 单击【推/拉】按钮 ，对偏移复制面向外拉,距离为400mm,如图9-49所示。

9. 利用同样的方法将另一面进行偏移复制和推拉,如图9-50所示。

图9-49

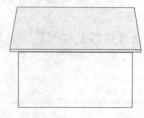

图9-50

10. 选中房底部的一条直线,单击右键,在快捷菜单中选择【拆分】命令,将直线拆分为3段,如图9-51、图9-52所示。

图9-51

图9-52

11. 单击【线条】按钮 ✎，绘制高为 2500mm 的门，如图 9-53、图 9-54 所示。

图9-53

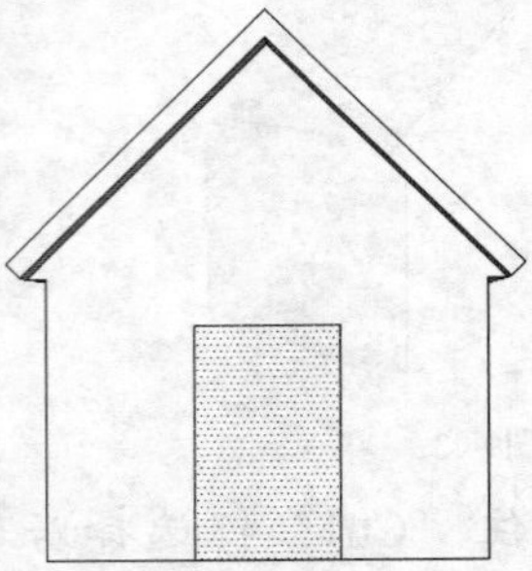

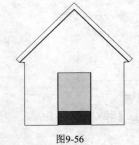

图9-54

12. 单击【推/拉】按钮 ▲，将门向里推 200mm，然后删除面，即可看到房子内部空间了，如图 9-55、图 9-56 所示。

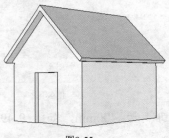

图9-55

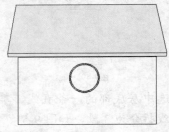

图9-56

13. 单击【圆】按钮 ●，分别在房体两个平面上画圆，半径均为 600mm，如图 9-57 所示。

14. 单击【偏移】按钮 ，向外偏移复制 50mm，如图 9-58 所示。

图9-57

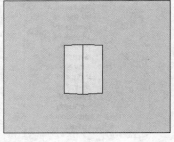

图9-58

15. 单击【推/拉】按钮 ▲，向外拉 50mm，形成窗框，如图 9-59 所示。

16. 单击【矩形】按钮 ▭，绘制一个大的地面，如图 9-60 所示。

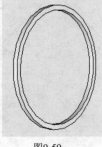

图9-59

图9-60

17. 填充适合的材质，并添加一个门组件，如图 9-61 所示。
18. 添加人物、植物组件，如图 9-62 所示。

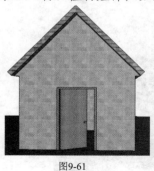

图9-61

图9-62

9.2 园林水景设计

本节以实例的方式讲解 SketchUp 园林水景设计的方法，包括创建喷水池、花瓣喷泉、石头，图 9-63、图 9-64、图 9-65、图 9-66 所示为常见的园林水景设计的真实效果图。

图9-63

图9-64

图9-65

图9-66

案例——创建喷水池

本案例主要利用绘图工具制作一个喷水池，图 9-67 所示为效果图。

图9-67

结果文件：\Ch09\园林水景设计\喷水池.skp
视频：\Ch09\喷水池.wmv

1. 单击【圆】按钮◯，绘制一个半径为 1000mm 的圆，如图 9-68 所示。
2. 单击【推/拉】按钮，将圆面向上拉 100mm，如图 9-69 所示。

图9-68

图9-69

3. 单击【偏移】按钮，将圆面向内偏移复制 50mm，如图 9-70 所示。
4. 单击【推/拉】按钮，将偏移复制面向下推 50mm，如图 9-71 所示。

图9-70

图9-71

5. 单击【矩形】按钮，绘制矩形面，如图 9-72 所示。

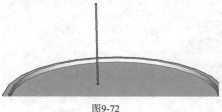

图9-72

6. 选中矩形面的边线，单击右键，从弹出的菜单中选择【隐藏】命令，将边线隐藏，如图 9-73 所示。
7. 选中面，单击【移动】按钮，按住 "Ctrl" 键不放，复制多个矩形面，如图 9-74 所示。

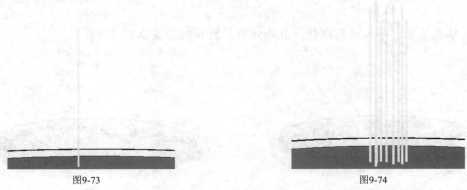

图9-73

图9-74

8. 选中所有矩形面，创建群组，再复制组，使矩形面密集排列，如图 9-75 所示。
9. 单击【拉伸】按钮，适当拉伸缩放矩形面，使它有层次感，如图 9-76 所示。

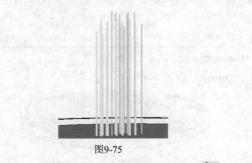

图9-75

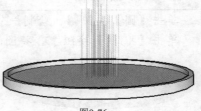

图9-76

10. 创建组，单击【移动】按钮，复制组，如图 9-77、图 9-78 所示。

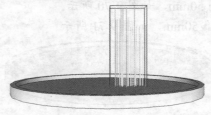

图9-77

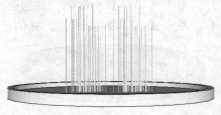

图9-78

11. 单击【颜料桶】按钮，给喷水填充一种白色透明颜色，如图 9-79、图 9-80 所示。

图9-79

图9-80

12. 填充喷池，导入荷花组件，最终效果如图 9-81、图 9-82 所示。

图9-81

图9-82

案例——创建花瓣喷泉

本案例主要是利用绘图工具制作一个花瓣喷泉，图 9-83 所示为效果图。

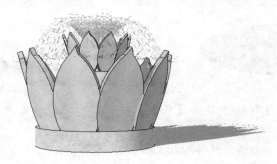

图9-83

 结果文件：\Ch09\园林水景设计\花瓣喷泉.skp
视频：\Ch09\花瓣喷泉.wmv

1. 单击【圆弧】按钮，绘制圆弧，如图 9-84 所示。
2. 单击【线条】按钮，绘制形状，如图 9-85、图 9-86、图 9-87 所示。

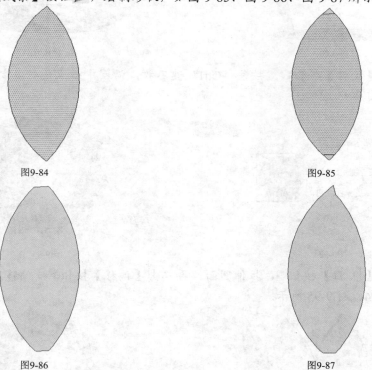

图9-84

图9-85

图9-86

图9-87

3. 单击【圆】按钮，绘制一个圆，然后将花瓣形状移到圆面上，如图 9-88、
图 9-89 所示。

图9-88

图9-89

4. 将花瓣形状创建群组，单击【旋转】按钮 ⟳，旋转一定角度，如图 9-90 所示。

5. 单击【推/拉】按钮 ⬇，拉伸形状，如图 9-91 所示。

图9-90

图9-91

6. 单击【旋转】按钮 ⟳，按住"Ctrl"键不放，沿圆中心点旋转复制，如图 9-92、图 9-93 所示。

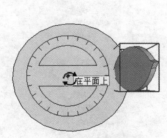

图9-92

图9-93

7. 单击【推/拉】按钮 ⬇，拉伸圆面，再单击【偏移】按钮 ⬈，偏移复制面，如图 9-94、图 9-95 所示。

图9-94

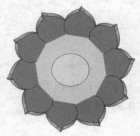

图9-95

8. 单击【推/拉】按钮，拉伸圆面，如图 9-96 所示。

图9-96

9. 单击【偏移】按钮和【推/拉】按钮，向下推拉出一个洞口，如图 9-97 所示。

10. 单击【移动】按钮，复制花瓣，并调整大小，如图 9-98 所示。

图9-97

图9-98

11. 填充材质，导入水组件，如图 9-99、图 9-100 所示。

图9-99

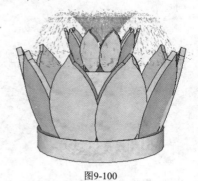

图9-100

案例——创建石头

本案例主要应用绘图工具和插件工具创建石头模型，图 9-101 所示为效果图。

图9-101

结果文件：\Ch09\园林水景设计\石头.skp
视频：\Ch09\石头.wmv

1. 单击【矩形】按钮■，绘制矩形面，然后单击【推/拉】按钮🡅，拉伸矩形，如图 9-102 所示。

图9-102

2. 打开细分光滑插件，单击【细分光滑】按钮🔲，细分模型，如图 9-103、图 9-104 所示。

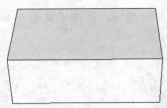

图9-103　　　　　　　　　　　　　　　　　　　图9-104

3. 选择【视图】/【隐藏几何图形】命令，显示虚线，如图 9-105 所示。

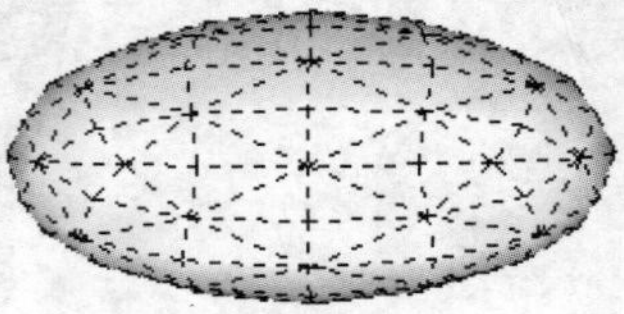

图9-105

4. 单击【移动】按钮🡅，移动节点，做出石头形状，如图 9-106、图 9-107 所示。

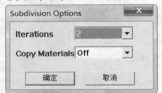　　　　　　

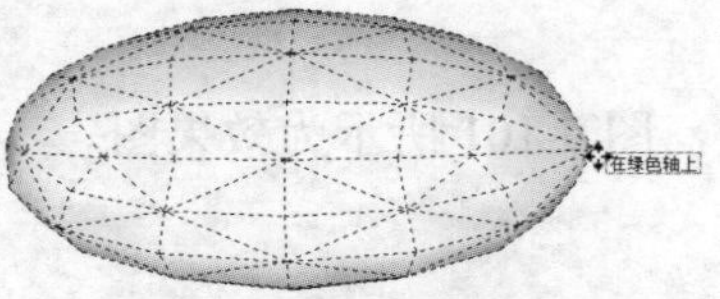

图9-106 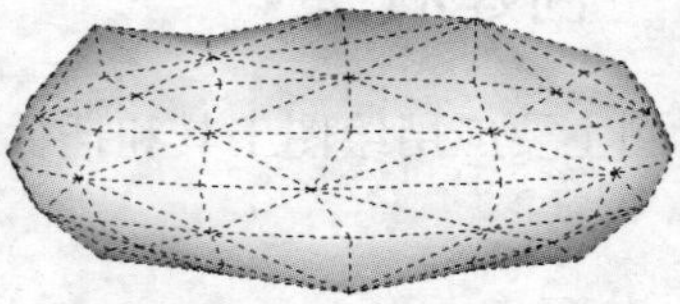　　　　　　　　　　　　　　　　　　　图9-107

5. 取消显示虚线，填充材质，如图 9-108、图 9-109 所示。

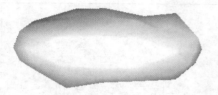

图9-108

图9-109

6. 单击【拉伸】按钮和【移动】按钮，进行自由缩放和复制石头，并添加一些植物组件，如图 9-110 所示。

图9-110

案例——创建汀步

本案例主要应用绘图工具和插件工具创建水池和草丛中的汀步模型，图 9-111 所示为效果图。

图9-111

 结果文件：\Ch09\园林水景设计\汀步.skp
视频：\Ch09\汀步.wmv

1. 单击【矩形】按钮，绘制一个长宽分别为 5000mm 和 4000mm 的矩形面，如图 9-112 所示。
2. 单击【圆】按钮，绘制一个圆面，如图 9-113 所示。

图9-112　　　　　　　　　　　　　　图9-113

3.　单击【圆弧】按钮，绘制几段圆弧相接，单击【擦除】按钮，将多余的
　　线擦掉，形成花形水池面，如图 9-114、图 9-115 所示。

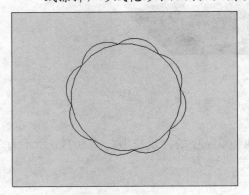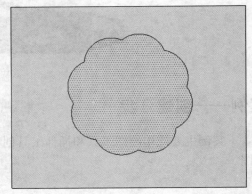

图9-114　　　　　　　　　　　　　　图9-115

4.　单击【偏移】按钮，向里偏移一定距离，且单击【推/拉】按钮，分别向
　　上推拉 100mm 和向下推拉 200mm，如图 9-116、图 9-117 所示。

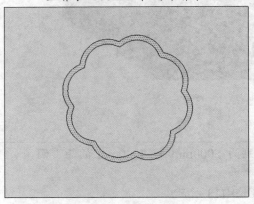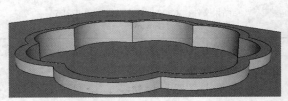

图9-116　　　　　　　　　　　　　　图9-117

5.　单击【颜料桶】按钮，为水池底面填充石子材质，如图 9-118 所示。

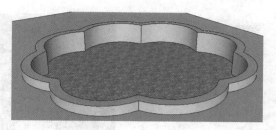

图9-118

6. 单击【移动】按钮 ，将石子面向上复制，并填充水纹材质，如图 9-119 所示。

7. 单击【徒手画笔】按钮 ，任意在水池面和地面绘制曲线面，如图 9-120 所示。

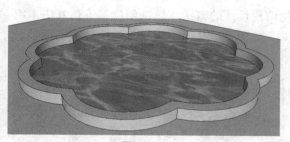

图9-119

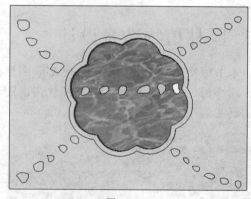

图9-120

8. 单击【推/拉】按钮 ，将水池中的曲线面，分别向上和向下推拉，如图 9-121 所示。

9. 继续单击【推/拉】按钮 ，推拉地面上的曲线面，如图 9-122 所示。

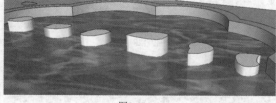

图9-121

图9-122

10. 为水池、地面、汀步填充材质，如图 9-123、图 9-124 所示。

图9-123

图9-124

11. 在汀步的周围添加植物、花草、人物组件，如图 9-125、图 9-126 所示。

图9-125

图9-126

9.3 园林植物造景设计

本节以实例的方式讲解 SketchUp 园林植物造景设计的方法，包括创建二维仿真树木组件、冰棒树、树凳、绿篱、马路绿化带，图 9-127 至图 9-130 所示为常见的园林植物造景设计的真实效果图。

图9-127

图9-128

图9-129

图9-130

案例——创建二维仿真树木组件

本案例主要利用一张植物图片制作成二维植物组件，图 9-131 所示为效果图。

图9-131

 源文件：\Ch09\植物图片.jpg
结果文件：\Ch09\园林植物造景设计\二维仿真树木组件.skp
视频：\Ch09\二维仿真树木组件.wmv

1.　启动 Photoshop 软件，打开植物图片，如图 9-132 所示。

图9-132

2.　双击图层进行解锁，选择【魔棒】工具，将白色背景删除，其过程如图 9-133、图 9-134、图 9-135 所示。

图9-133

图9-134

图9-135

3.　选择【文件】/【存储】命令，在【格式】下拉列表中选择 PNG 格式，如图 9-136 所示。

图9-136

4. 在 SketchUp 中选择【文件】/【导入】命令，在【文件类型】下拉列表中选择 PNG 格式，如图 9-137 所示。

提示：PNG 格式可以存储透明背景图片，而 JPG 格式不能存储透明背景图片。在导入到 SketchUp 时，PNG 格式非常方便。

5. 在导入到 SetchUp 的图片上单击右键，从弹出的菜单中选择【分解】命令，将图片打散，如图 9-138 所示。

图9-137

图9-138

6. 选中线条，单击右键，从弹出的菜单中选择【隐藏】命令，将线条全部隐藏，如图 9-139、图 9-140 所示。

图9-139

图9-140

7. 选中图片，以长方形面显示，单击【线条】按钮，绘制出植物的大致轮廓，如图 9-141、图 9-142 所示。

图9-141

图9-142

8. 将多余的面删除，再次将线条隐藏，如图 9-143、图 9-144 所示。

图9-143

图9-144

提示：绘制植物轮廓主要是为了显示阴影时呈树状显示，如不绘制轮廓，则只会以长方形阴影显示。边线只能隐藏而不能删除，否则会将整个图片删掉。

9. 选中图片，单击右键，从快捷菜单中选择【创建组件】命令，如图 9-145、图 9-146 所示。

图9-145

图9-146

10. 复制多个植物组件，调整阴影，如图 9-147、图 9-148 所示。

图9-147

图9-148

案例——创建三维冰棒树

本案例主要利用绘图工具制作三维植物冰棒树组件，图 9-149 所示为效果图。

图9-149

 结果文件：\Ch09\园林植物造景设计\三维冰棒树.skp
视频：\Ch09\三维冰棒树.wmv

1. 单击【矩形】按钮▱，绘制一个矩形面，如图 9-150 所示。
2. 单击【线条】按钮✎，绘制一个面，如图 9-151、图 9-152 所示。

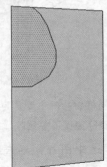

图9-150

图9-151

图9-152

3. 单击【圆】按钮⬤，在矩形面下方绘制一个圆，如图 9-153、图 9-154 所示。

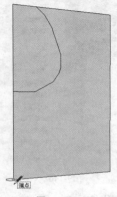

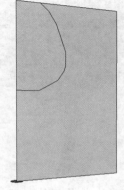

图9-153

图9-154

4. 选择圆面，单击【跟随路径】按钮🖐，最后单击选择绘制的面，放样出的形状如图 9-155 所示。

5. 将多余的边线删除，如图 9-156 所示。

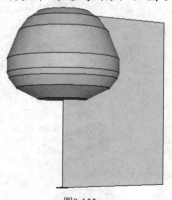

图9-155

图9-156

6. 选中形状，单击右键，在快捷菜单中选择【软化/平滑边线】命令，调整边线效果，如图 9-157、图 9-158、图 9-159 所示。

图9-157

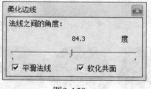

图9-158

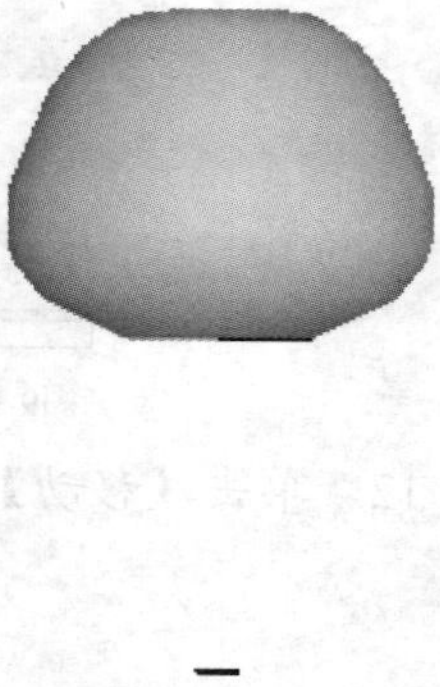

图9-159

7. 单击【推/拉】按钮⬆，将圆面向上拉，如图 9-160 所示。

8. 单击【矩形】按钮▣，绘制一个矩形面，如图 9-161 所示。

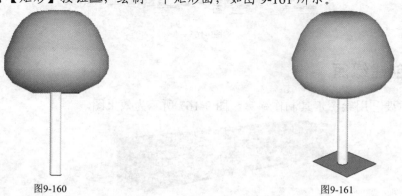

图9-160

图9-161

9. 单击【推/拉】按钮⬆，将矩形向上拉，如图 9-162 所示。

10. 单击【偏移】按钮🔗，向里偏移复制面，然后单击【推/拉】按钮⬆，向下推，如图 9-163、图 9-164 所示。

11. 单击【颜料桶】按钮，选择相应的材质填充，如图 9-165 所示。

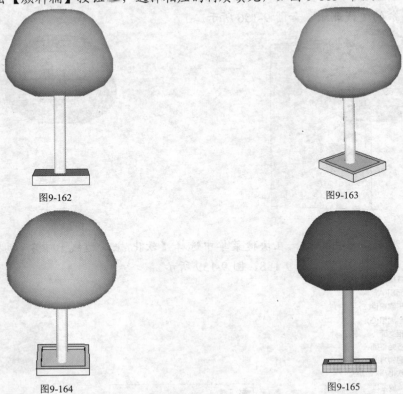

图9-162

图9-163

图9-164

图9-165

12. 单击【移动】按钮，复制多个树，调整角度，添加阴影，如图 9-166 所示。

图9-166

案例——创建绿篱

本案例主要利用绘图工具制作绿篱，图 9-167 所示为效果图。

图9-167

源文件：\Ch09\绿篱图片.jpg
结果文件：\Ch09\园林植物造景设计\绿篱.skp
视频：:\Ch09\绿篱.wmv

1. 启动 Photoshop 软件，打开植物图片，如图 9-168 所示。

图9-168

2. 双击图层进行解锁，选择【魔棒】工具，将白色背景删除，如图 9-169、图 9-170、图 9-171 所示。

图9-169

图9-170

图9-171

3. 选择【文件】/【存储】命令，在【格式】下拉列表中选择 PNG 格式，如图 9-172 所示。

图9-172

4. 启动 SketchUp，单击【矩形】按钮▭，绘制一个矩形面，如图 9-173 所示。

5. 单击【推/拉】按钮⬆，将矩形面向上拉一定高度，如图 9-174 所示。

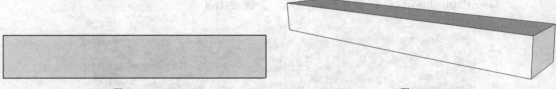

图9-173   图9-174

6. 单击【矩形】按钮▭，沿矩形边线绘制矩形面，如图 9-175、图 9-176 所示。

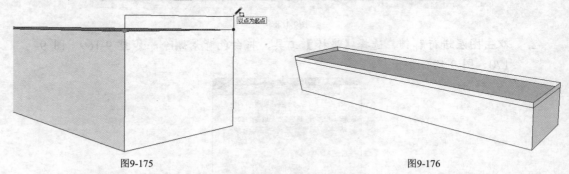

图9-175   图9-176

7. 单击【颜料桶】🖌，使用纹理图像，将处理后的 PNG 图片作为材质对当前模型进行填充，如图 9-177、图 9-178 所示。

图9-177

图9-178

8. 选中填充面，单击右键，选择【纹理】/【位置】命令，对材质进行贴图调整，如图 9-179、图 9-180 所示。

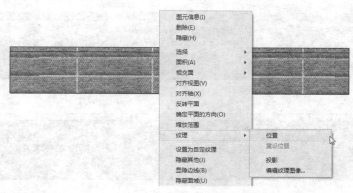

图9-179

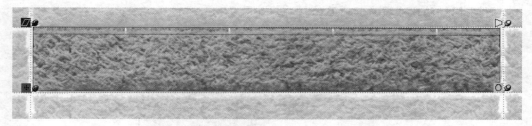

图9-180

9. 调整贴图坐标后，单击右键并选择【完成】命令，完成贴图效果，如图 9-181、图 9-182 所示。

图9-181

图9-182

10. 单击【样本颜料】按钮，吸取下方矩形面材质，再对着上方矩形面单击，形成无缝相连接形状，如图 9-183、图 9-184、图 9-185 所示。

图9-183

图9-184

图9-185

11. 利用同样的方法填充其他面的材质，如图 9-186 所示。

图9-186

案例——创建树池坐凳

树池是种植树木的植槽，树池处理得当，不仅有助于树木生长，美化环境，还具备满足行人的需求，夏天可以在树荫下乘凉，冬天坐在木质的座凳上也不会让人感觉特别冷。图 9-187 所示为本案例效果图。

图9-187

结果文件：\Ch09\园林植物造景设计\树池坐凳.skp
视频：\Ch09\树池坐凳.wmv

1. 单击【矩形】按钮，绘制一个长度均为 5000mm 的矩形，如图 9-188 所示。

2. 单击【推/拉】按钮，将矩形面向上拉 1000mm，如图 9-189 所示。

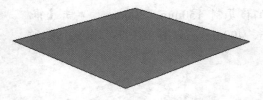

图9-188

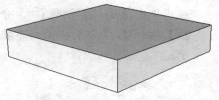

图9-189

3. 单击【矩形】按钮 ▢，在四个面绘制几个相同的矩形面，如图 9-190、图 9-191 所示。

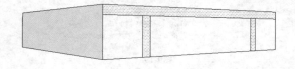

图9-190　　　　　　　　　　　　　　　　　　图9-191

提示：在绘制矩形面时，为了精确绘制，可以采用辅助线进行测量再绘制。

4. 单击【推/拉】按钮 ▲，将中间的矩形面分别向里推 600mm，将其他面依次推拉，如图 9-192、图 9-193、图 9-194 所示。

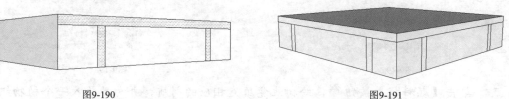

图9-192　　　　　　　　　　　　　　　　　　图9-193

图9-194

5. 单击【偏移】按钮 ⟲，向里偏移复制 1000mm。再单击【推/拉】按钮 ▲，将面向上拉 600mm，如图 9-195、图 9-196 所示。

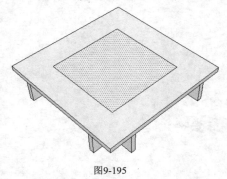

图9-195

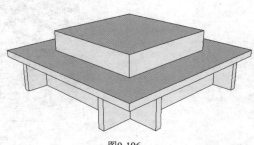

图9-196

6. 继续单击【偏移】按钮 ，分别向里偏移复制 150mm、300mm。单击【推/拉】按钮 ，分别将面向下推 250mm、400mm，如图 9-197、图 9-198 所示。

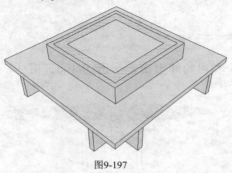

图9-197

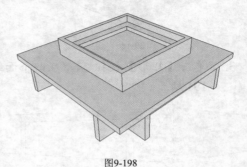

图9-198

7. 单击【颜料桶】按钮 ，给树池凳填充相应的材质，并为其导入一个植物组件，如图 9-199、图 9-200 所示。

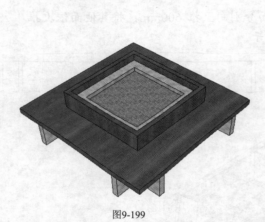

图9-199

图9-200

案例——创建花钵

本案例主要利用绘图工具制作一个花钵，图 9-201 所示为效果图。

图9-201

结果文件：\Ch09\园林植物造景设计\花钵.skp
视频：\Ch09\花钵.wmv

1. 单击【多边形】按钮▼，创建一个八边形，如图 9-202 所示。
2. 单击【圆弧】按钮，绘制圆弧，如图 9-203 所示。

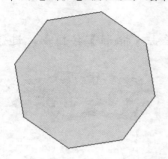
图9-202

图9-203

3. 将多余的边线删除，如图 9-204 所示。

图9-204

4. 单击【线条】按钮，绘制直线，如图 9-205、图 9-206 所示。

图9-205　　　　　　　　　　　　　　　　　图9-206

5. 单击【圆弧】按钮，绘制圆弧，形成截面，如图 9-207、图 9-208 所示。

图9-207　　　　　　　　　　　　　　　　　图9-208

6. 选择多边形面，单击【跟随路径】按钮，最后选择截面，放样效果如图 9-209 所示。

图9-209

7. 单击【偏移】按钮 ，向内偏移复制面，且单击【推/拉】按钮 ，进行推拉，如图 9-210、图 9-211 所示。

图9-210

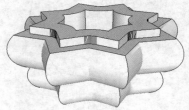

图9-211

8. 将花钵创建群组，单击【多边形】按钮 ▽，绘制多边形，如图 9-212、图 9-213、图 9-214 所示。

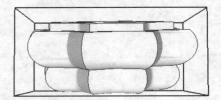

图9-212

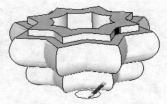

图9-213

9. 单击【推/拉】按钮 ，拉出一定高度，如图 9-215 所示。

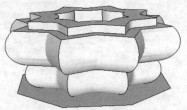

图9-214

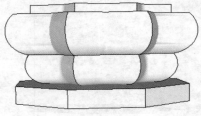

图9-215

10. 单击【偏移】按钮 ，向里偏移复制，然后单击【推/拉】按钮 ，向下推一定距离，如图 9-216、图 9-217 所示。

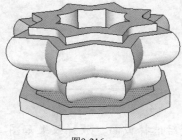

图9-216

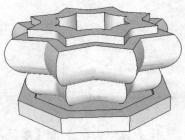

图9-217

11. 单击【线条】按钮✐，进行面封闭，如图 9-218 所示。
12. 单击【推/拉】按钮♦，向下推一定距离，如图 9-219 所示。

图9-218

图9-219

13. 填充适合的材质，导入植物组件，如图 9-220、图 9-221 所示。

图9-220

图9-221

案例——创建花架

本案例主要利用绘图工具制作一个花架，图 9-222 所示为效果图。

图9-222

结果文件：\Ch09\园林植物造景设计\花架.skp
视频：\Ch09\花架.wmv

一、花墩

1. 单击【矩形】按钮▦，画出一个边长为 2000mm 的正方形，如图 9-223 所示。
2. 单击【推/拉】按钮♦，将正方形拉高 3000mm，如图 9-224 所示。

图9-223

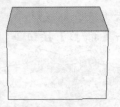

图9-224

3.　单击【偏移】按钮 ，向外偏移复制 400mm，然后单击【推/拉】按钮 ，向上拉 500mm，如图 9-225、图 9-226 所示。

4.　单击【擦除】按钮 ，擦除掉多余的线条，即可变成一个封闭面，如图 9-227 所示。

图9-225

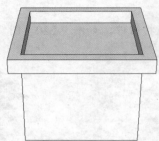

图9-226

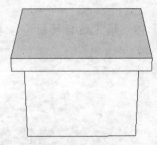

图9-227

5.　单击【偏移】按钮 ，向里进行偏移复制 400mm，然后单击【推/拉】按钮，向上拉 500mm，如图 9-228、图 9-229 所示。

6.　再重复上一步操作，这次拉高距离为 300mm，如图 9-230 所示。

图9-228

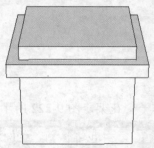

图9-229

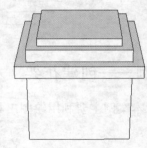

图9-230

7.　单击【圆弧】按钮 ，画一个与矩形相切的倒角形状，如图 9-231、图 9-232 所示。

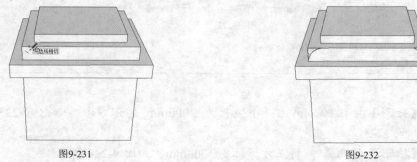

图9-231

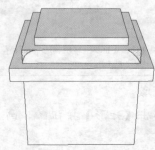

图9-232

8. 选择圆弧面，单击【跟随路径】按钮，按住 Alt 键不放，对着倒角向矩形面进行变形，即可变成一个倒角形状，如图 9-233 所示。

9. 单击【圆弧】按钮，在矩形面上绘制一个长为 600mm，向外凸出为 300mm 的 4 个圆弧组成的花瓣形状，如图 9-234、图 9-235 所示。

图9-233   图9-234   图9-235

10. 单击【偏移】按钮，向外偏移复制 100mm，然后单击【推/拉】按钮，将面向外拉 100mm，如图 9-236、图 9-237 所示。

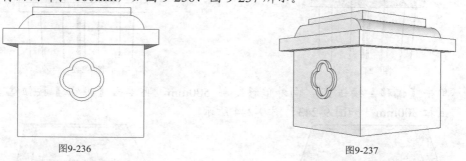

图9-236   图9-237

二、花柱

1. 单击【矩形】按钮，在矩形面上先画 4 个矩形，再分别在 4 个矩形里画小矩形，如图 9-238、图 9-239 所示。

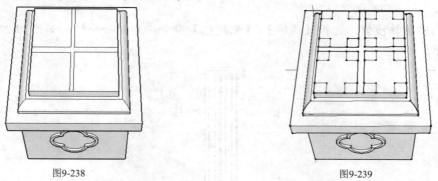

图9-238   图9-239

2. 单击【推/拉】按钮，将 4 个面向上拉 12000mm，如图 9-240 所示。

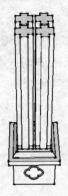

图9-240

3. 单击【矩形】按钮 ![]，在花柱上画一个矩形面，如图 9-241 所示。

4. 单击【推/拉】按钮 ![]，向上拉300mm，如图 9-242 所示。

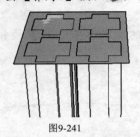

图9-241

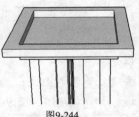

图9-242

5. 单击【偏移】按钮 ![]，向外偏移复制 500mm，再单击【推/拉】按钮 ![]，向上拉 300mm，如图 9-243、图 9-244 所示。

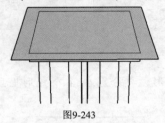

图9-243

图9-244

6. 选中花柱模型，选择【编辑】/【创建组】命令，创建一个组，如图 9-245 所示。

图9-245

三、花托

1. 单击【线条】按钮 ✎，画两条长度都为 5000mm 的直线，单击【圆弧】按钮 ⌒，连接两条直线，如图 9-246、图 9-247 所示。

图9-246   图9-247

2. 单击【推/拉】按钮 ⬆，将面拉出一定高度，将推拉后的模型移到花柱上，如图 9-248、图 9-249 所示。

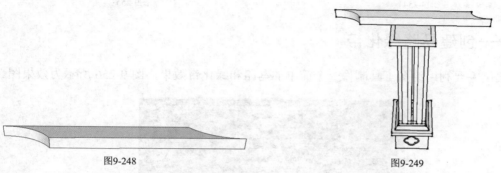

图9-248   图9-249

3. 选中模型，单击【拉伸】按钮 ⬛，对它进行位伸变化，如图 9-250 所示。

4. 单击【移动】按钮 ✥，复制两个，放在适应的位置上，如图 9-251 所示。

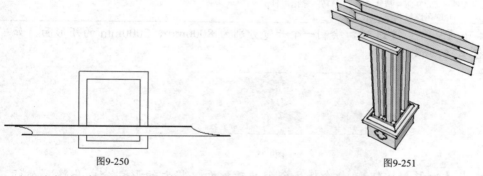

图9-250   图9-251

5. 将整个模型选中，创建群组，花托效果如图 9-252 所示。

6. 单击【移动】按钮 ✥，沿水平方向复制两个模型，摆放到相应位置上，如图 9-253 所示。

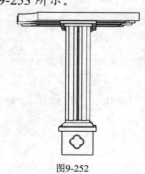

图9-252

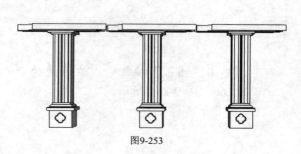

图9-253

7. 选择一种适合的材质填充，如图 9-254 所示。

8. 导入一些花篮和椅子组件，最终效果如图 9-255 所示。

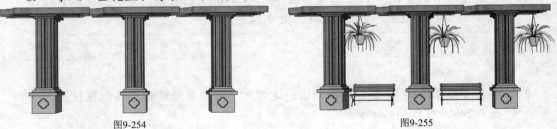

图9-254   图9-255

案例——创建马路绿化带

本案例主要利用绘图工具制作一个简单的马路和绿化带效果，图 9-256 所示为效果图。

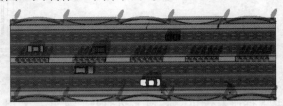

图9-256

 源文件：\Ch09\马路图片.jpg
结果文件：\Ch09\园林植物造景设计\马路绿化带.skp
视频：\Ch09\马路绿化带.wmv

1. 单击【矩形】按钮 ▦，绘制一个长宽分别为 8000mm、2000mm 的矩形面，如
图 9-257 所示。

图9-257

2. 单击【矩形】按钮 ▦，绘制几个小的矩形面，将大矩形划分成马路、人行
道、绿化带几部分，如图 9-258、图 9-259 所示。

图9-258 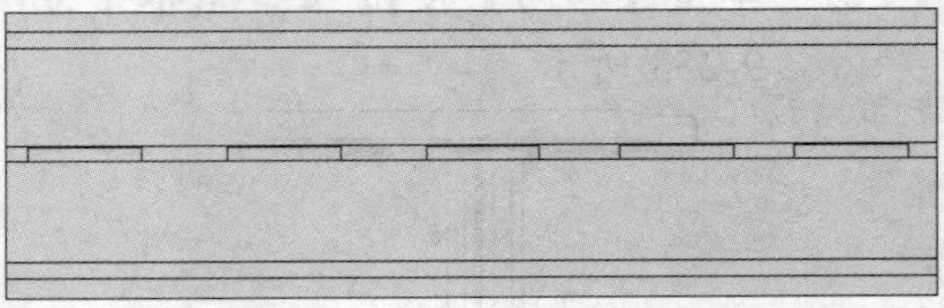   图9-259

3. 单击【圆弧】按钮 ⌒，在两边的矩形面绘制长为 1600mm 的圆弧，如图 9-
260、图 9-261 所示。

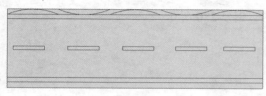

图9-260

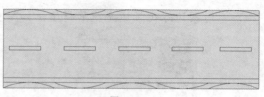

图9-261

4. 单击【偏移】按钮 ，将圆弧面、矩形面向里偏移复制 20mm，如图 9-262、图 9-263、图 9-264 所示。

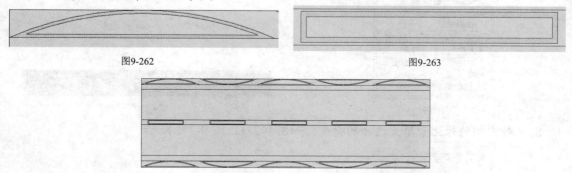

图9-262

图9-263

图9-264

5. 单击【推/拉】按钮 ，将矩形面分别向上推拉 50mm、70mm，如图 9-265、5-266 所示。

图9-265

图9-266

6. 单击【颜料桶】按钮 ，对两边的绿化带填充草坪材质，如图 9-267、图 9-268 所示。

图9-267

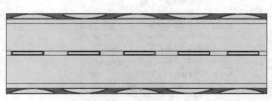

图9-268

7.　对两边绿化带填充花草材质，如图 9-269、图 9-270 所示。

图9-269

图9-270

8.　对中间的绿化带填充适合的材质，如图 9-271、图 9-272 所示。

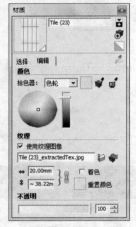

图9-271

图9-272

9.　对两边的人行道填充铺砖材质，如图 9-273、图 9-274 所示。

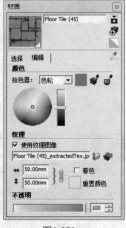

图9-273

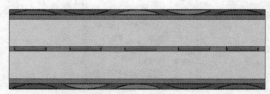

图9-274

10. 单击【推/拉】按钮 ⚓，将两边的绿化带分别向上拉 5mm、50mm、35mm，人行道拉高 10mm，如图 9-275、图 9-276 所示。

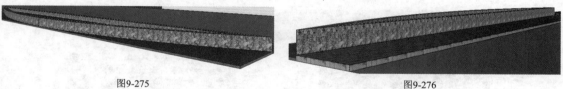

图9-275   图9-276

11. 导入马路图片，对两边的马路进行材质贴图，如图 9-277、图 9-278 所示。

图9-277 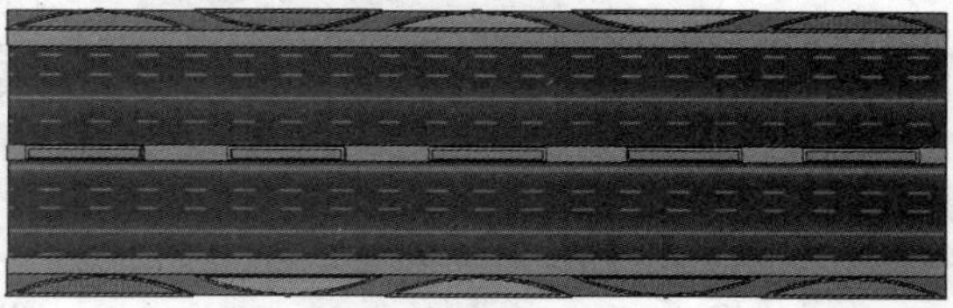   图9-278

12. 填充马路的材质有点错位，选中材质，单击右键，选择【纹理】/【位置】命令，调整贴图坐标，如图 9-279、图 9-280 所示。

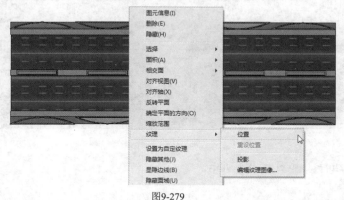

图9-279

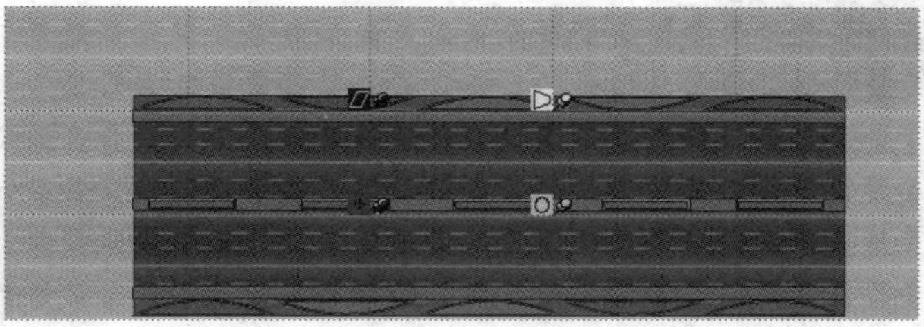

图9-280

13. 调整好贴图坐标以后，单击右键并选择【完成】命令，如图 9-281、图 9-282 所示。

图9-281

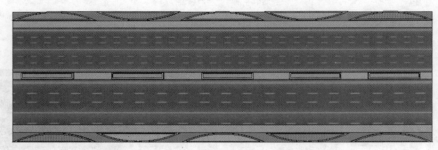

图9-282

14. 利用同样的方法完成另一边马路的材质贴图，效果如图 9-283 所示。

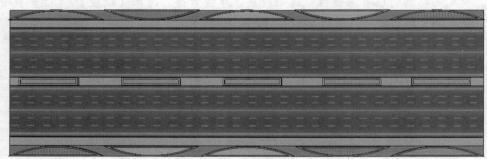

图9-283

15. 导入植物组件，如图 9-284 所示。

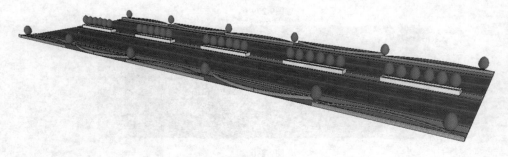

图9-284

16. 导入车辆和人物组件，如图 9-285、图 9-286 所示。

图9-285

图9-286

17. 为创建好的马路绿化带添加阴影，最终效果如图 9-287 所示。

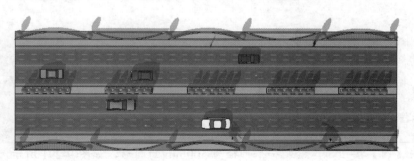

图9-287

9.4 园林景观照明小品设计

本节以实例的方式讲解 SketchUp 园林景观照明小品设计的方法，包括创建景观路灯、景观灯塔，图 9-288、图 9-289 所示为常见的园林景观照明设计的真实效果图。

图9-288

图9-289

案例——创建景观路灯

本案例主要利用绘图工具制作一个路灯模型，图 9-290 所示为效果图。

图9-290

 结果文件：\Ch09\园林照明小品设计\路灯.skp
视频：\Ch09\路灯.wmv

1. 单击【圆】按钮 ⬤，绘制一个半径为 500mm 的圆形，如图 9-291 所示。
2. 单击【推/拉】按钮 ⬆️，向上拉 200mm，如图 9-292 所示。

图9-291

图9-292

3. 单击【拉伸】按钮 📐，对圆柱面进行缩放拉伸变形操作，如图 9-293、图 9-294 所示。

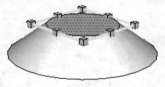

图9-293

图9-294

4. 单击【偏移】按钮，对拉伸面偏移复制一个小圆，如图 9-295 所示。

5. 单击【推/拉】按钮，向上拉 2500mm，如图 9-296 所示。

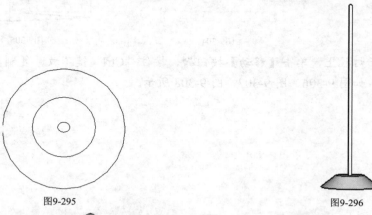

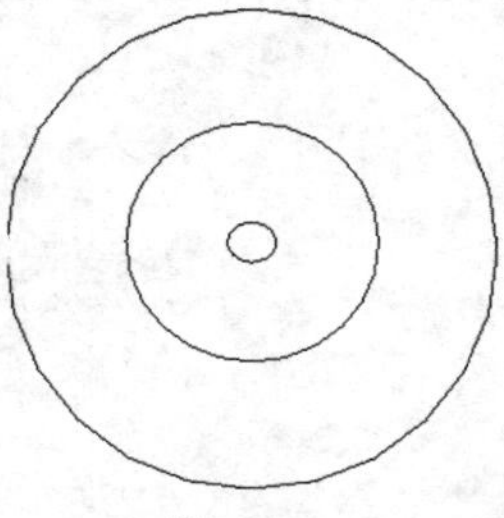

图9-295

图9-296

6. 单击【圆】按钮和【推/拉】按钮，绘制圆柱，如图 9-297 所示。

7. 将圆柱创建群组，单击【旋转】按钮，复制旋转圆柱，如图 9-298、图 9-299 所示。

图9-297

图9-298

8. 选择【编辑】/【创建组】命令，将两个圆柱创建群组，如图 9-300 所示。

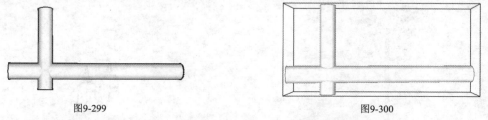

图9-299

图9-300

9. 单击【圆】按钮，绘制一个圆，单击【推/拉】按钮，向上拉 3mm，如图 9-301、图 9-302 所示。

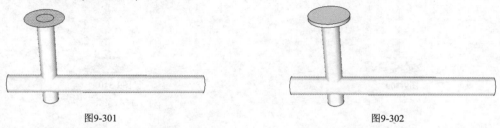

图9-301

图9-302

10. 利用之前所讲的跟随路径方法绘制一个球体，并将其球体放置于灯杆圆柱上，如图 9-303、图 9-304 所示。

11. 将模型创建一个群组，如图 9-305 所示。

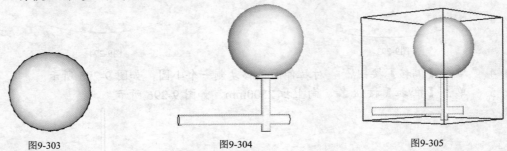

图9-303　　　　　　　　　　图9-304　　　　　　　　　　图9-305

12. 将灯放置于灯柱上，单击【移动】按钮，按住 "Ctrl" 键不放，复制多个灯交错放置，如图 9-306、图 9-307、图 9-308 所示。

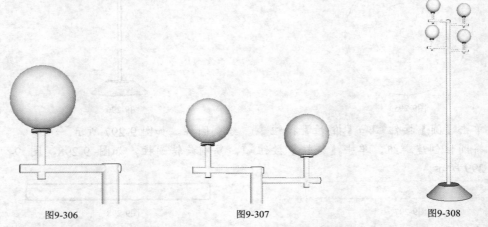

图9-306　　　　　　　　　　图9-307　　　　　　　　　　图9-308

13. 填充相应的材质，导入花篮组件，如图 9-309、图 9-310 所示。

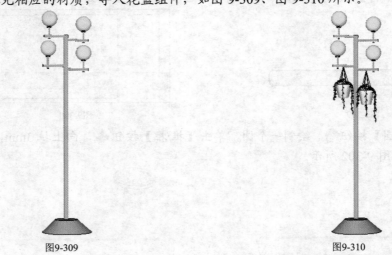

图9-309　　　　　　　　　　图9-310

案例——创建中式街灯

本案例主要利用绘图工具制作一个中式街灯模型，图 9-311 所示为效果图。

图9-311

结果文件：\Ch09\园林照明小品设计\中式街灯.skp
视频：\Ch09\中式街灯.wmv

1. 单击【多边形】按钮▽，绘制八边形，半径为 200mm，如图 9-312 所示。

2. 单击【推/拉】按钮，将多边形面向上拉 30mm，如图 9-313 所示。

图9-312　　　　　　　　　　　　　　　　　　　图9-313

3. 单击【圆】按钮●，绘制一个半径为 150mm 的圆，再单击【推/拉】按钮，向上拉高 300mm，如图 9-314、图 9-315 所示。

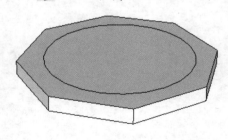　　　　　　　　　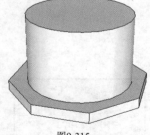

图9-314　　　　　　　　　　　　　　　　　　　图9-315

4. 单击【拉伸】按钮，分别向里缩放比例为 0.8，如图 9-316 所示。

5. 单击【偏移】按钮，向里偏移复制，距离为 10mm，再单击【推/拉】按钮，向上拉 30mm，如图 9-317、图 9-318 所示。

图9-316   图9-317   图9-318

6. 单击【推/拉】按钮 ↧，将里面的圆面向上拉 2000mm，再单击【拉伸】按钮 ⬚，同样进行缩放，比例为 "0.8"，如图 9-319、图 9-320 所示。

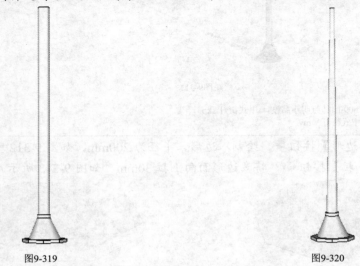

图9-319   图9-320

7. 单击【矩形】按钮 ▤，在灯柱顶上绘制一个长宽为 350mm 的矩形，且单击【推/拉】按钮 ↧，向上拉 20mm，如图 9-321、图 9-322 所示。

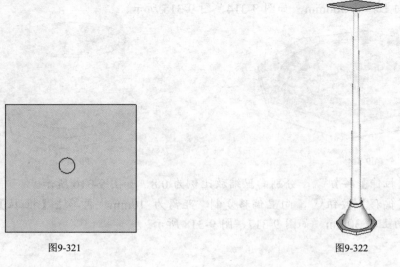

图9-321   图9-322

8. 单击【偏移】按钮，向里偏移复制 20mm，再单击【推/拉】按钮，向上拉 500mm，如图 9-323、图 9-324 所示。

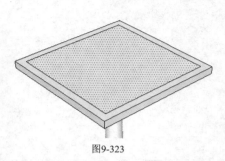

图9-323

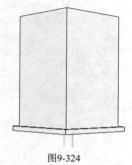

图9-324

9. 单击【偏移】按钮，将 4 个面分别向里偏移复制 20mm，如图 9-325 所示。

10. 单击【矩形】按钮，分别再在 4 个面绘制矩形面，如图 9-326 所示。

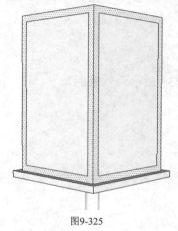

图9-325

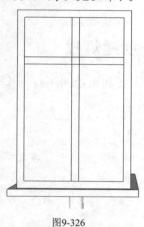

图9-326

11. 单击【推/拉】按钮，将 4 个面里的矩形面向里推 5mm，如图 9-327 所示。

12. 单击【偏移】按钮，向里偏移复制 10mm，再删除面，如图 9-328、图 9-329 所示。

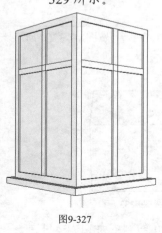

图9-327

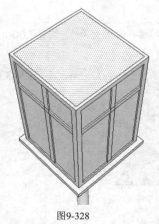

图9-328

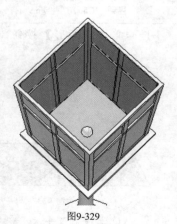

图9-329

13. 为创建好的中式街灯填充适合的材质，如图 9-330 所示。

图9-330

案例——创建灯柱

本案例主要利用绘图工具制作一个灯柱模型，图 9-331 所示为效果图。

图9-331

　结果文件：\Ch09\园林照明小品设计\灯柱.skp
视频：\Ch09\灯柱.wmv

1. 单击【矩形】按钮■，绘制一个长和宽均为 600mm 的矩形，如图 9-332 所示。

2. 单击【推/拉】按钮■，向上拉 600mm，如图 9-333 所示。

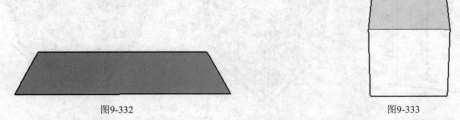

图9-332　　　　　　　　　　　　　　　　　　图9-333

3. 单击【圆】按钮●，在矩形面上绘制一个半径为 200mm 的圆，如图 9-334 所示。

4. 单击【偏移】按钮，对圆向外偏移复制 50mm，如图 9-335 所示。

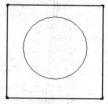

图9-334

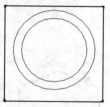

图9-335

5. 单击【推/拉】按钮，将第一个圆向里推 20mm，如图 9-336 所示。

6. 依次对 4 个矩形面制作同一种效果，如图 9-337 所示。

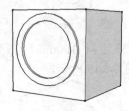

图9-336

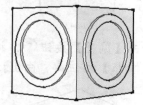

图9-337

7. 单击【偏移】按钮，将矩形面向外偏移复制 100mm，如图 9-338 所示。

8. 单击【推/拉】按钮，向上拉 100mm，如图 9-339 所示。

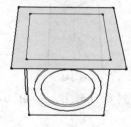

图9-338

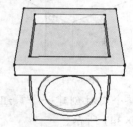

图9-339

9. 单击【多边形】按钮，绘制一个五边形，如图 9-340 所示。

10. 单击【推/拉】按钮，向上拉 2500mm，如图 9-341 所示。

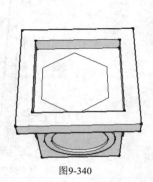

图9-340

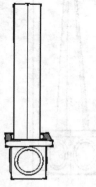

图9-341

11. 单击【拉伸】按钮，对多边形顶面进行拉伸变形，如图 9-342、图 9-343 所示。

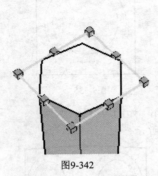

图9-342

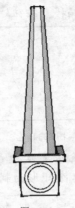

图9-343

12. 单击【偏移】按钮 ，将多边形顶面向外进行偏移复制 100mm，然后单击【推/拉】按钮 ，向上拉 100mm，如图 9-344、图 9-345 所示。

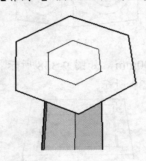

图9-344

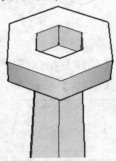

图9-345

13. 将整个灯柱创建一个群组，再绘制一个球体，放置到多边形上，如图 9-346、图 9-347 所示。

14. 填充适合材质，最终效果如图 9-348 所示。

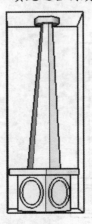

图9-346

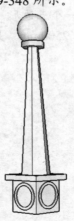

图9-347

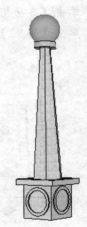

图9-348

9.5 园林景观设施小品设计

　　本节以实例讲解的方式介绍 SketchUp 景观服务设施小品设计的方法，包括创建休闲凳、石桌、栅栏、秋千、棚架、垃圾桶，图 9-349 至图 9-352 所示为常见的景观设施小品设计的真实效果图。

图9-349

图9-350

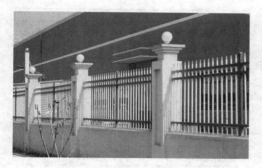

图9-351

图9-352

案例——创建休闲凳

　　本案例主要利用绘图工具制作一个公园里的凳子模型，图 9-353 所示为效果图。

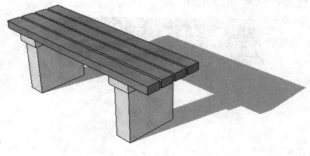

图9-353

结果文件：\Ch09\园林景观设施小品设计\休闲凳.skp
　　　　　视频：\Ch09\休闲凳.wmv

1. 单击【矩形】按钮▨，绘制矩形面，如图 9-354 所示。
2. 单击【移动】按钮▨，复制矩形面，如图 9-355 所示。

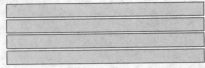

图9-354　　　　　　　　　　　　　　　　　　　图9-355

3. 单击【推/拉】按钮▨，推拉高度，如图 9-356 所示。
4. 将推拉的所有矩形创建群组，如图 9-357 所示。

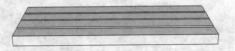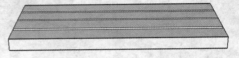

图9-356　　　　　　　　　　　　　　　　　　　图9-357

5. 单击【矩形】按钮▨，在底部绘制两个矩形面，如图 9-358 所示。
6. 单击【推/拉】按钮▨，向下拉一定距离，如图 9-359 所示。

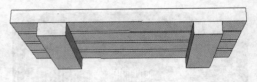

图9-358　　　　　　　　　　　　　　　　　　　图9-359

7. 单击【偏移】按钮▨，向里偏移复制一定距离，如图 9-360 所示。
8. 单击【推/拉】按钮▨，拉出一定高度，如图 9-361 所示。

图9-360　　　　　　　　　　　　　　　　　　　图9-361

9. 填充适合的材质，效果如图 9-362 所示。

图9-362

案例——创建石桌

本案例主要是利用绘图工具制作一个公园里的石桌模型，如图 9-363 所示为效果图。

图9-363

结果文件：\Ch09\园林景观设施小品设计\石桌.skp
视频：\Ch09\石桌.wmv

1. 单击【圆】按钮⬤，绘制一个半径为 500mm 的圆，如图 9-364 所示。
2. 单击【推/拉】按钮⬆，将圆面向上拉 300mm，如图 9-365 所示。

图9-364

图9-365

3. 单击【偏移】按钮，将圆面向内偏移复制 250mm，如图 9-366 所示。
4. 单击【推/拉】按钮⬆，将圆面向下拉 250mm，如图 9-367 所示。

图9-366

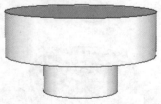

图9-367

5. 单击【偏移】按钮，将圆面向内偏移复制一个小圆，单击【推/拉】按钮⬇，将圆面向下推 200mm，如图 9-368 所示。
6. 单击【圆】按钮⬤，绘制一个半径为 150mm 的圆，单击【推/拉】按钮⬆，将圆面拉出 300mm，如图 9-369 所示。
7. 分别选中石桌和石凳，单击右键，从弹出的菜单中选择【创建组】命令，如图 9-370 所示。

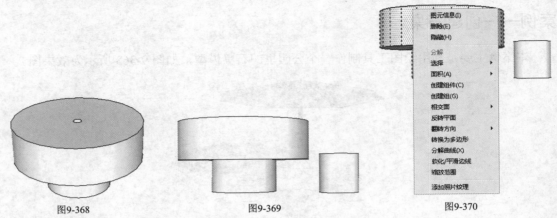

图9-368　　　　　　　　　　图9-369　　　　　　　　　　图9-370

8. 单击【移动】按钮 🔀 ，按住 "Ctrl" 键不放，再复制 3 个石凳，如图 9-371、图 9-372 所示。

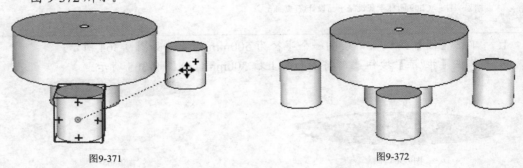

图9-371　　　　　　　　　　　　　　　　图9-372

9. 选择一种适合的材质填充，如图 9-373 所示。

10. 导入一把遮阳伞组件，最终效果如图 9-374 所示。

图9-373　　　　　　　　　　　　　　　　图9-374

案例——创建栅栏

本案例主要是利用绘制工具制作一个栅栏，图 9-375 所示为效果图。

图9-375

 结果文件：\Ch09\园林景观设施小品设计\栅栏.skp
视频：\Ch09\栅栏.wmv

1.　单击【矩形】按钮■，绘制一个长和宽都为 300mm 的矩形，如图 9-376 所示。

2.　单击【推/拉】按钮▲，向上拉 1200mm，如图 9-377 所示。

3.　单击【偏移】按钮，向外偏移复制面 40mm，如图 9-378 所示。

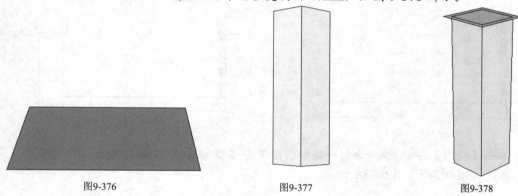

图9-376　　　　　　　　　　　　图9-377　　　　　　　　　　　　图9-378

4.　单击【推/拉】按钮▲，向下推 200mm，如图 9-379 所示。

5.　单击【推/拉】按钮▲，将矩形面向上拉 50mm，如图 9-380 所示。

6.　单击【拉伸】按钮，对推拉部分进行缩小，如图 9-381、图 9-382 所示。

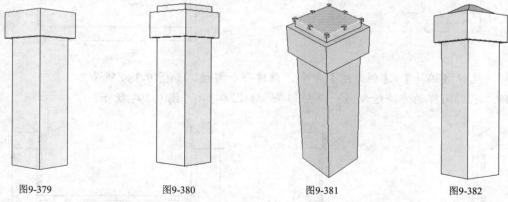

图9-379　　　　　　　图9-380　　　　　　　图9-381　　　　　　　图9-382

7.　选中模型，选择【编辑】/【创建组】命令，创建一个群组，如图 9-383 所示。

8. 单击【矩形】按钮▢，绘制一个长为 2000mm，宽为 200mm 的矩形，然后单击【推/拉】按钮⬆，向上拉 150mm，如图 9-384 所示。

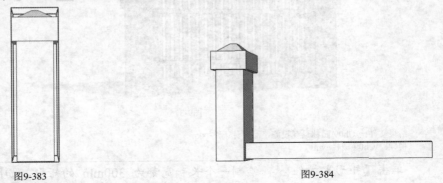

图9-383　　　　　　　　　　　　　　　图9-384

9. 利用之前讲过的绘制球体的方法，绘制一个球体并放于柱上，如图 9-385 所示。

10. 单击【移动】按钮✥，复制另一个石柱，如图 9-386 所示。

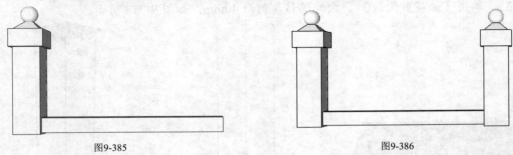

图9-385　　　　　　　　　　　　　　　图9-386

11. 单击【矩形】按钮▢，绘制一矩形面，单击【推/拉】按钮⬆，向上拉一定距离，如图 9-387、图 9-388 所示。

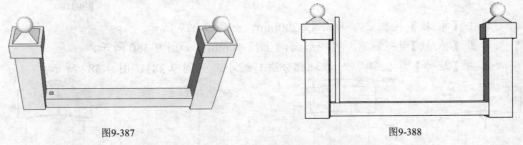

图9-387　　　　　　　　　　　　　　　图9-388

12. 选择【编辑】/【创建组】命令，创建一个群组，如图 9-389 所示。

13. 利用同样的方法绘制另一个矩形条，如图 9-390、图 9-391 所示。

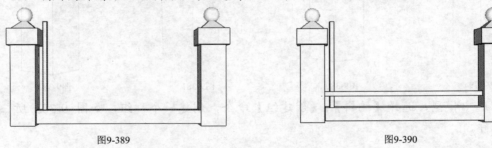

图9-389　　　　　　　　　　　　　　　图9-390

14. 单击【移动】按钮 ![], 按住 "Ctrl" 键不放, 进行等比例复制, 如图 9-392、图 9-393、图 9-394 所示。

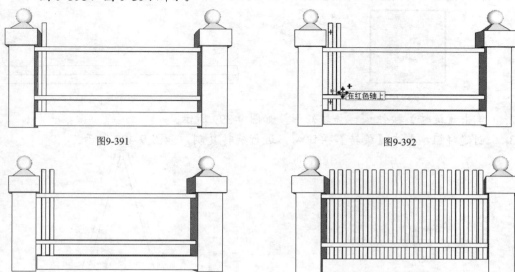

图9-391　　　　　　　　　　　　　　　　　　　　　图9-392

图9-393　　　　　　　　　　　　　　　　　　　　　图9-394

15. 填充适合的材质, 最终效果如图 9-395 所示。

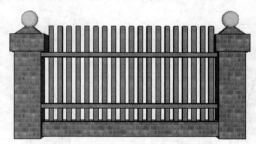

图9-395

案例——创建秋千

本案例主要利用绘制工具制作一个秋千, 图 9-396 所示为效果图。

图9-396

结果文件: \Ch09\园林景观设施小品设计\秋千.skp
视频: \Ch09\秋千.wmv

1. 单击【矩形】按钮■，绘制一个长和宽都为 300mm 的矩形，然后单击【推/拉】按钮↥，向右拉 2500mm，如图 9-397、图 9-398 所示。

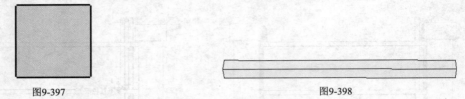

图9-397   图9-398

2. 单击【旋转】按钮↻，旋转矩形，如图 9-399 所示。

3. 创建群组，单击【旋转】按钮↻，进行旋转复制，如图 9-400 所示。

图9-399   图9-400

4. 将两个矩形创建群组，并单击【移动】按钮✥，进行复制，如图 9-401、图 9-402 所示。

图9-401   图9-402

5. 单击右键，从快捷菜单中选择【翻转方向】/【组为红色】命令，如图 9-403、图 9-404 所示。

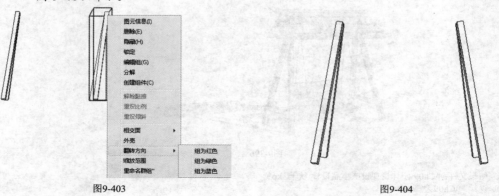

图9-403   图9-404

6. 单击【矩形】按钮█，绘制一个矩形面，然后单击【推/拉】按钮⬇，向上拉一定距离，如图 9-405、图 9-406 所示。

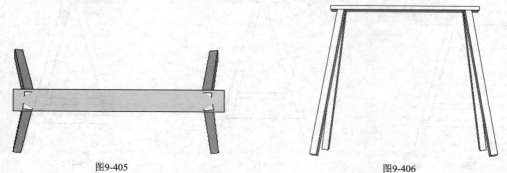

图9-405　　　　　　　　　　　　　　图9-406

7. 单击【矩形】按钮█，继续绘制一个矩形面，然后单击【推/拉】按钮⬇，拉伸一定距离，如图 9-407、图 9-408 所示。

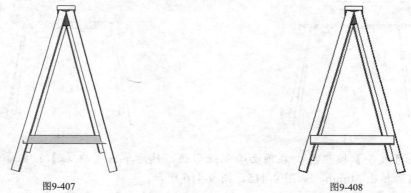

图9-407　　　　　　　　　　　　　　图9-408

8. 将矩形块创建组，单击【移动】按钮✴，将其复制到另一边，如图 9-409 所示。

图9-409

9. 单击【多边形】按钮▼，在侧面绘制一个三角形，然后单击【拉伸】按钮🖼，缩放三角形，如图 9-410、图 9-411、图 9-412 所示。

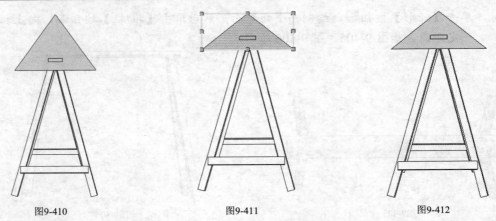

图9-410　　　　　　　　　图9-411　　　　　　　　　图9-412

10. 单击【推/拉】按钮 ，向另一边推，然后将下方的面删除，如图 9-413、图 9-414 所示。

图9-413　　　　　　　　　　　　　　　　　　　图9-414

11. 单击【线条】按钮 ，在顶面绘制矩形面，然后单击【推/拉】按钮 ，矩形面间隔拉出 30mm，如图 9-415、图 9-416 所示。

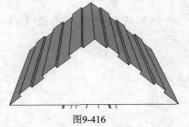

图9-415　　　　　　　　　　　　　　　　　　　图9-416

12. 单击【偏移】按钮 ，向里偏移复制 50mm，然后单击【推/拉】按钮 ，向外拉 50mm，如图 9-417、图 9-418、图 9-419 所示。

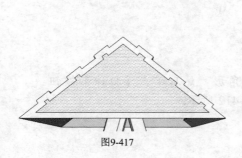
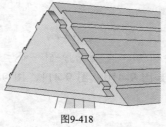

图9-417　　　　　　　　　　图9-418　　　　　　　　　图9-419

13. 单击【矩形】按钮▦，绘制一个矩形，然后单击【推/拉】按钮⬆，向上拉 1000mm，如图 9-420 所示。

14. 单击【线条】按钮✏，绘制一条线，将面分隔成两部分，然后单击【推/拉】按钮⬆，向里推一定距离，如图 9-421、图 9-422 所示。

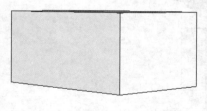

图9-420

图9-421

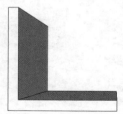

图9-422

15. 单击【线条】按钮✏，绘制线，然后单击【推/拉】按钮⬆，将面间隔向里推 30mm，如图 9-423、图 9-424 所示。

图9-423

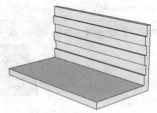

图9-424

16. 将形状创建群组，并移到秋千架下，如图 9-425 所示。

17. 单击【线条】按钮✏，绘制吊线，如图 9-426、图 9-427 所示。

图9-425

图9-426

18. 填充适合的材质，最终效果如图 9-428 所示。

图9-427

图9-428

案例——创建棚架

本案例主要利用绘制工具制作一个露天棚架，图 9-429 所示为效果图。

图9-429

 结果文件：\Ch09\园林景观设施小品设计\棚架.skp
视频：\Ch09\棚架.wmv

1. 单击【矩形】按钮▊，绘制长和宽均为 600mm 的矩形面，如图 9-430 所示。

图9-430

2. 单击【推/拉】按钮🔺，向上拉 2000mm，如图 9-431 所示。

3. 单击【偏移】按钮🎝，向外偏移复制 50mm，如图 9-432 所示。

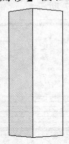

图9-431

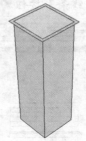

图9-432

4. 单击【推/拉】按钮🔺，分别向上拉 200mm、300mm，如图 9-433、图 9-434 所示。

图9-433

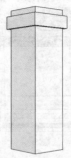

图9-434

5. 单击【偏移】按钮，再次偏移复制 200mm，向上推拉 200mm，如图 9-435 所示。

6. 选中模型，单击右键，从快捷菜单中选择【创建组】命令，如图 9-436 所示。

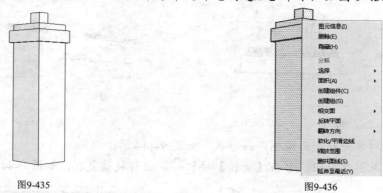

图9-435   图9-436

7. 单击【移动】按钮，按适合的距离复制 3 个，如图 9-437 所示。

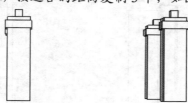

图9-437

8. 单击【矩形】按钮，绘制两个矩形面，然后单击【推/拉】按钮，向上拉 200mm，如图 9-438、图 9-439 所示。

图9-438   图9-439

9. 单击【矩形】按钮，绘制两个矩形面，然后单击【推/拉】按钮，分别向外和向里推拉 100mm，如图 9-440、图 9-441 所示。

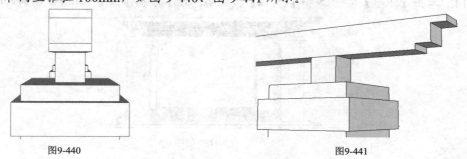

图9-440   图9-441

10. 单击【圆弧】按钮 ，绘制 3 段圆弧，单击【跟随路径】按钮 ，按住 "Alt" 键不放并拖动鼠标，如图 9-442、图 9-443 所示。

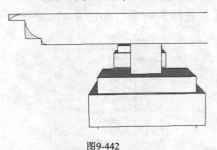

图9-442

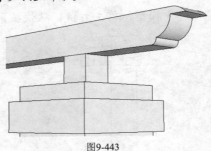

图9-443

11. 依次对其他矩形面绘制同样形状，如图 9-444 所示。

12. 将形状创建群组，单击【旋转】按钮 ，进行旋转复制，如图 9-445 所示。

图9-444

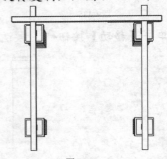

图9-445

13. 单击【拉伸】按钮 ，对形状进行缩放，单击【移动】按钮 ，进行水平复制，如图 9-446、图 9-447 所示。

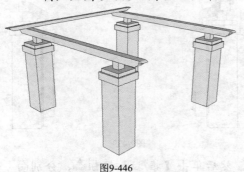

图9-446

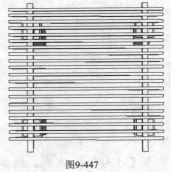

图9-447

14. 单击【矩形】按钮 和【推/拉】按钮 ，在下方制作出图 9-448 所示的石阶。

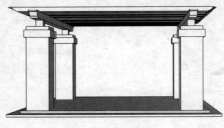

图9-448

15. 填充适合的材质，添加配景组件，如图 9-449、图 9-450 所示。

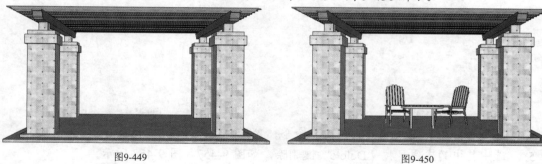

图9-449　　　　　　　　　　　　　　图9-450

案例——创建垃圾桶

本案例主要应用圆工具、线条工具、旋转工具来创建垃圾桶模型，图 9-451 所示为效果图。

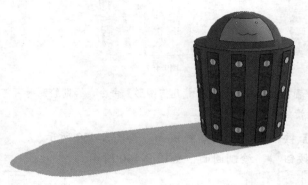

图9-451

结果文件：\Ch09\园林景观设施小品设计\垃圾桶.skp
视频：\Ch09\垃圾桶.wmv

1. 单击【圆】按钮 ●，绘制一个半径为 500mm 的圆，如图 9-452 所示。

2. 单击【推/拉】按钮 ◆，将圆向上推拉 1000mm，如图 9-453 所示。

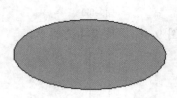

图9-452

图9-453

3. 单击【拉伸】工具 ◢，对圆柱底面进行拉伸缩放，如图 9-454、图 9-455 所示。

图9-454

图9-455

4.　选择【视图】/【隐藏几何图形】命令，显示虚线，如图 9-456 所示。

5.　选中其中的虚线，按"Delete"键删除，如图 9-457、图 9-458 所示。

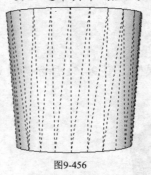

图9-456

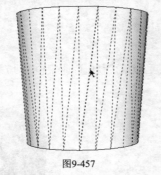

图9-457

图9-458

提示：当在圆柱上绘制平面时，必须显示【隐藏几何图形】命令，否则绘制时可能不会在圆柱平面上，就无法对绘制的面推拉效果。

6.　单击【线条】按钮 ✐，连接虚线成面，如图 9-459 所示。

7.　单击【圆】按钮 ●，绘制圆面，如图 9-460 所示。

图9-459

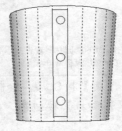

图9-460

8.　选中面，单击右键，选择【创建组】命令，如图 9-461、图 9-462 所示。

图9-461

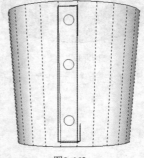

图9-462

9. 双击群组进入编辑状态，单击【推/拉】按钮，向外推拉一定距离，如图 9-463、图 9-464 所示。

10. 单击【旋转】按钮，选中模型，确定中心点，如图 9-465 所示。

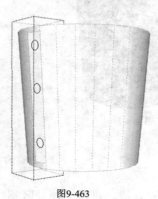

图9-463

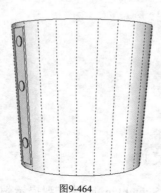

图9-464

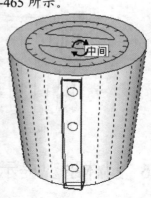

图9-465

11. 按住 "Ctrl" 键不放，在数值栏输入 "30°"，再输入 "11x"，进行旋转复制模型，按 "Enter" 键结束操作，如图 9-466、图 9-467 所示。

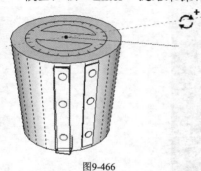

图9-466

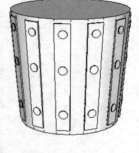

图9-467

12. 利用之前绘制球体的方法，绘制一个圆形放置在平面上，如图 9-468 所示。

13. 单击【线条】按钮，连接虚线成面，如图 9-469 所示。

14. 单击【圆】按钮和【圆弧】按钮，绘制形状，如图 9-470 所示。

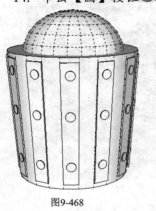

图9-468

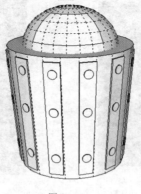

图9-469

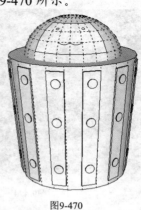

图9-470

15. 再次选择【视图】/【隐藏几何图形】命令，取消虚线，显示垃圾桶效果，如图 9-471 所示。

16. 为垃圾桶填充材质，如图 9-472 所示。

图9-471

图9-472

9.6　园林景观提示牌设计

本节以实例讲解的方式介绍 SketchUp 园林景观提示牌设计的方法，包括创建景区路线指示牌、景点指示牌、景区温馨提示牌，图 9-473 至图 9-475 所示为常见的园林景观提示牌设计的真实效果图。

图9-473

图9-474

图9-475

案例——创建温馨提示牌

本案例主要应用绘制工具来创建温馨提示牌模型，图 9-476 所示为效果图。

图9-476

 结果文件：\Ch09\园林景观提示牌设计\温馨提示牌.skp
视频：\Ch09\温馨提示牌.wmv

1. 单击【圆弧】按钮，绘制两段圆弧连接，如图 9-477 所示。

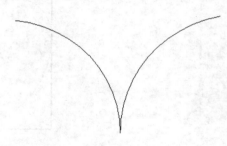

图9-477

2. 继续单击【圆弧】按钮，绘制两段圆弧连接，再单击【线条】按钮，将它们连接成面，如图 9-478、图 9-479 所示。

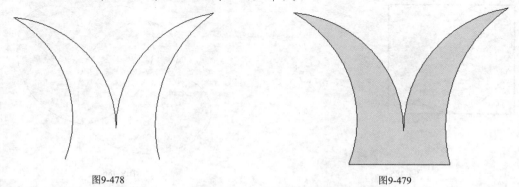

图9-478　　　　　　　　　　　　　　　图9-479

3. 单击【矩形】按钮，在下方绘制一个矩形面，如图 9-480 所示。

图9-480　绘制矩形面 1

4. 单击【圆弧】按钮 ⌒ ，绘制圆弧连接，如图 9-481、图 9-482 所示。

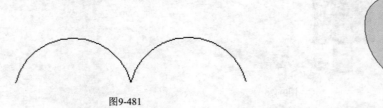

图9-481　　　　　　　　　　　　　　图9-482

5. 选中形状，单击右键，选择【创建组】命令，创建成群组，如图 9-483、图 9-484 所示。

图9-483

图9-484

6. 单击【旋转】按钮 ↻ ，按住 Ctrl 键不放，沿中点进行旋转复制，旋转角度设为"60°"，如图 9-485、图 9-486 所示。

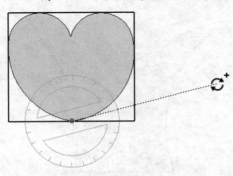

图9-485

图9-486

7. 选中第二个复制对象，沿中点继续旋转复制其他几个形状，如图 9-487、图 9-488 所示。

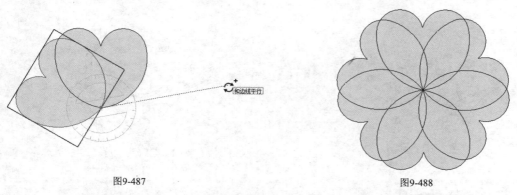

图9-487   图9-488

8. 选中形状，单击右键，选择【分解】命令，将形状进行分解，如图 9-489、图 9-490 所示。

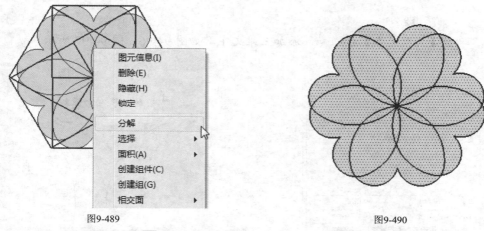

图9-489   图9-490

9. 单击【擦除】按钮，将多余的线擦掉，形成一朵花的形状，如图 9-491 所示。

10. 单击【圆】按钮，绘制两个圆形面，如图 9-492 所示。

11. 单击【圆弧】按钮，绘制两段圆弧连接，如图 9-493 所示。

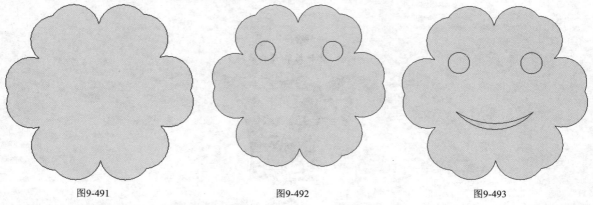

图9-491   图9-492   图9-493

12. 将两个形状分别创建群组，并进行组合，如图 9-494 所示。

13. 单击【推/拉】按钮，对形状进行推拉，如图 9-495 所示。

图9-494

图9-495

14. 单击【三维文本】按钮，添加三维文字，如图 9-496、图 9-497 所示。

图9-496

图9-497

15. 为创建好的模型填充适合的材质，如图 9-498 所示。

图9-498

案例——创建景区路线提示牌

本案例主要应用绘制工具来创建景区路线提示牌模型，图 9-499 所示为效果图。

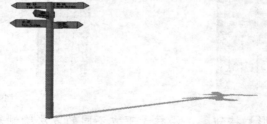

图9-499

结果文件：\Ch09\园林景观提示牌设计\景区路线提示牌.skp
视频：\Ch09\景区路线提示牌.wmv

1. 单击【圆】按钮 ，绘制一个半径为 200mm 的圆形，如图 9-500 所示。

图9-500

2. 单击【推/拉】按钮 ，向上推拉 6000mm，如图 9-501 所示。
3. 选择【视图】/【隐藏几何图形】命令，显示虚线，如图 9-502 所示。

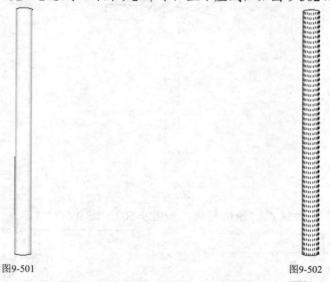

图9-501   图9-502

4. 单击【矩形】按钮 ，绘制矩形面。单击【推/拉】按钮 ，进行推拉，距离为 1500mm，如图 9-503、图 9-504 所示。

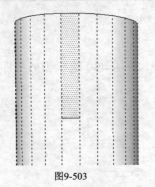

图9-503

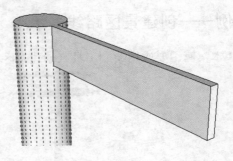

图9-504

5. 继续单击【矩形】按钮■，沿柱子下方不同的方法绘制矩形面。单击【推/拉】按钮⬇，推拉出的效果如图 9-505、图 9-506 所示。

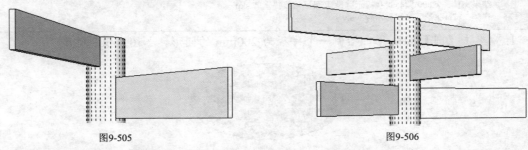

图9-505

图9-506

6. 再次选择【视图】/【隐藏几何图形】命令，取消虚线，如图 9-507 所示。

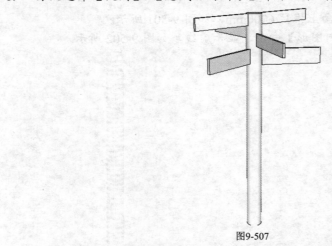

图9-507

7. 单击【线条】按钮✐，绘制形状，如图 9-508、图 9-509 所示。

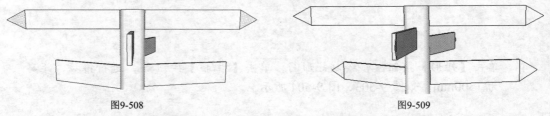

图9-508

图9-509

8. 单击【推/拉】按钮⬇，将形状进行推拉，距离与距离块一样，如图 9-510 所示。

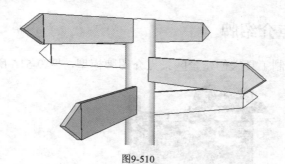

图9-510

9. 单击【三维文本】，添加三维文字，如图 9-511、图 9-512 所示。

图9-511

图9-512

10. 依次为其他提示牌添加三维文本，效果如图 9-513 所示。

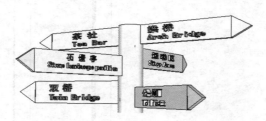

图9-513

11. 为创建好的景区路线提示牌填充适合的材质，如图 9-514、图 9-515 所示。

图9-514

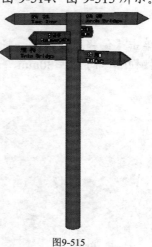

图9-515

案例——创建景点介绍牌

本案例主要应用绘制工具来创建景区景点介绍牌模型，图 9-516 所示为效果图。

图9-516

源文件：\Ch09\文字图片.jpg
结果文件：\Ch09\园林景观提示牌设计\景点介绍牌.skp
视频：\Ch09\景点介绍牌.wmv

1. 单击【矩形】按钮，绘制 3 个长宽都为 300mm 的矩形面，如图 9-517 所示。

2. 单击【推/拉】按钮，分别向上拉 3500mm，如图 9-518 所示。

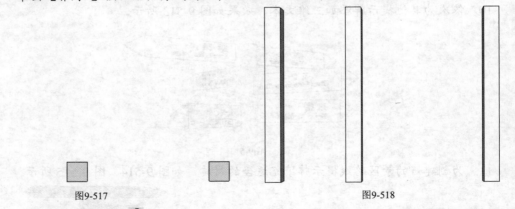

图9-517　　　　　　　　　　　　　　　　　　　图9-518

3. 单击【偏移】按钮，将第 3 个矩形面向里偏移复制 30mm。单击【推/拉】按钮，向上拉 30mm，如图 9-519、图 9-520 所示。

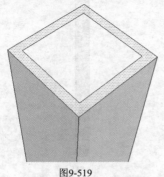

图9-519

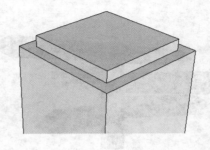

图9-520

4. 单击【偏移】按钮，向外偏移复制 50mm。单击【推/拉】按钮，将两个面向上拉 200mm，如图 9-521、图 9-522 所示。

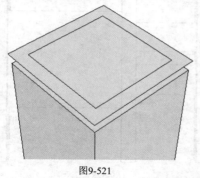

图9-521

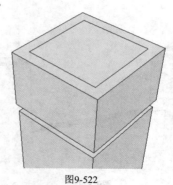

图9-522

5. 单击【擦除】按钮，将多余的线擦掉，如图 9-523 所示。

6. 将 3 个矩形柱分别创建群组，如图 9-524 所示。

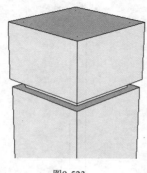

图9-523

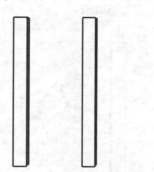

图9-524

7. 单击【矩形】按钮，绘制 3 个矩形面。单击【推/拉】按钮，向右拉一定距离，如图 9-525、图 9-526 所示。

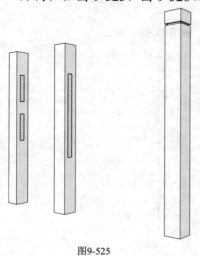

图9-525

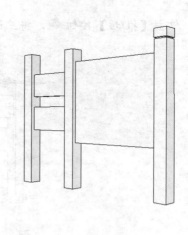

图9-526

8. 单击【矩形】按钮，继续绘制矩形面。单击【推/拉】按钮，推拉出效果，如图 9-527、图 9-528 所示。

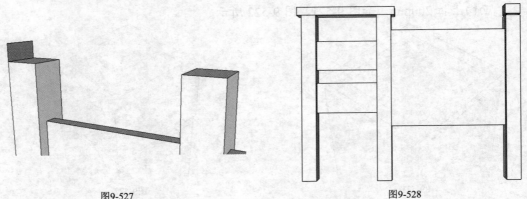

图9-527　　　　　　　　　　　　　图9-528

9.　单击【多边形】按钮 ▽，绘制三边形，如图 9-529、图 9-530 所示。

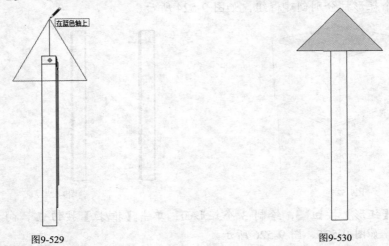

图9-529　　　　　　　　　　　　　图9-530

10.　单击【推/拉】按钮 ，将三边形进行推拉，如图 9-531 所示。

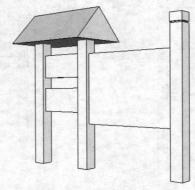

图9-531

11.　单击【线条】按钮 ，在顶面绘制直线。单击【推/拉】按钮 ，对绘制的面
　　　分别向上拉 20mm，如图 9-532、图 9-533 所示。

图9-532 图9-533

12. 单击【移动】按钮 ，在上方复制另一个形状，如图9-534所示。

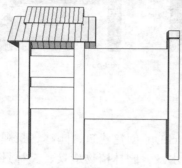

图9-534

13. 单击【三维文本】 ，添加三维文字，如图9-535、图9-536所示。

图9-535

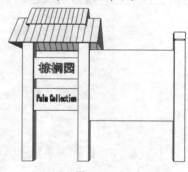

图9-536

14. 为另一边添加文字图片的材质贴图，如图9-537、图9-538所示。

图9-537

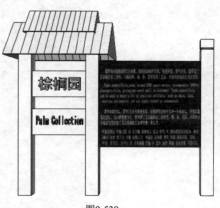

图9-538

15. 完善其他地方的材质，最终效果如图 9-539 所示。

图9-539

9.7　本章小结

　　本章主要学习了如何用 SketchUp 创建建筑、园林、景观模型，并参考真实设计图进行创建。主要包括建筑单体、园林水景、园林植物造景、园林景观照明小品、园林景观设施小品和园林景观提示牌设计。本章涉及的内容较多，且设计的风格不一，希望读者以此作为比较，创造出更多更好的园林景观建筑小品组件。

第10章　地形场景设计

本章介绍如何使用 SketchUp 中的沙盒工具，创建出不同的地形场景。

10.1　地形在景观中的应用

从地理角度来看，地形是指地貌和地物的统称。地貌是地表面高低起伏的自然形态，地物是地表面自然形成和人工建造的固定性物体。不同地貌和地物的错综结合，就会形成不同的地形，如平原、丘陵、山地、高原、盆地等。图 10-1、图 10-2 所示为常见的景观地形。

图10-1

图10-2

10.1.1　景观结构作用

在景观设计的各个要素中，地形可以说是最为重要的一个。地形是景观设计各个要素的载体，为其余各个要素如水体、植物、构筑物等的存在提供一个依附的平台。地形就像动物的骨架一样，没有地形就没有其他各种景观元素的立身之地，没有理想的景观地形，其他景观设计要素就不能很好地发挥作用。从某种意义讲，景观设计中的微地形决定着景观方案的结构关系，也就是说在地形的作用下景观中的轴线、功能分区、交通路线才能有效的结合。

10.1.2　美学造景

地形在景观设计中的应用发挥了极大的美学作用。微地形可以更为容易地模仿出自然的空间，如林间的斜坡，点缀着棵棵松柏杉木及遍布雪松的深谷等。中国的绝大多数古典园林都是根据地形来进行设计的，例如，苏州园林的名作狮子林和网师园、北京的寄畅园、扬州的瘦西湖等。它们都充分地利用了微小地形的起伏变换，或山或水，对空间精心巧妙的构建和建筑的布局，从而营造出让人难以忘怀的自然意境，给游人以美的享受。

地形在景观设计中还可以起到造景的作用。微地形既可以作为景物的背景，以衬托出主景，同时也起到增加景观深度，丰富景观层次的作用，使景点有主有次。由于微地形本身所具备的特征：波澜起伏的坡地、开阔平坦的草地、水面和层峦叠嶂的山地等，其自身就是景观。而且地形的起伏为绿化植被的立面发展创造了良好的条件，避免了植物种植的单一和单薄，使乔木、灌木、地被各类植物各有发展空间，相得益彰。图 10-3、图 10-4 所示为景观地形设计效果。

图10-3

图10-4

10.1.3　工程辅助作用

众所周知，城市是非农业人口聚集的居民点。城市空间给人一种建筑感和人工色彩非常厚重的压抑感。景观行业的兴起在很大程度上是受到人们对这种压抑的反抗。如明代计成所言"凡结林园，无分村郭，地偏为胜"，可见今天的城市限制了景观园林存在的方式。地形在改变这一状况上，发挥了很大的作用，地形可以通过控制景观视线来构成不同的空间类型。比如，坡地、山体和水体可以构成半封闭或封闭的景观公园。

地形的采用有利于景区内的排水，防止地面积涝。如在我国南方地区，雨水量比较充沛，微地形的起伏有助于雨水的排放。微地形的利用还可以增加城市绿地量。据研究表明，在一块面积为 5 平方米的平面绿地上可种植树木 2、3 棵，而设计成起伏的微地形后，树木的种植量可增加 1、2 棵，绿地量增加了 30%。

10.2　地形工具

SketchUp 地形工具，又称沙盒工具，使用沙盒工具可以生成和操纵表面。包括根据等高线创建、根据网络创建、曲面拉伸、曲面平整、曲面投射、添加细部、翻转边线 7 种工具。图 10-5 所示为沙盒工具条。

图10-5

在初次使用 SketchUp 时，沙盒工具是不会显示在工具栏上的，需要进行选择。在工具栏单击右键，并在弹出的快捷菜单中选择【沙盒】命令，可以调出【沙盒】工具条，如图10-6 所示。或者在菜单栏选择【视图】/【工具栏】命令，在弹出的【工具栏】对话框中将【沙盒】选项勾选即可，如图10-7 所示。

图10-6

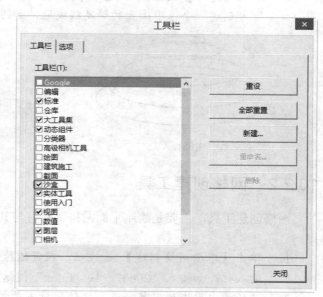

图10-7

10.2.1 等高线创建工具

等高线创建工具，可以封闭相邻等高线形成三角面。等高线可以是直线、圆、圆弧、曲线，将这些闭合或不闭合的线形成一个面，从而产生坡地。

1. 单击【圆】按钮⬤，绘制几个封闭曲面，如图10-8 所示。
2. 因为需要的是线而不是面，所以需要删除面，如图10-9 所示。

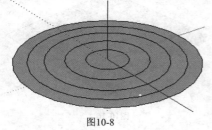

图10-8

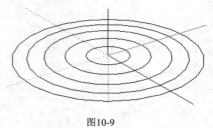

图10-9

3. 单击【选择】按钮，将每条线选中，单击【移动】按钮，移动每条线与蓝轴对齐，如图 10-10、图 10-11 所示。

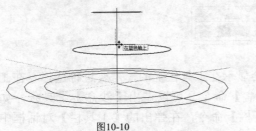

图10-10

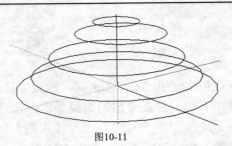

图10-11

4. 单击【选择】按钮 ，选中等高线，最后单击【根据等高线创建】按钮 ，
即可创建一个像小山丘的等高线坡地，如图 10-12、图 10-13 所示。

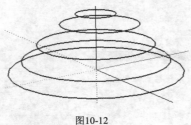

图10-12

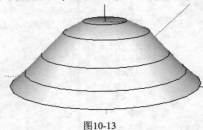

图10-13

10.2.2 网格创建工具

网格创建工具，主要是绘制平面网格，只有与其他沙盒工具配合使用，才能起到一定效果。

1. 单击【根据网格创建】 按钮，在数值控制栏出现以"栅格间距"为名称的输入栏，如输入"2000"，按"Enter"键结束操作。

2. 在场景中单击确定第一点，按住鼠标不放向右拖动，如图 10-14 所示。

图10-14

3. 单击确定第二点，向下拖动鼠标，如图 10-15 所示。

4. 单击确定网格面，从俯视图转换到等轴视图，如图 10-16 所示。

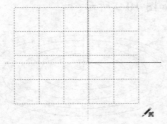

图10-15

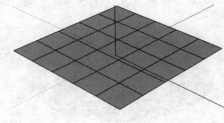

图10-16

10.2.3　曲面拉伸工具

曲面拉伸工具，主要对平面线、点进行拉伸，改变它的起伏度。

1.　双击网格，进入网格编辑状态，如图 10-17 所示。

2.　单击【曲面拉伸】按钮 ，进入曲面拉伸状态，如图 10-18 所示。

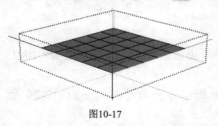
图10-17

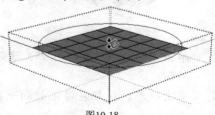
图10-18

3.　红色的圈代表半径大小，数值控制栏输入值可以改变半径大小，如输入 "5000"，按 "Enter" 键结束操作。对着网格按住鼠标左键不放，向上拖动，如图 10-19 所示。

4.　松开鼠标，在场景中单击一下，最终效果如图 10-20 所示。

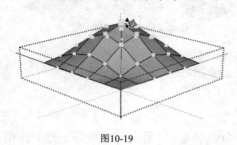
图10-19

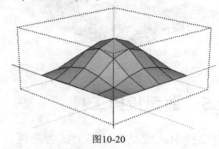
图10-20

5.　在数值控制栏中改变半径大小，如输入 "500"，曲面拉伸线效果如图 10-21 所示，曲面拉伸点效果如图 10-22 所示。

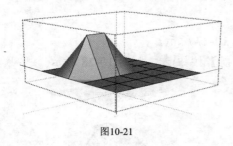
图10-21

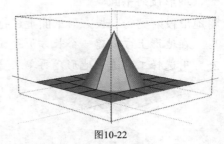
图10-22

10.2.4　曲面平整工具

曲面平整工具，当模型处于有高差距离倾斜时，使用曲面平整工具可以偏移一定的距离将模型放在地形上。

1.　绘制一个矩形模型，移动放置到地形中，如图 10-23 所示。

2.　再移动放置到地形上方，如图 10-24 所示。

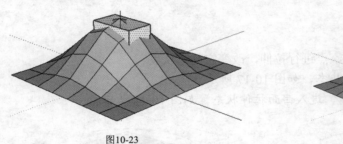

图10-23

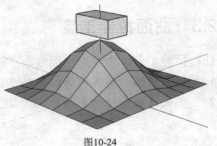

图10-24

3. 单击【曲面平整】按钮 ，这时矩形模型下方出现一个红色底面，如图 10-25 所示。

4. 单击地形，按住左键不放向上拖动，使矩形模型与曲面对齐，如图 10-26 所示。

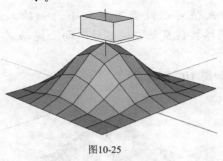

图10-25

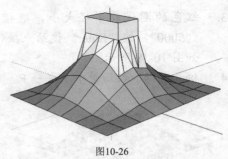

图10-26

10.2.5 曲面投射工具

曲面投射，就是在地形上放置路网，一是将地形投射到水平面上，在平面上绘制路网；二是在平面上绘制路网，再把路网放到地形上。

一、地形投射平面

将地形投射到一个长方形平面上进行。

1. 在地形上方创建一个长方形平面，如图 10-27 所示。

2. 用选择工具选中地形，再单击【曲面投射】按钮 ，如图 10-28 所示。

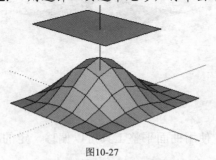

图10-27

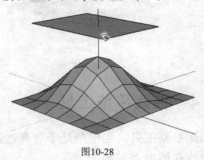

图10-28

3. 对着长方形单击确定，则将地形投射在水平面上，如图 10-29 所示。

二、平面投射地形

将一个圆形平面投射到地形上进行操作。

1. 在地形上方创建一个圆形平面，如图 10-30 所示。

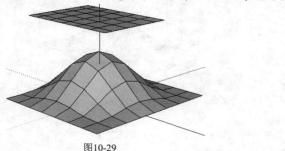

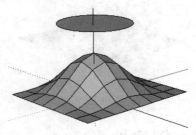

图10-29

图10-30

2. 用选择工具选中平面，再单击【曲面投射】按钮，如图 10-31 所示。
3. 对着地形单击确定，则将平面投射到地形中，如图 10-32 所示。

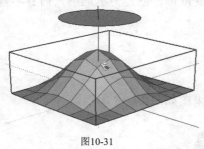

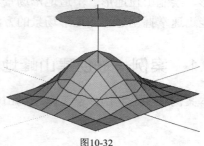

图10-31

图10-32

10.2.6 添加细部工具

添加细部工具，主要是将网格地形按需要进行细分，以达到精确的地形效果。

1. 双击进入网格地形编辑状态，如图 10-33 所示。
2. 选中网格地形，如图 10-34 所示。
3. 单击【添加细部】按钮，当前选中的几个网格即可以被细分，如图 10-35 所示。

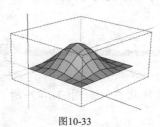

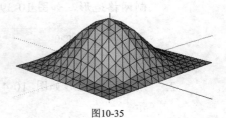

图10-33

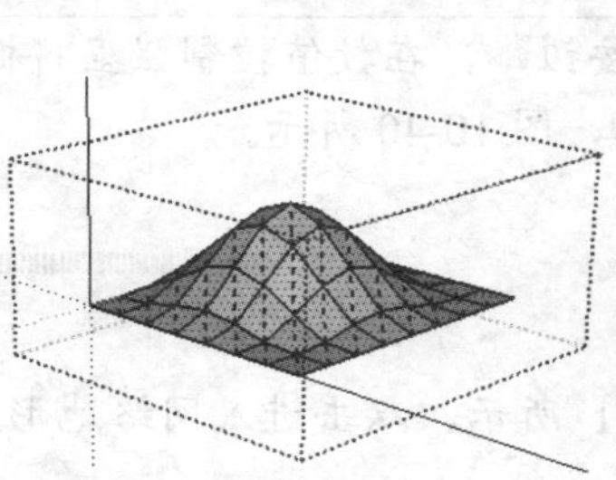

图10-34

图10-35

10.2.7 翻转边线工具

翻转边线工具，主要是对四边形的对角线进行翻转变换，使模型发生一些微调。

1. 双击网格地形进入编辑状态，单击【翻转边线】按钮，移到地形线上，如图 10-36 所示。
2. 单击对角线，此时对角线发生翻转，如图 10-37 所示。

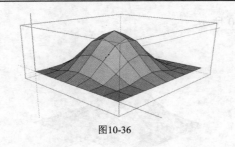

图10-36

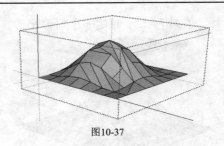

图10-37

10.3　创建地形

在学习了沙盒工具的使用后，接下来主要利用沙盒工具绘制地形场景，包括如何绘制山峰地形、绘制山丘地形、塑造地形场景、创建颜色渐变地形、创建卫星地形，内容丰富，使读者能迅速掌握创建不同地形场景的方法。

10.3.1　案例——创建山峰地形

本案例主要是利用沙盒工具绘制山峰地形，其效果图如图 10-38 所示。

图10-38

　结果文件：\Ch10\山峰地形.skp
视频：\Ch10\山峰地形.wmv

1.　单击【根据网格创建】按钮，在数值控制栏里将栅格间距设为 2000mm，绘制网格地形，如图 10-39、图 10-40 所示。

栅格间距 2000.0mm

图10-39　　　　　　　　　　　　　　　　　　图10-40

2.　绘制网格地形如图 10-41 所示，双击进入网络地形编辑状态，如图 10-42 所示。

图10-41　　　　　　　　　　　　　　　　　　图10-42

3.　单击【曲面拉伸】按钮，在数值控制栏设定半径值，拉伸网格，如图 10-43、图 10-44 所示。

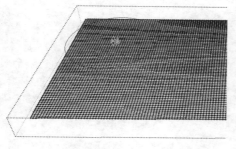

图10-43

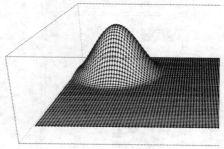

图10-44

4. 拉伸出有高低层次感的连绵山锋效果，如图 10-45、图 10-46、图 10-47、图 10-48 所示。

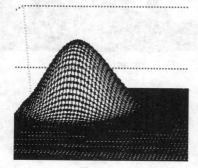

图10-45

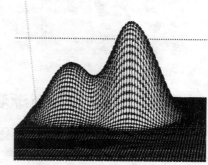

图10-46

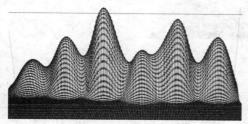

图10-47

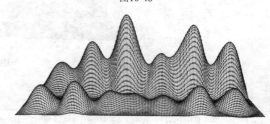

图10-48

5. 选中地形，选择【窗口】/【柔化边线】命令，勾选【平滑法线】和【软化共面】复选框，如图 10-49、图 10-50 所示。

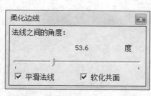

图10-49

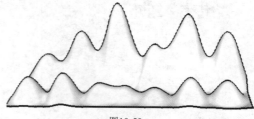

图10-50

6. 单击【颜料桶】按钮，填充一种适合山峰的材质，如图 10-51、图 10-52 所示。

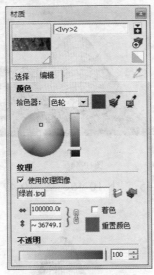

图10-51

图10-52

10.3.2　案例——创建颜色渐变地形

本案例主要是利用一张渐变图片对地形进行投影，图 10-53 所示为效果图。

图10-53

结果文件：\Ch10\渐变地形.skp
视频：\Ch10\渐变地形.wmv

1. 在 Photoshop 软件中利用渐变工具，制作一张颜色渐变的图片，如图 10-54、
   图 10-55 所示。

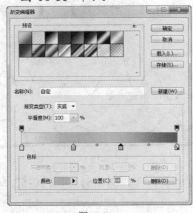

图10-54

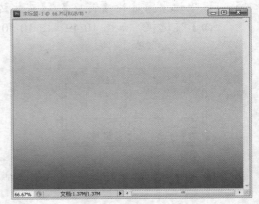

图10-55

2. 在 SketchUp 中单击【根据网格创建】按钮　，绘制网格地形，如图 10-56 所示。

3. 双击进入编辑状态，单击【曲面拉伸】按钮，创建山体，如图 10-57、图
   10-58、图 10-59 所示。

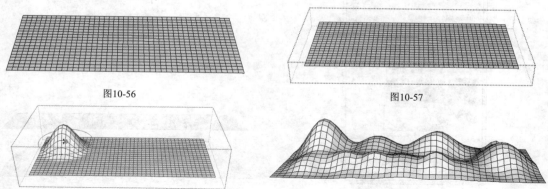

图10-56

图10-57

图10-58

图10-59

4. 选择【窗口】/【柔化边线】命令，如图 10-60、图 10-61 所示。

图10-60

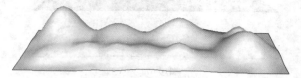

图10-61

5. 选择【文件】/【导入】命令，导入渐变图片，摆放在适合的位置，如图 10-62
   所示。

6. 单击【拉伸】按钮，对图片大小进行适当缩放，使它与地形相适合，如图
   10-63 所示。

图10-62

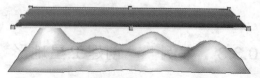

图10-63

7. 分别选中图片和地形，单击右键，选择【分解】命令，如图 10-64 所示。

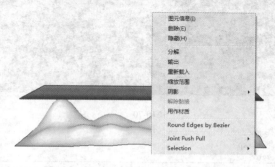

图10-64

8. 选择【窗口】/【材质】命令，单击【样本颜料】按钮，吸取图片材质，如
   图 10-65、图 10-66 所示。

图10-65

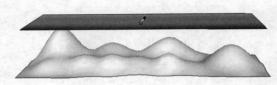

图10-66

9. 对地形填充材质，如图 10-67、图 10-68 所示。

图10-67

图10-68

10. 删除图片，渐变山体效果如图 10-69 所示。

图10-69

10.3.3　案例——创建卫星地形

本案例主要是利用一张卫星地形图片对地形进行投影，图 10-70 所示为效果图。

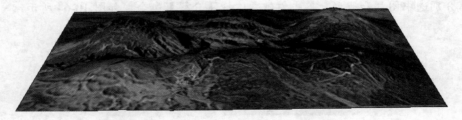

图10-70

源文件：\Ch10\卫星地图.jpg
结果文件：\Ch10\卫星地形.skp
视频：\Ch10\卫星地形.wmv

1. 单击【根据网格创建】按钮 ，绘制网格地形，如图 10-71 所示。

图10-71

2. 双击进入编辑状态，单击【曲面拉伸】按钮，创建地形，如图 10-72、图 10-73 所示。

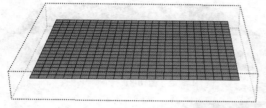

图10-72

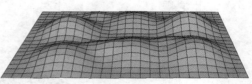

图10-73

3. 选中地形，单击【添加细部】按钮，添加细部，如图 10-74、图 10-75 所示。

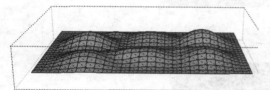

图10-74

图10-75

4. 选择【窗口】/【柔化边线】命令，如图 10-76、图 10-77 所示。

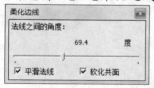

图10-76

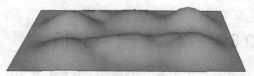

图10-77

5. 选择【文件】/【导入】命令，导入卫星地形图片，如图 10-78 所示。

6. 分别选中图片和地形，单击右键，选择【分解】命令，如图 10-79 所示。

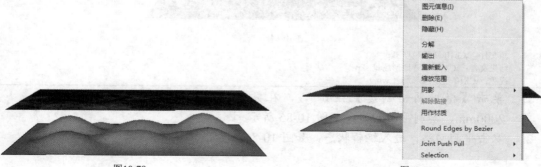

图10-78

图10-79

7. 选择【窗口】/【材质】命令，单击【样本颜料】按钮，吸取图片材质进行

383

填充，如图 10-80、图 10-81、图 10-82 所示。

图10-80

图10-81

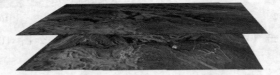

图10-82

8. 删除图片，卫星地形效果如图 10-83 所示。

图10-83

10.3.4　案例——塑造地形场景

本案例主要是利用沙盒工具绘制地形，图 10-84 所示为效果图。

图10-84

 源文件：\Ch10\别墅模型.skp
结果文件：\Ch10\塑造地形场景.skp
视频：\Ch10\塑造地形场景.wmv

1. 单击【根据网格创建】按钮 ，在数值控制栏的【栅格距离】中输入 2000mm，绘制平面网格，如图 10-85 所示。
2. 双击平面网格，进入编辑状态，如图 10-86 所示。

图10-85

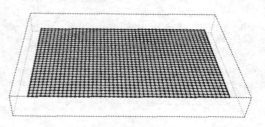

图10-86

3. 单击【曲面拉伸】按钮 ，对网格地形进行任意的曲面拉伸变形，如图 10-87 所示。

4. 这时在数值控制栏输入"半径"值可以改变拉伸大小，曲面拉伸效果如图 10-88 所示。

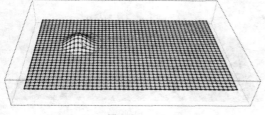

图10-87

图10-88

5. 对地形网格线进行柔化一下，选择【窗口】/【柔化边线】命令，如图 10-89 所示，调整后的网格地形边线如图 10-90 所示。

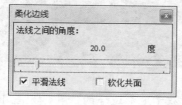

图10-89

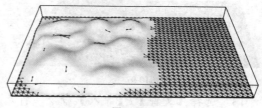

图10-90

6. 勾选【软化共面】复选框，调整后的效果如图 10-91、图 10-92 所示。

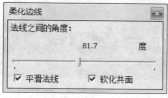

图10-91

图10-92

7. 双击地形进入编辑状态，如图 10-93 所示。

8. 单击【颜料桶】按钮 ，在【材质】编辑器中选择一种颜色材质，如图 10-94 所示。

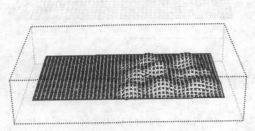

图10-93

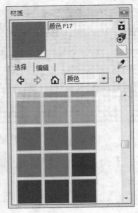

图10-94

9.　为地形填充颜色，如图 10-95 所示。

10.　单击【圆弧】按钮和【线条】按钮，画一条路面，如图 10-96 所示。

图10-95

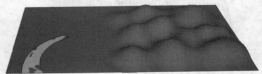

图10-96

11.　单击【推/拉】按钮，将路面向上拉 300mm，如图 10-97 所示。

12.　单击【颜料桶】按钮，选择一种路面材质进行填充，如图 10-98 所示。

图10-97

图10-98

13.　选择【文件】/【导入】命令，打开别墅模型，放于地形适合的位置，如图 10-99 所示。

14.　导入植物组件，最终效果如图 10-100 所示。

图10-99

图10-100

10.4　本章小结

　　本章主要学习了 SketchUp 在地形场景中的应用，首先介绍了地形在景观中的结构及美学造景，其次介绍了地形工具的用法，最后结合地形工具，创建了山峰地形、颜色渐变地形、卫星地形、塑造地形场景几个实例模型，地形的场景在 SketchUp 中是必不可少的应用。

第11章 住宅规划设计

本章将介绍 SketchUp 在住宅规划设计中的应用。通过两种不同的方式创建不同的住宅楼为例进行讲解，一种是以 CAD 图纸为基础创建住宅小区规划模型，另一种是自由创建单体住宅楼。

11.1 住宅小区建模

 源文件：\Ch11\住宅小区规划\
结果文件：\Ch11\住宅小区规划案例\
视频：\Ch11\住宅小区规划.wmv

11.1.1 设计解析

下面以某城市的一个高档住宅小区规划为例，着重讲解规划中需要达到的模型效果及场景周围的表现情况。本案的四周交通便利，小区设有一个车行出入口和一个人行出入口，并设有两个停车场。人行出入口为小区主入口，配有漂亮的景观设施，两边还有花坛。地面以花形铺砖，并以喷泉和廊亭作为小区的标志性建筑。小区住宅的户型分为 3 种，共有 7 幢。每一幢建筑分散均匀，周围都有不同的绿色植物陪衬，让人们可以随时感受绿色的气息。整个小区住宅规划得非常详细，且能很好地展现人们的生活风貌。

规划区的总体平面在功能上由三部分组成，包括小区出入口区、绿化区和住宅区。在交通流线上，由于住宅属于高档小区，地处城市中心地段，且周围建设有其他住宅小区，人流量较多，所以东西南北面都设有完善的交通流线。

图 11-1、图 11-2 所示为建模效果，图 11-3 至图 11-6 所示为后期效果。本次案例的操作流程如下。

(1) 整理 CAD 图纸。

(2) 在 SketchUp 中导入图纸。

(3) 创建模型。

(4) 导入组件。

(5) 添加场景。

(6) 导出图像。

(7) 后期处理。

图11-1

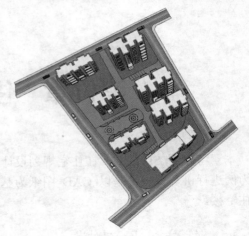

图11-2

图11-3

图11-4

图11-5

图11-6

11.1.2 方案实施

　　本案例以一张 CAD 平面图纸设计为例，首先在 AutoCAD 里对图纸进行清理，然后再导入到 SketchUp 中进行描边封面。

一、整理 CAD 图纸

CAD 平面设计图纸里含有大量的文字、图层、线、图块等信息，如果直接导入到 SketchUp 中，会增加建模的复杂性，所以一般先在 CAD 软件里进行处理，将多余的线删除掉，使设计图纸简单化，图 11-7 所示为原图，图 11-8 所示为简化图。

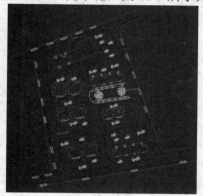

图11-7

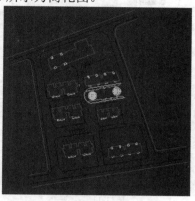

图11-8

提示： 在清理图纸时，如果 CAD 图形中出现粗线条，可执行【X】命令将其打散，就会变成单线条，这对于后期导入 SketchUp 中封面非常重要且更加方便。如果 CAD 图纸比较复杂时，可以利用关闭图层的方法减少清理图纸的时间，但清理完成后一定要重新复制图纸到新的 CAD 文档，否则导入到 SketchUp 中可能会造成图层混乱或封面时遇到困难。

1. 在 CAD 命令栏里输入 "PU"，按 "Enter" 键结束命令，对简化后的图纸进行进一步清理，如图 11-9 所示。
2. 单击 全部清理(A) 按钮，弹出图 11-10 所示的对话框，选择【清除所有项目】选项，直到【全部清理】按钮变成灰色状态，即清理完图纸，如图 11-11 所示。
3. 在 SketchUp 里先优化一下场景，选择【窗口】/【模型信息】命令，弹出【模型信息】对话框，设置参数如图 11-12 所示。

图11-9

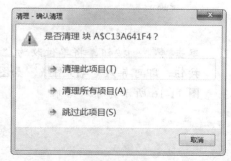

图11-10

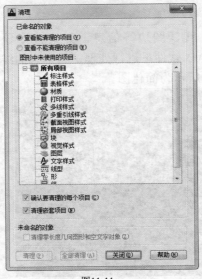

图11-11

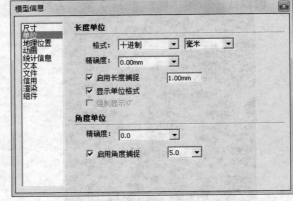

图11-12

二、导入图纸

将图纸导入到 SketchUp 中，创建封闭面，对单独要创建的模型要进行单独封面。这里导入的图纸以"毫米"为单位。

1. 选择【文件】/【导入】命令，导入住宅小区规划平面图 2，弹出【打开】对话框，将文件类型选择为"AutoCAD 文件（*.dwg）"格式，如图 11-13、图 11-14 所示。

图11-13

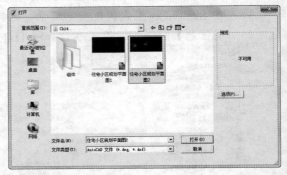

图11-14

2. 单击 选项(P)... 按钮，将单位改为"毫米"，单击 确定 按钮，最后单击 打开(O) 按钮，即可导入 CAD 图纸，如图 11-15 所示。

3. 图 11-16 所示为导入结果。

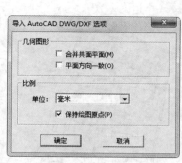

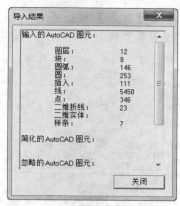

图11-15   图11-16

提示：如果无法导入 CAD 图形，请选择用较低的 CAD 版本存储再重新导入。如果在 SketchUp 导入 CAD
图纸的过程中出现了自动关闭的现象，请确定场景优化是否正确。

4. 单击 关闭 按钮，导入到 SketchUp 中的 CAD 图纸是以线显示的，导入后的
图纸以线显示，如图 11-17 所示。

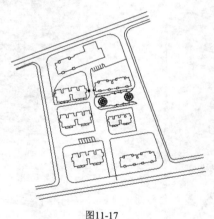

图11-17

5. 将图纸放大并清理，将多余的线或出头的线删除，将断掉的线连接好，如图
11-18、图 11-19 所示。

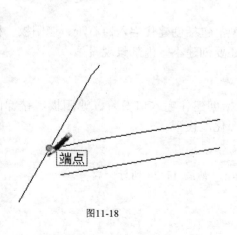

图11-18

图11-19

6. 单击【线条】按钮，对导入的图纸进行描边，绘制封闭面。单独要创建的模型要单独封面，如图 11-20、图 11-21 所示。

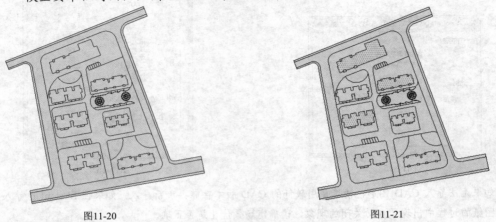

图11-20   图11-21

7. 选中 3 个不同的户型面，单击右键，选择【创建组】命令，如图 11-22、图 11-23 所示。

图11-22

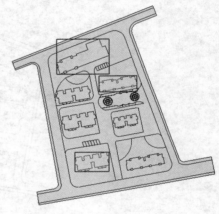

图11-23

11.1.3 建模流程

参照图纸，分别创建住宅小区 A、B、C 户型，包括创建住宅入口石阶、遮阳板、楼梯间模型，创建开口窗户和户外阳台模型等，其他还要创建小区内部景观设施。

11.1.3.1 创建 A 户型

创建住宅小区 A 户型的建筑模型，这里包括创建住宅入口石阶、遮阳板、楼梯间模型，创建开口窗户、户外阳台模型，创建天台及绿化池模型。

一、创建石阶和遮阳板

1. 单击【推/拉】按钮，将户型拉高 80mm，如图 11-24 所示。

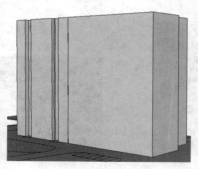

图11-24

2. 导入大门组件，并填充玻璃材质，如图 11-25、图 11-26 所示。

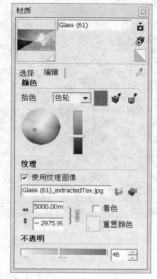

图11-25

图11-26

3. 单击【矩形】按钮▇，绘制矩形面，如图 11-27 所示。

4. 单击【推/拉】按钮♣，推拉矩形为 5mm，如图 11-28 所示。

图11-27

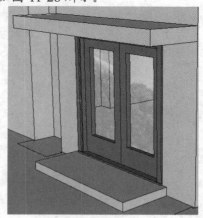

图11-28

5. 单击【线条】按钮✎，绘制直线。单击【推/拉】按钮♣，拉出石阶，如图

11-29、图 11-30 所示。

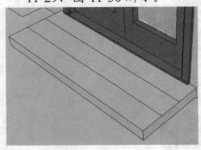

图11-29

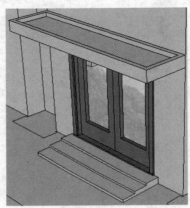

图11-30

6. 单击【偏移】按钮 ，向里偏移复制面 0.5mm。单击【推/拉】按钮 ，推拉出遮阳板效果，如图 11-31、图 11-32 所示。

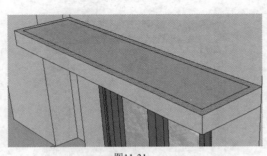

图11-31

图11-32

二、创建开口窗

1. 单击【矩形】按钮 ，在墙体上绘制一个矩形。单击右键，选择【创建组件】命令，如图 11-33 所示。

图元信息(I)
删除(E)
隐藏(H)

分解
选择　　　　　▶
面积(A)　　　　▶
创建组件(C)
创建组(G)
相交面　　　　▶
反转平面
翻转方向　　　▶
软化/平滑边线
缩放范围
删共面线(S)
延伸至最近(Y)

图11-33

2. 双击组件进入编辑状态，单击【推/拉】按钮 ，向外拉 1.5mm，如图 11-34、

图 11-35 所示。

图11-34

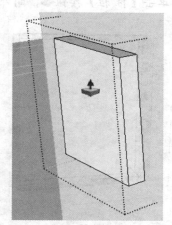

图11-35

3. 将多余的侧面删除，如图 11-36 所示。

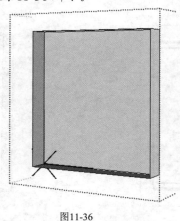

图11-36

4. 选中内部面，单击右键，选择【反转平面】命令，如图 11-37、图 11-38 所示。

图11-37

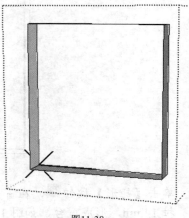

图11-38

5. 单击【偏移】按钮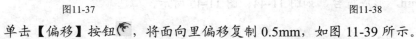，将面向里偏移复制 0.5mm，如图 11-39 所示。

6. 单击【推/拉】按钮 ⬆，向外推拉 0.5mm，如图 11-40 所示。

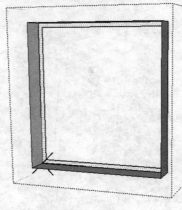

图11-39

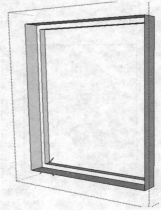

图11-40

7. 单击【矩形】按钮 ▦，绘制矩形面。单击【推/拉】按钮 ⬆，推拉窗框，如图 11-41、图 11-42 所示。

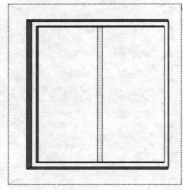

图11-41

图11-42

8. 将窗户周围的面删除，如图 11-43 所示。

图11-43

9. 单击【矩形】按钮 ▦，在窗户下方绘制矩形面。单击【推/拉】按钮 ⬆，向外拉 14mm，形成窗台，如图 11-44、图 11-45 所示。

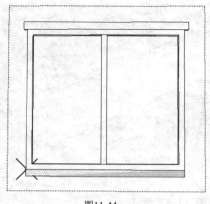

图11-44

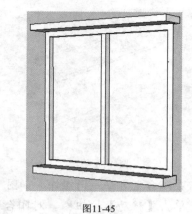

图11-45

10. 为窗户填充相应的材质，效果如图 11-46 所示。

11. 单击【移动】按钮，将窗户组件进行复制，并缩放其大小，如图 11-47 所示。

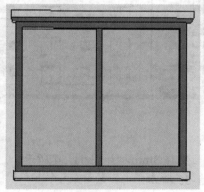

图11-46

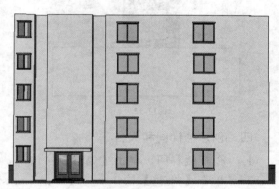

图11-47

三、创建阳台

1. 单击【矩形】按钮，绘制矩形面，再将其创建成组，如图 11-48 所示。

2. 单击【推/拉】按钮，向外拉 4mm，如图 11-49 所示。

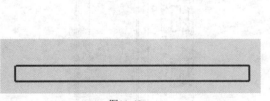

图11-48

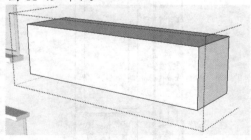

图11-49

3. 单击【偏移】按钮，将面向里偏移一定距离，如图 11-50 所示。

4. 单击【推/拉】按钮，拉出阳台，如图 11-51 所示。

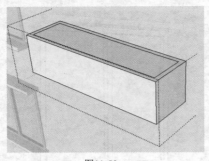

图11-50

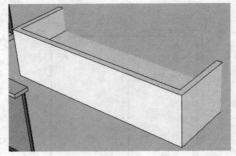

图11-51

5.　在阳台上方导入门组件，如图 11-52 所示。

6.　单击【移动】按钮 ，对阳台进行复制，如图 11-53 所示。

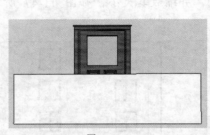

图11-52

图11-53

四、创建楼梯间和天台

1.　创建楼梯间，单击【偏移】按钮，将面向里偏移 3mm，如图 11-54 所示。

2.　单击【推/拉】按钮，向里推 1mm，如图 11-55 所示。

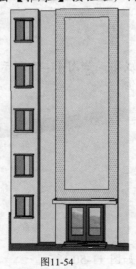

图11-54

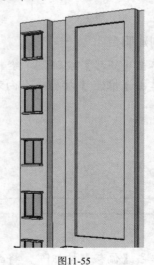

图11-55

3.　启动建筑插件，单击【玻璃幕墙】按钮，创建玻璃幕墙，如图 11-56 所示。

4.　创建天台。单击【偏移】按钮，偏移复制 1mm，如图 11-57 所示。

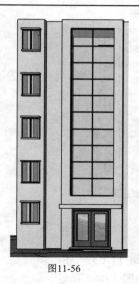

图11-56

图11-57

提示： 在创建玻璃幕墙时，如果是反面，则无法自动填充玻璃颜色，需要执行【反转平面】命令，然后再执行【玻璃幕墙】命令，才能创建成功。

5. 单击【推/拉】按钮 ，推拉出天台，如图 11-58 所示。

6. 单击【推/拉】按钮 ，继续推拉出图 11-59 所示的效果。

图11-58

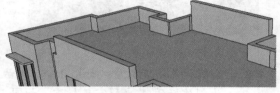

图11-59

7. 单击【线条】按钮 ，绘制直线。单击【推/拉】按钮 ，推拉形状，如图 11-60、图 11-61 所示。

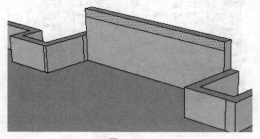

图11-60

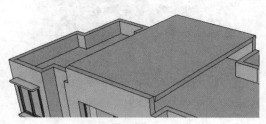

图11-61

8. 单击【移动】按钮 ，复制窗户及阳台，完善户型背面效果，如图 11-62 所示。

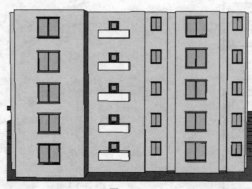

图11-62

五、创建绿化池

1. 单击【偏移】按钮，向里偏移复制 0.5mm，如图 11-63 所示。
2. 单击【推/拉】按钮，分别推拉 1mm、6mm，如图 11-64 所示。

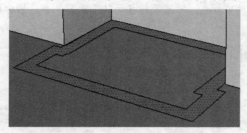

图11-63

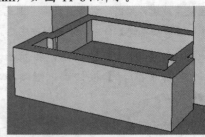

图11-64

3. 为绿化池填充材质，如图 11-65 所示。
4. 为创建好的 A 户型完善材质，如图 11-66 所示。

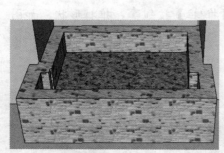

图11-65

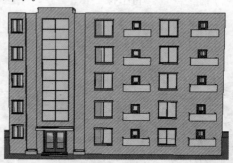

图11-66

11.1.3.2 创建 B 户型

参照图纸，创建住宅小区 B 户型的建筑模型，这里包括创建住宅大门入口模型，创建窗户、户外阳台模型，创建天台和楼梯间模型。

一、创建大门入口

1. 单击【推/拉】按钮，将户型拉高 100mm，如图 11-67 所示。
2. 单击【擦除】按钮，将多余的线擦除，如图 11-68 所示。

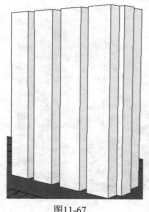

图11-67

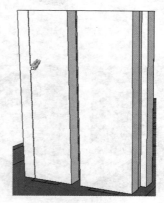

图11-68

3. 导入大门组件，如图 11-69 所示。

4. 单击【矩形】按钮▢，绘制矩形面，如图 11-70 所示。

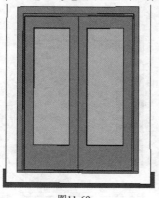

图11-69

图11-70

5. 单击【推/拉】按钮⬆，向外拉 8mm，如图 11-71 所示。

6. 单击【圆】按钮⬤，绘制两个圆。单击【推/拉】按钮⬆，拉出圆柱，如图 11-72 所示。

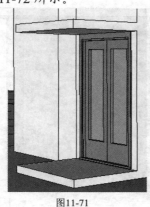

图11-71

图11-72

7. 单击【线条】按钮✎，绘制直线。单击【推/拉】按钮⬆，推出石阶，如图 11-73、图 11-74 所示。

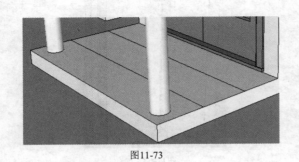

| 图11-73 | 图11-74 |

二、创建窗户

1. 导入窗户组件，如图 11-75 所示。
2. 单击【矩形】按钮▇，绘制矩形面，如图 11-76 所示。

图11-75

图11-76

3. 单击【推/拉】按钮👆，向外拉一定距离，如图 11-77 所示。
4. 为窗户填充材质，如图 11-78 所示。

图11-77

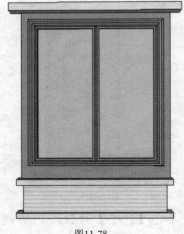

图11-78

5. 单击【移动】按钮✥，复制窗户组件，如图 11-79 所示。

图11-79

三、创建阳台

1. 单击【矩形】按钮■，绘制矩形面，如图 11-80 所示。
2. 单击【推/拉】按钮，向外拉 14mm，如图 11-81 所示。

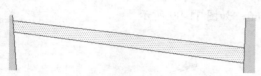

图11-80

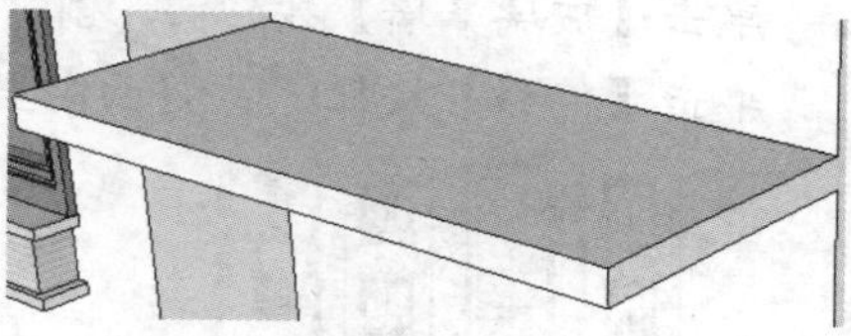

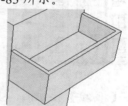

图11-81

3. 单击【偏移】按钮，将面向里偏移 0.5mm，如图 11-82 所示。
4. 单击【推/拉】按钮，上拉出阳台效果，如图 11-83 所示。

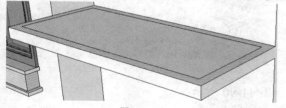

图11-82

图11-83

5. 导入玻璃门组件，如图 11-84 所示。
6. 单击【移动】按钮，复制阳台，如图 11-85 所示。

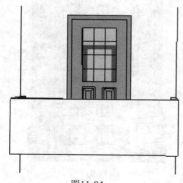

图11-84

图11-85

四、创建楼梯间和天台

1. 单击【线条】按钮 ✎ ，绘制直线形成面，如图 11-86 所示。
2. 单击【推/拉】按钮 ✥ ，向外拉一定距离，如图 11-87 所示。

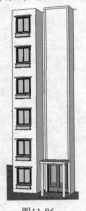

图11-86

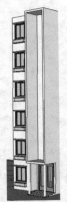

图11-87

3. 单击【玻璃幕墙】按钮 ▦ ，创建玻璃幕墙，如图 11-88 所示。
4. 单击【偏移】按钮 ⟲ ，将面向里偏移 1mm，如图 11-89 所示。

图11-88

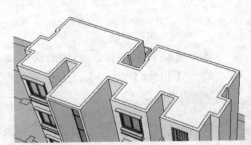

图11-89

5. 单击【推/拉】按钮 ✥ ，上拉出天台，如图 11-90 所示。
6. 为户型填充材质，完善效果，如图 11-91 所示。

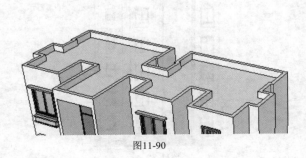

图11-90

图11-91

11.1.3.3 创建 C 户型

参照图纸，C 户型的创建模型的方法与 A、B 户型类似，很多步骤就不再重复讲解了，主要包括创建住宅大门入口模型，创建窗户和户外阳台模型，创建天台和楼梯间模型。

1. 单击【推/拉】按钮 ，将户型拉高 140mm，如图 11-92 所示。
2. 创建大门入口效果，如图 11-93 所示。

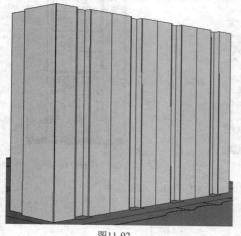
图11-92

图11-93

3. 创建楼梯间。单击【线条】按钮 ，绘制直线形成面，如图 11-94、图 11-95 所示。

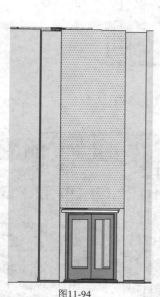
图11-94

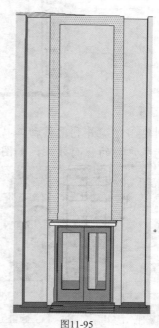
图11-95

4. 单击【推/拉】按钮 ，向外拉和向下推一定距离，如图 11-96、图 11-97 所示。
5. 创建玻璃幕墙，如图 11-98 所示。

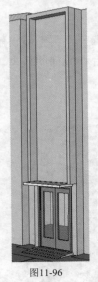

图11-96

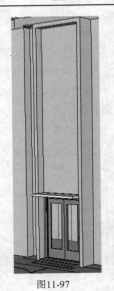

图11-97

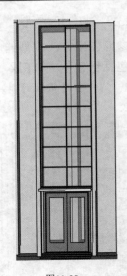

图11-98

6. 创建窗户，并利用移动工具复制窗户，如图 11-99 所示。

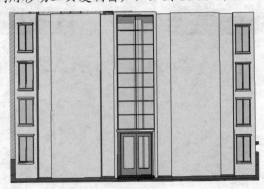

图11-99

7. 创建阳台，并利用移动工具进行复制，如图 11-100 所示。

8. 完成户型的背面效果，如图 11-101 所示。

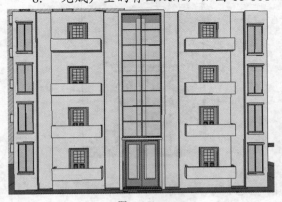

图11-100

图11-101

9. 创建天台和绿化池，如图 11-102、图 11-103 所示。

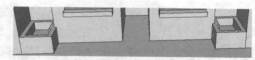

<table>
<tr><td>图11-102</td><td>图11-103</td></tr>
</table>

10. 为建好的户型填充材质，如图 11-104 所示。

11. 参照图纸，将 3 个不同的户型复制到其他位置上，住宅建模完毕，如图 11-105 所示。

<table>
<tr><td>图11-104</td><td>图11-105</td></tr>
</table>

11.1.3.4 完善其他设施

参照图纸，对住宅小区的其他地方进行建模，包括创建入口处的花坛和花形铺砖，以及小区内部的路面铺砖和草坪，最后就是创建马路的斑马线和绿化带效果。

1. 单击【推/拉】按钮 ，将花坛拉高 1mm 和 0.3mm，如图 11-106、图 11-107 所示。

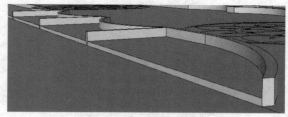

<table>
<tr><td>图11-106</td><td>图11-107</td></tr>
</table>

2. 为花坛和花形图案填充材质，如图 11-108、图 11-109 所示。

图11-108　　　　　　　　　　　　　　　图11-109

3. 为小区路面填充混泥砖和草坪材质，如图 11-110、图 11-111 所示。

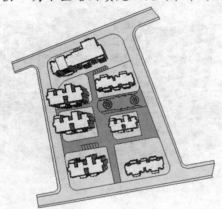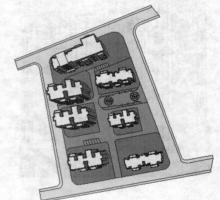

图11-110　　　　　　　　　　　　　　图11-111

4. 单击【推/拉】按钮，将草坪推高 0.3mm，如图 11-112 所示。

图11-112

5. 导入马路图片，为马路创建贴图材质，如图 11-113、图 11-114 所示。

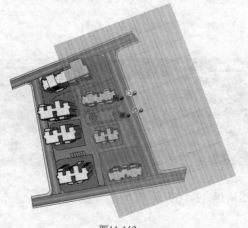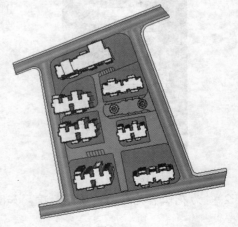

图11-113　　　　　　　　　　　　　　图11-114

6. 添加车辆组件，如图 11-115 所示。

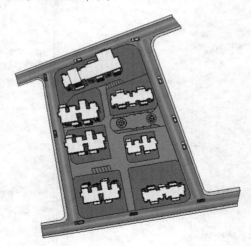

图11-115

提示： 在创建马路贴图时，如果道路比较复杂，需要用线条工具打断成面，然后单独进行平面贴图，然后再将线进行隐藏，这样就能很好地完成贴图效果。

11.1.4　添加场景页面

为住宅小区设置阴影，并创建 3 个场景页面和一个俯视图场景页面，方便浏览观看，然后导出图片格式进行后期处理。

1. 启动阴影工具栏，显示阴影，如图 11-116、图 11-117 所示。

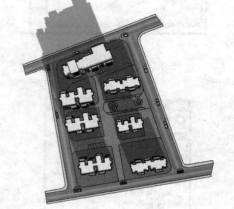

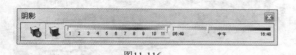

图11-116　　　　　　　　　　　　　　　　图11-117

2. 选择【镜头】/【两点透视图】命令，将场景显示为两点透视图，如图 11-118 所示。

3. 选择【窗口】/【样式】命令，取消显示边线，如图 11-119 所示。

图11-118

图11-119

4. 选择【窗口】/【场景】命令，单击⊕按钮，创建场景 1，如图 11-120、图 11-121 所示。

图11-120

图11-121

5. 继续单击⊕按钮，创建场景 2，如图 11-122、图 11-123 所示。

图11-122

图11-123

6. 继续单击⊕按钮，创建场景 3，如图 11-124、图 11-125 所示。

图11-124

图11-125

7. 调整视图角度，单击 ⊕ 按钮，创建场景 4 为俯视图，如图 11-126、图 11-127 所示。

图11-126

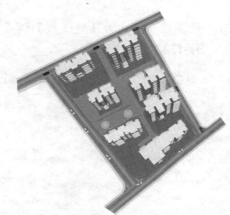

图11-127

11.1.5 导出图像

1. 选择【文件】/【导出】命令，依次将 4 个场景以图片格式导出，如图 11-128、图 11-129 所示。

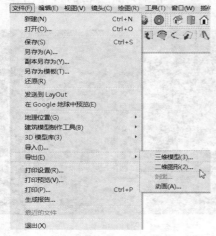

图11-128

图11-129

2. 单击【选项】按钮，设置输出尺寸大小，图 11-130 所示。

图11-130

3. 设置显示样式为【隐藏线】模式，并将样式背景设为黑色，如图 11-131、图 11-132 所示。

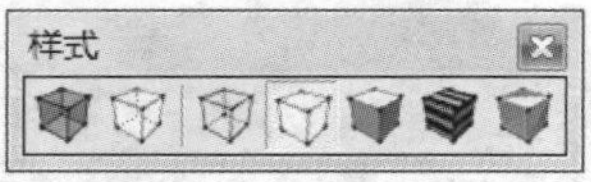

图11-131

图11-132

4. 选择【文件】/【导出】命令，以同样的方法导出 4 个场景页面的线框图模式，如图 11-133、图 11-134、图 11-135、图 11-136 所示。

图11-133

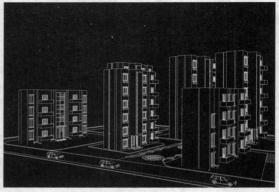

图11-134

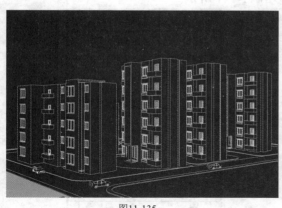

图11-135

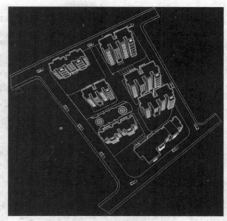

图11-136

11.1.6 后期处理

这里的后期处理主要运用 Photoshop 软件对 3 个场景进行处理，并对俯视图制作成一张后期鸟瞰图。

一、处理场景页面

1. 启动 Photoshop 软件，打开图片和线框图，如图 11-137、图 11-138 所示。

图11-137

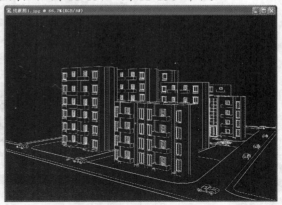

图11-138

2. 将线框图拖动到背景图层上，进行重叠，如图 11-139 所示。

图11-139

3. 双击背景图层进行解锁，如图 11-140、图 11-141 所示。

图11-140

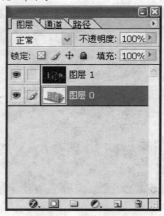

图11-141

4. 选择"图层 1"，再选择【图像】/【调整】/【反相】命令，对线框图进行反相操作，如图 11-142、图 11-143 所示。

图11-142

图11-143

5. 将"图层1"设为"正片叠底"模式，不透明度设为"50%"，如图11-144所示。

6. 将图层合并，选择【魔棒】工具，选中白色区域，将背景删除，如图11-145、图11-146、图11-147所示。

图11-144

图11-145

图11-146

图11-147

7. 打开背景图片，将其进行组合，作为背景，如图11-148、图11-149所示。

图11-148

图11-149

8. 添加一些植物和人物素材，丰富场景效果，如图11-150、图11-151所示。

图11-150

图11-151

9. 将图层进行合并，选择【图像】/【调整】/【亮度/对比度】命令，设置亮度和对比度，如图 11-152、图 11-153、图 11-154 所示。

图11-152

图11-153

10. 选择【图像】/【调整】/【色彩平衡】命令，调整颜色，如图 11-155、图 11-156 所示。

图11-154

图11-155

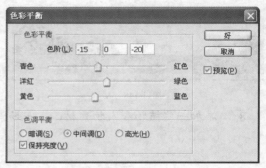
图11-156

11. 新建一个图层，按"Ctrl"＋"Shift"＋"Alt"＋"E"组合键，盖印可见图层，如图 11-157、图 11-158 所示。

图11-157

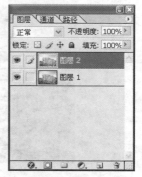

图11-158

12. 选择【滤镜】/【模糊】/【高斯模糊】命令，添加模糊效果，如图 11-159、图 11-160 所示。

图11-159

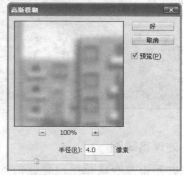

图11-160

13. 将图像模式设为"柔光"，不透明度设为"60%"，如图 11-161、图 11-162 所示。

图11-161

图11-162

14. 选择加深工具和减淡工具对图片进行涂抹，出现明暗度，如图 11-163 所示。

图11-163

15. 利用同样的方法处理另外两张图片，最终效果如图 11-164、图 11-165 所示。

图11-164

图11-165

二、处理鸟瞰图

1. 打开图片和线框图，将他们进行重叠，如图 11-166 所示。
2. 执行调整反相和"正片叠底"效果，如图 11-167 所示。

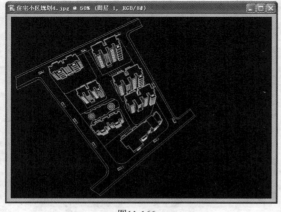

图11-166

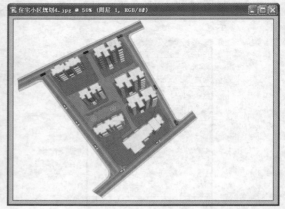

图11-167

3. 将图层合并且双击图层解锁，选择【魔棒】工具将白色背景区域选中，并删除背景，如图 11-168 所示。

4. 选择【图像】/【调整】/【亮度/对比度】命令，设置亮度和对比度，如图 11-169 所示。

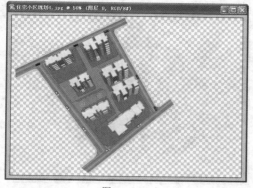

图11-168

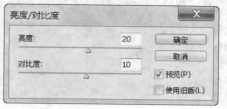

图11-169

5. 选择【图像】/【调整】/【色彩平衡】命令，调整颜色，如图 11-170 所示。

6. 新建一个图层，按"Ctrl"＋"Shift"＋"Alt"＋"E"组合键，盖印可见图层，如图 11-171 所示。

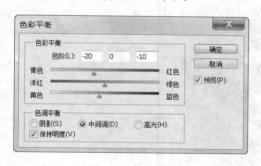

图11-170

图11-171

7. 选择【滤镜】/【模糊】/【高斯模糊】命令，添加模糊，如图 11-172 所示。

8. 将图像模式设为"柔光"，不透明度设为"60%"，如图 11-173 所示。

图11-172

图11-173

9. 导入背景素材，如图 11-174 所示。

10. 添加云彩效果，如图 11-175 所示。

图11-174

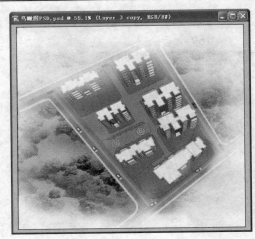

图11-175

11.　添加人物和植物素材，如图 11-176 所示。

图11-176

12.　添加文字素材，鸟瞰图效果如图 11-177 所示。

图11-177

420

11.2 单体住宅楼建模

源文件：\Ch11\单体住宅楼建模\
结果文件：\Ch11\单体住宅楼建模案例\
视频：\Ch11\单体住宅楼建模.wmv

11.2.1 设计解析

下面以建立一个单体住宅建筑楼为例，介绍在 SketchUp 中如果按自己的需求设计一个住宅楼，包括创建墙体、窗户、屋顶、入口大门、阳台几部分的方法。墙体利用推/拉工具直接拉高，窗户利用创建组件的方法，能快速编辑整栋建筑楼的窗户，非常快速。屋顶可利用路径跟随工具进行放样，增加了一种别致的效果。入口大门以玻璃门形式创建，四周推拉出石阶，方便行人上下。阳台以封闭式进行设计，四面增加了推拉玻璃。

整个设计比较符合现代住宅的要求，后期再导入组件以丰富场景，然后进行渲染和后期处理，使住宅楼更加贴近真实效果。

图 11-178、图 11-179 所示为建模效果，图 11-180、图 8-181 所示为渲染效果和后期效果。本次案例的操作流程如下。

(1) 创建模型。

(2) 添加场景和渲染。

(3) 后期处理。

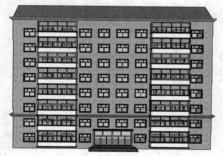

图11-178

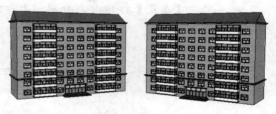

图11-179

图11-180

图11-181

11.2.2 建模流程

参照图纸,包括创建墙体、窗户、屋顶、入口大门、阳台等。

11.2.2.1 创建墙体

1. 单击【矩形】按钮█,在场景中绘制一个长宽分别为 45000mm、15000mm 的矩形面,如图 11-182 所示。
2. 单击【推/拉】按钮▲,向上拉高 30000mm,如图 11-183 所示。

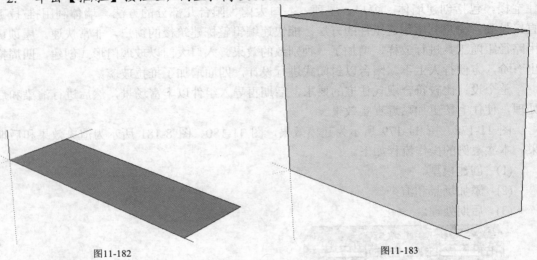

图11-182   图11-183

3. 单击【卷尺】按钮🗒,分别向上和向右拖动辅助线,距离如图 11-184 所示。

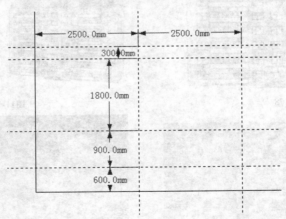

图11-184

4. 单击【矩形】按钮█,在辅助线中间绘制矩形面。单击【推/拉】按钮▲,向里推拉 200mm,如图 11-185、图 11-186 所示。

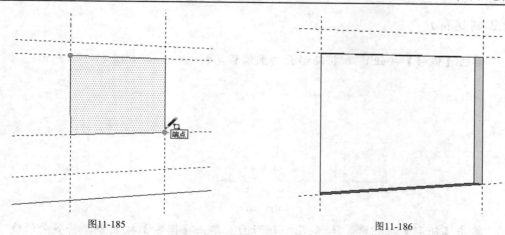

图11-185　　　　　　　　　　　　　　　　　图11-186

5. 将推拉的矩形面选中，选择【编辑】/【创建组件】命令，将矩形创建组件，如图 11-187 所示。

图11-187

6. 单击【移动】按钮 ，将创建的组件向右复制 9 个，间隔距离为 4200mm，再向上复制 7 排，间隔距离为 3500mm，如图 11-188、图 11-189 所示。

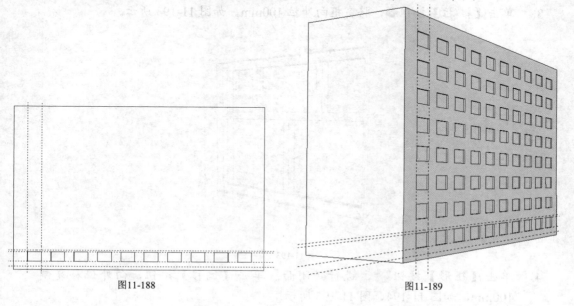

图11-188　　　　　　　　　　　　　　　　图11-189

11.2.2.2 创建窗户

1. 单击【偏移】按钮 ，将矩形面向里偏移复制 100mm，如图 11-190 所示。

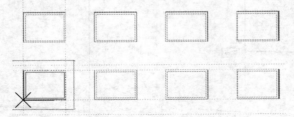

图11-190

2. 单击【矩形】按钮 ，绘制几个矩形面。单击【擦除】按钮 ，将多余的线擦掉，如图 11-191、图 11-192 所示。

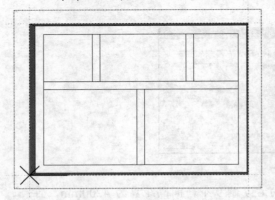

图11-191   图11-192

3. 单击【推/拉】按钮 ，将窗框向外拉 100mm，如图 11-193 所示。

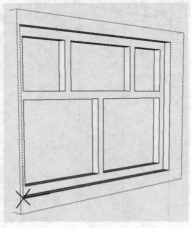

图11-193

4. 单击【矩形】按钮 ，进行封闭面。单击【偏移】按钮，向外偏移复制 100mm，如图 11-194、图 11-195 所示。

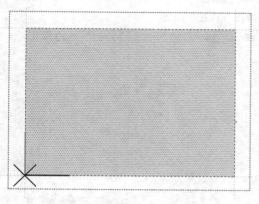

图11-194

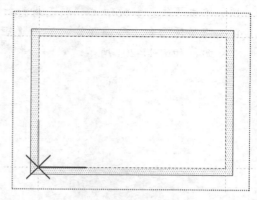

图11-195

5. 单击【推/拉】按钮🔧，将偏移复制面向外拉 100m，删除多余的面，如图 11-196 所示。

6. 单击【颜料桶】按钮🖌，为窗户填充适合的材质，如图 11-197 所示。

图11-196

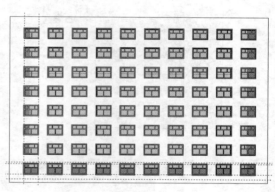

图11-197

11.2.2.3 创建屋顶

1. 单击【线条】按钮✏，在顶面沿中心绘制一条直线，如图 11-198 所示。

2. 选择【编辑】/【创建组】命令，将面创建群组。单击【移动】按钮✣，将直线向上移动 4000mm，如图 11-199 所示。

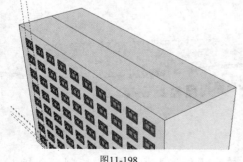

图11-198

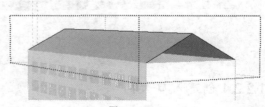

图11-199

3. 单击【线条】按钮 ✎，将面进行封闭，如图 11-200 所示。

4. 将屋顶面向上移高距离，单击【矩形】按钮 ▢，在边缘上绘制一个小的矩形
   面，如图 11-201 所示。

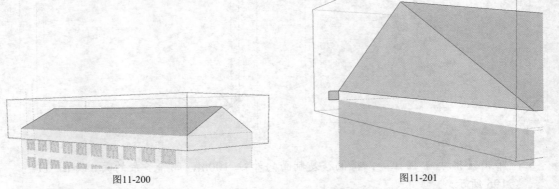

图11-200　　　　　　　　　　　　　　　　图11-201

5. 单击【线条】按钮 ✎，在矩形面上绘制形状，删除多余的线，如图 11-202、
   图 11-203 所示。

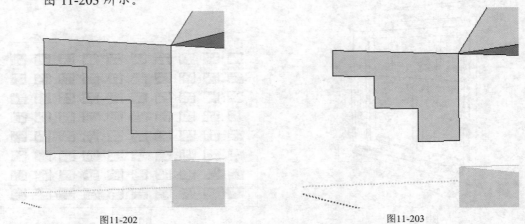

图11-202　　　　　　　　　　　　　　　　图11-203

6. 选中屋顶底面，单击【跟随路径】按钮 ✌，再选择形状面进行放样，如图 11-
   204、图 11-205 所示。

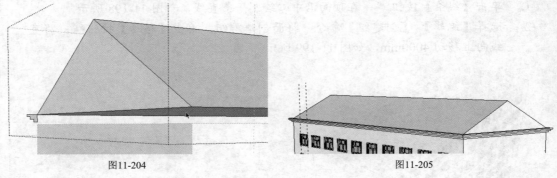

图11-204　　　　　　　　　　　　　　　　图11-205

11.2.2.4 创建入口大门

1. 将第一排窗户删除两个，将辅助线隐藏。单击【矩形】按钮 ▢，绘制一个矩

形面，如图 11-206 所示。

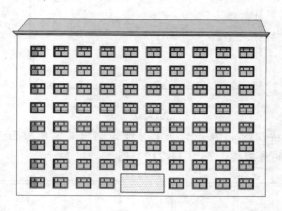

图11-206

2. 单击【推/拉】按钮👆，将面向里推 300mm，再创建组件，如图 11-207、图 11-208 所示。

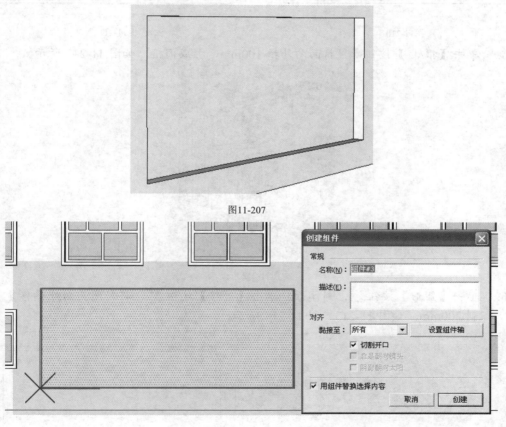

图11-207

图11-208

3. 单击【偏移】按钮👆，将矩形面向里偏移复制 100mm，如图 11-209 所示。

图11-209

4. 单击【矩形】按钮█，在矩形面上继续绘制出其他矩形面。单击【擦除】按钮，将多余的线擦掉，如图 11-210、图 11-211 所示。

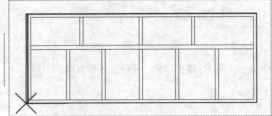

图11-210   图11-211

5. 单击【推/拉】按钮，将面向外拉 100mm，形成门框，如图 11-212 所示。

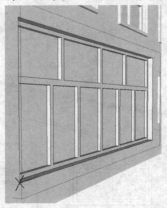

图11-212

6. 单击【矩形】按钮█，封闭面。单击【偏移】按钮，将封闭面向外偏移复制 200mm，如图 11-213、图 11-214 所示。

图11-213   图11-214

7. 单击【推/拉】按钮，将偏移复制面向外拉 200mm，再将封闭面删除，如图

11-215、图 11-216 所示。

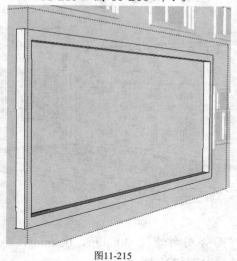
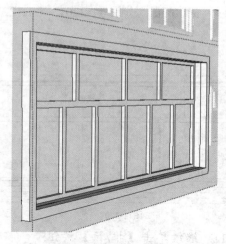

图11-215   图11-216

8. 单击【擦除】按钮，将门框下方进行删除，如图 11-217 所示。

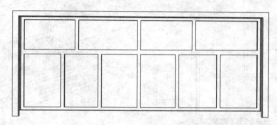

图11-217

9. 单击【矩形】按钮，在下方绘制一个矩形面，再将其创建为组件，如图 11-218、图 11-219 所示。

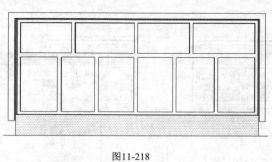

图11-218

图11-219

429

10. 单击【线条】按钮 ✐，绘制几条直线。单击【推/拉】按钮 ✤，向外拉 3000mm，如图 11-220、图 11-221 所示。

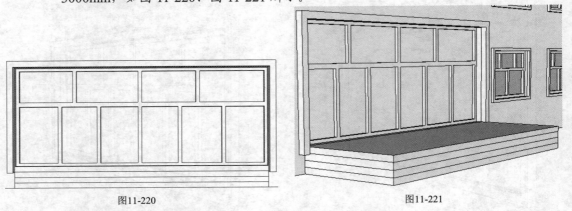

图11-220　　　　　　　　　　　　　　　　　图11-221

11. 继续单击【推/拉】按钮 ✤，将 4 个矩形面分别向外拉 300mm、600mm、900mm、1200mm，形成石阶，如图 11-222、图 11-223 所示。

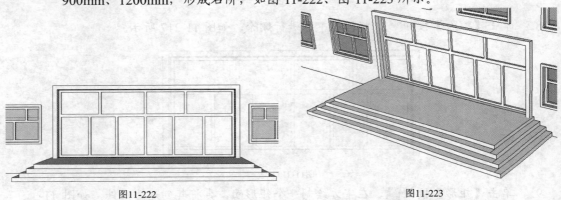

图11-222　　　　　　　　　　　　　　　　　图11-223

12. 单击【矩形】按钮 ▭，在门上方绘制一个矩形面，再将其创建为组件，如图 11-224 所示。

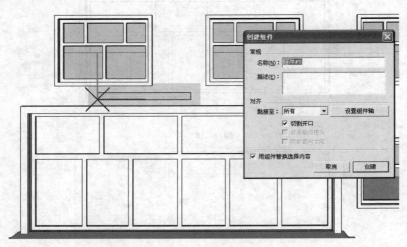

图11-224

13. 单击【推/拉】按钮 ，将矩形面拉成遮阳板，如图 11-225 所示。

图11-225

14. 单击【颜料桶】按钮 ，为入口大门填充适合的材质，如图 11-226 所示。

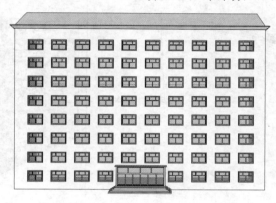

图11-226

11.2.2.5 创建阳台

1. 单击【卷尺】按钮 ，拉出几条辅助线，如图 11-227 所示。

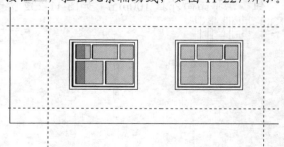

图11-227

2. 单击【矩形】按钮 ，绘制矩形面，再将其创建为组件，如图 11-228 所示。

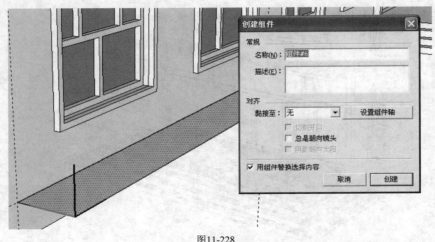

图11-228

3. 单击【推/拉】按钮 ，将矩形面向上拉高。单击【擦除】按钮 ，将多余的
面删除，如图 11-229、图 11-230 所示。

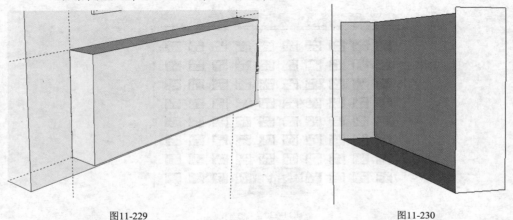

图11-229　　　　　　　　　　　　　　　　　　　　图11-230

4. 选中底面，单击【移动】按钮 ，将底面进行复制，距离分别为 100mm、
1000mm，如图 11-231 所示。

5. 单击【推/拉】按钮 ，将面向外拉 100mm，如图 11-232 所示。

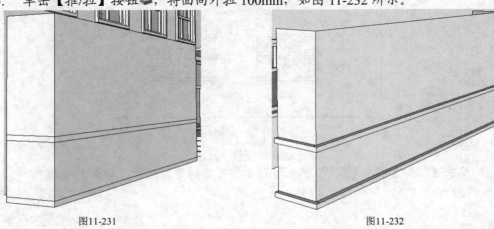

图11-231　　　　　　　　　　　　　　　　　　　图11-232

6. 单击【偏移】按钮 ，将侧面向里偏移复制 100mm。单击【矩形】按钮 ，绘制矩形面，如图 11-233、图 11-234 所示。

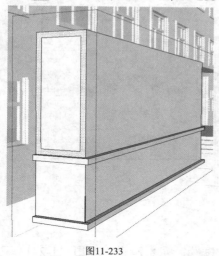

图11-233

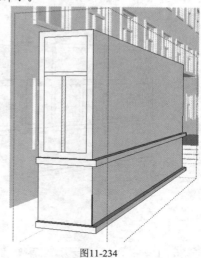

图11-234

7. 单击【擦除】按钮 ，将多余的线删除。单击【移动】按钮 ，复制到另一边，如图 11-235、图 11-236 所示。

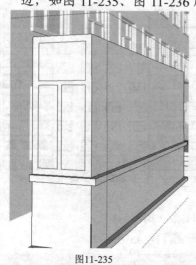

图11-235

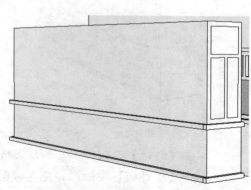

图11-236

8. 单击【偏移】按钮 ，将正面向里偏移复制 100mm。单击【矩形】按钮 ，绘制矩形面，如图 11-237、图 11-238 所示。

图11-237

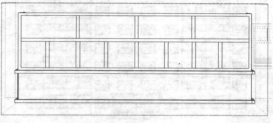

图11-238

9. 将多余的线删除，选中面并将其创建为组件，如图 11-239 所示。

10. 单击【推/拉】按钮 ，将窗框向外推拉 50mm，如图 11-240 所示。

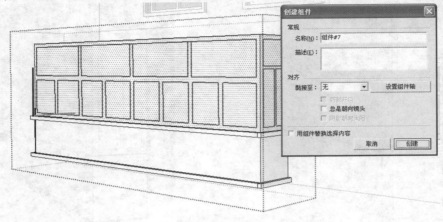

图11-239

11. 为阳台窗户填充材质，再单击【移动】按钮 ，复制阳台，如图 11-241 所示。

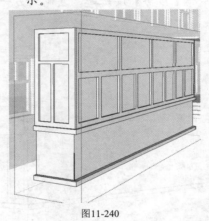

图11-240

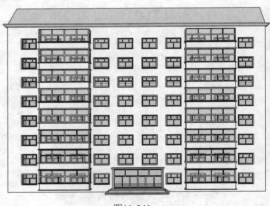

图11-241

12. 单击【移动】按钮 ，复制屋顶边缘，如图 11-242 所示。

13. 单击【颜料桶】按钮 ，完善模型的材质，如图 11-243 所示。

图11-242

图11-243

11.2.3　添加场景及渲染

为创建好的模型添加两个场景页面，并利用之前所教 V-Ray 的渲染方法，将两个场景进行渲染。

1. 单击【移动】按钮 ![]和【旋转】按钮 ![]，将模型复制成两个，如图 11-244 所示。

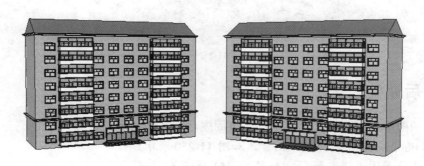

图11-244

2. 启动阴影工具栏，调整角度，显示阴影，如图 11-245、图 11-246 所示。

图11-245　　　　　　　　　　　　　　　图11-246

3. 选择【窗口】/【场景】命令，为创建好的模型添加一个场景页面，并以图片格式导出，如图 11-247、图 11-248 所示。

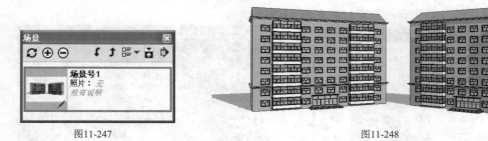

图11-247　　　　　　　　　　　图11-248

4. 启动渲染插件 V-Ray，利用之前所学方法，对场景 1 页面进行渲染，渲染效果如图 11-249 所示。

图11-249

11.2.4 后期处理

对渲染的图片进行后期处理，丰富建筑周围环境，使它更具真实性。

1. 在 Photoshop 中打开渲染图片，如图 11-250 所示。
2. 双击背景图层进行解锁，如图 11-251 所示。

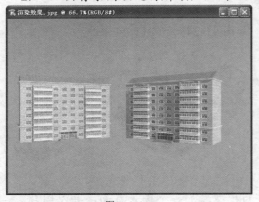

图11-250

图11-251

3. 选择【魔棒】工具，将背景图层删除，如图 11-252 所示。
4. 给图片添加背景和人物素材，如图 11-253 所示。

图11-252

图11-253

5. 选择【图像】/【调整】/【色彩平衡】命令，调整颜色，如图 11-254、图 11-255 所示。

图11-254

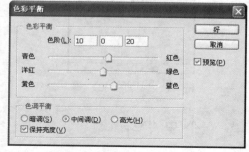

图11-255

6. 新建一个图层，按"Ctrl"+"Shift"+"Alt"+"E"组合键，盖印可见图层，如图 11-256、图 11-257 示。

图11-256

图11-257

7. 选择【滤镜】/【模糊】/【高斯模糊】命令，添加模糊效果，如图 11-258、图 11-259 所示。

图11-258

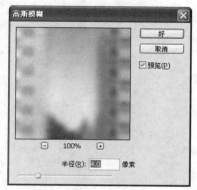

图11-259

8. 将图像模式设为"柔光"，不透明度设为"50%"，如图 11-260、图 11-261 所示。

图11-260

图11-261

11.3　本章小结

　　本章主要学习了如何在 SketchUp 中通过两种不同的方法创建住宅楼，一种是利用 CAD 图纸为基础创建住宅小区规划模型，另一种是自由创建单体住宅楼。第一种主要是以一个小区规划图纸为例，创建小区里不同户型的住宅楼，它结合图纸和周边的实际情况，创建了 3 种不同的户型楼，在创建模型的过程中掌握了如何为墙体开窗、如何制作阳台、如何制作遮阳板、石阶和天台。第二种则是参考真实建筑模型进行自由创建高层住宅楼。最后进行后期处理，增加了住宅周围的环境效果，使效果图看起来更真实。

第12章　公园园林设计

本章将介绍 SketchUp 在园林设计中的应用，主要是对一个公园进行园林设计。

12.1　设计解析

源文件：\Ch12\公园园林设计\
结果文件：\Ch12\公园园林设计\
视频：\Ch12\公园园林设计.wmv

本案例介绍如何对某小型公园进行园林绿化设计。整个公园的形状为四方形，公园位于人流密集的市中心，周边有住宅小区和商业办公大楼，所以设有 5 个出入口，可供人们在闲暇之余来享受由公园带来的绿色气息。

整个公园设计了一个休息区和娱乐区，供人们休息、玩耍、锻炼身体；另外还设计了一个小型舞台，在节假日可表演节目供游人欣赏，设计得非常人性化及富有特点。

公园内配有不同的园林景观设施，包括亭子、假山、水池、花架、园椅、各种各样的植物，在很大程度上体现了园林的特点。图 12-1、图 12-2、图 12-3 所示为建模效果，图 12-4、图 12-5、图 12-6 所示为后期处理效果。操作流程如下。

(1)　整理 CAD 图纸。

(2)　在 SketchUp 中导入 CAD 图纸。

(3)　创建模型。

(4)　填充材质。

(5)　导入组件。

(6)　添加场景。

(7)　后期处理。

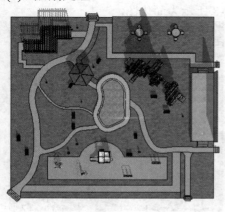

图12-1

图12-2

图12-3

图12-4

图12-5

图12-6

12.2 方案实施

本案例以一张 CAD 平面图纸设计为基础，首先在 AutoCAD 里对图纸进行清理，然后再导入到 SketchUp 中进行描边封面。

12.2.1 整理 CAD 图纸

CAD 平面设计图纸里含有大量的文字、图层、线、图块等信息，如果直接导入到 SketchUp 中，会增加建模的复杂性，所以一般先在 CAD 软件里进行处理，将多余的线删除掉，使设计图纸简单化，图 12-7 所示为原图，图 12-8 所示为简化图。

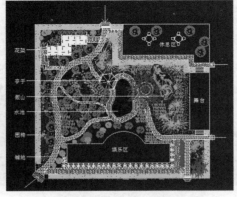

图12-7

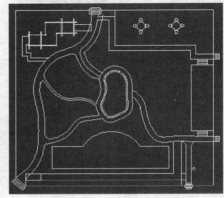

图12-8

1. 在 CAD 命令栏里输入 "PU"，按 "Enter" 键结束命令，对简化后的图纸进行进一步清理，如图 12-9 所示。
2. 单击 全部清理(A) 按钮，弹出图 12-10 所示的对话框，选择【清除所有项目】选项，直到【全部清理】按钮变成灰色状态，即清理完图纸，如图 12-11 所示。

图12-9

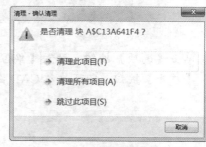

图12-10

3. 在 SketchUp 里先优化一下场景，选择【窗口】/【模型信息】命令，弹出【模型信息】对话框，图 12-12 所示为参数设置。

图12-11

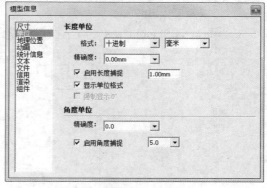

图12-12

12.2.2　导入图纸

导入图纸，并参照图纸创建封闭面，对单独要创建的模型要单独进行描边封面。

1. 选择【文件】/【导入】命令，弹出【打开】对话框，导入图纸，将文件类型选择为 "AutoCAD 文件（*.dwg）" 格式，如图 12-13 所示。

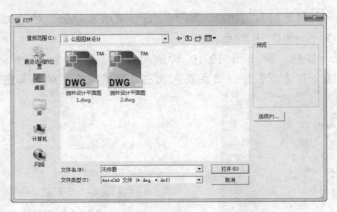

图12-13

2.　单击【选项】按钮，设置【单位】为"毫米"，单击【确定】按钮，最后单击【打开】按钮，即可导入 CAD 图纸，如图 12-14、图 12-15 所示。

图12-14

图12-15

3.　导入到 SketchUp 中的 CAD 图纸是以线条显示的，如图 12-16 所示。

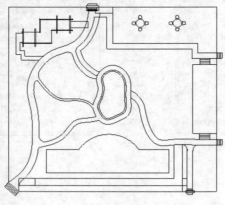

图12-16

4.　将图纸放大，将图纸中多余的线条删除，如图 12-17、图 12-18、图 12-19 所示。

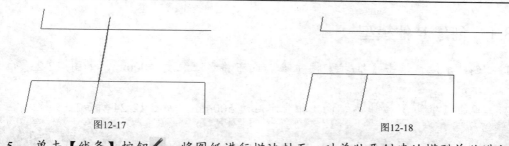

图12-17　　　　　　　　　　　　　　　图12-18

5.　单击【线条】按钮，将图纸进行描边封面，对单独要创建的模型单独进行封面，如图 12-20、图 12-21、图 12-22 所示。

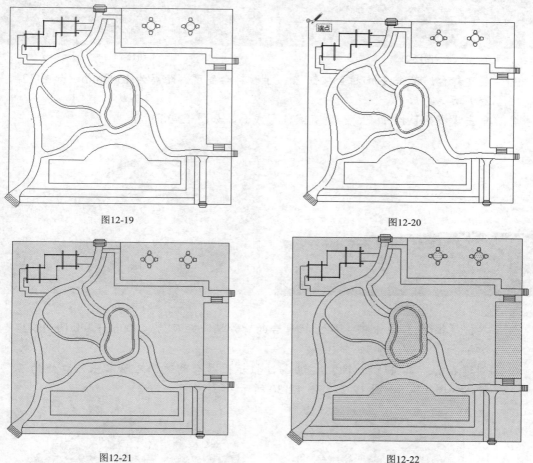

图12-19　　　　　　　　　　　　　　　图12-20

图12-21　　　　　　　　　　　　　　　图12-22

提示：在线与线没有闭合及线出头的情况下，无法形成面，要形成面必须将多余的线头清除，将断掉的线进行连接。

12.3　建模流程

　　参照图纸，首先创建水池、舞台、石桌、石阶模型，然后再填充材质、导入组件、添加场景页面。

12.3.1　创建其他模型

1. 创建水池。单击【推/拉】按钮，向下推水池深度 400mm，如图 12-23 所示。
2. 单击【推/拉】按钮，向上推拉水池边 500mm，如图 12-24 所示。

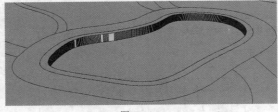

图12-23

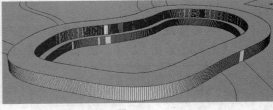

图12-24

3. 创建舞台。单击【推/拉】按钮，上拉舞台高度，距离为 1500mm，如图 12-25 所示。
4. 单击【线条】按钮，绘制直线，形成面，如图 12-26 所示。

图12-25

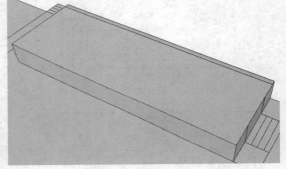

图12-26

5. 单击【推/拉】按钮，向上拉舞台的背景墙，距离为 4500mm，如图 12-27 所示。
6. 创建石阶。单击【推/拉】按钮，推拉出舞台两边的石阶和出入口处的石阶，如图 12-28、图 12-29、图 12-30 所示。

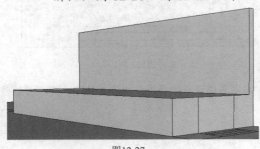

图12-27

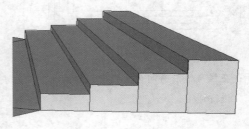

图12-28

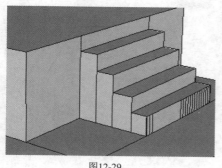

图12-29

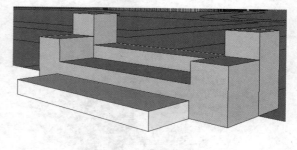

图12-30

7. 创建石桌。单击【推/拉】按钮 ⬆，将桌子向上拉高 1000mm，将凳子向上拉高 500mm，如图 12-31、图 12-32 所示。

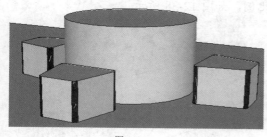

图12-31

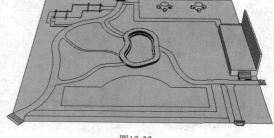

图12-32

12.3.2 创建古典亭

创建一个中式古典亭子，以增加公园的古典式园林效果。

1. 单击【多边形】按钮 ▽，绘制一个边长为 2000mm 的六边形，如图 12-33 所示。
2. 单击【偏移】按钮 ⤸，将多边形面向外偏移复制 400mm，如图 12-34 所示。

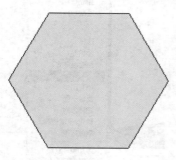

图12-33

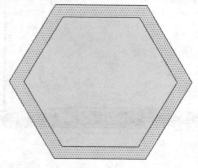

图12-34

3. 单击【推/拉】按钮 ⬆，将两个面分别向上拉高 100mm 和 50mm，如图 12-35 所示。
4. 单击【矩形】按钮 ▭，绘制一个长宽分别为 250mm 的矩形面，如图 12-36 所示。

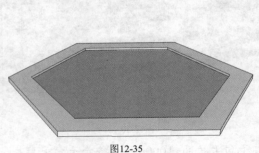

图12-35

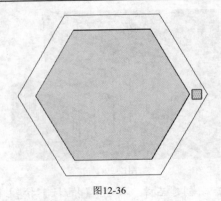

图12-36

5. 单击【推/拉】按钮 ，向上拉 100mm，如图 12-37 所示。

6. 单击【拉伸】按钮 ，将顶面缩放 0.8 比例，如图 12-38 所示。

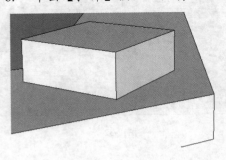

图12-37

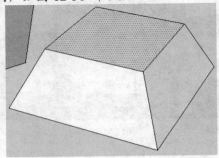

图12-38

7. 单击【偏移】按钮 ，将面向里偏移复制 20mm。单击【推/拉】按钮 ，将面向上拉高 2500mm，如图 12-39 所示。

8. 选中亭柱，单击右键，选择【创建组】命令，如图 12-40 所示。

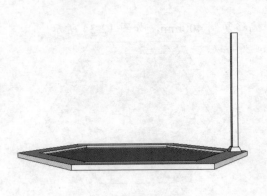

图12-39

图12-40

9. 单击【旋转】按钮 和【移动】按钮 ，将亭柱复制 5 个，并旋转成正面，如图 12-41、图 12-42 所示。

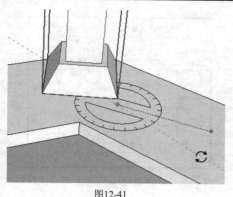

图12-41

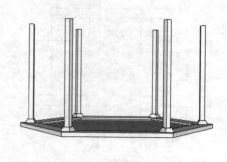

图12-42

10. 单击【矩形】按钮 ▢，在亭柱之间绘制两个矩形面。单击【推/拉】按钮 ◆，进行推拉，如图 12-43、图 12-44 所示。

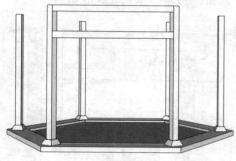

图12-43

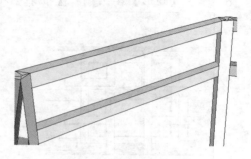

图12-44

11. 利用同样的方法完成其他亭柱间的效果，如图 12-45 所示。

12. 将创建好的模型选中，单击右键，选择【创建组】命令，如图 12-46 所示。

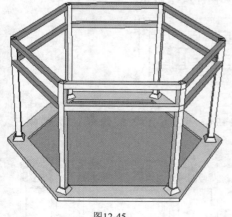

图12-45

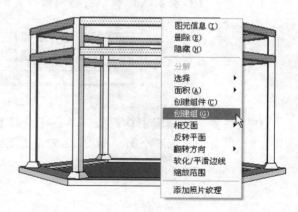

图12-46

13. 单击【矩形】按钮 ▢ 和【线条】按钮 ✎，绘制出以下图形，如图 12-47 所示。

14. 将多余的线删除，再将其创建群组，如图 12-48 所示。

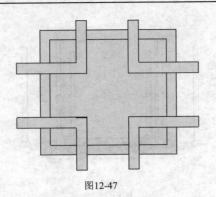

图12-47

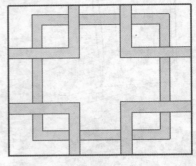

图12-48

15. 将绘制的形状移到亭架上，单击【推/拉】按钮 ，向外拉 30mm，如图 12-49 所示。

16. 单击【矩形】按钮 和【推/拉】按钮 ，拉出矩形块，如图 12-50 所示。

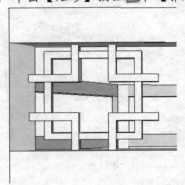

图12-49

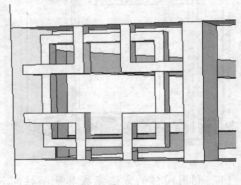

图12-50

17. 单击【移动】按钮 ，将模型进行复制，如图 12-51 所示。

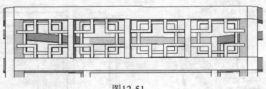

图12-51

18. 将复制的模型创建群组，单击【旋转】按钮 和【移动】按钮 ，复制旋转模型到其他 5 个面，如图 12-52、图 12-53 所示。

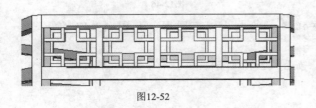

图12-52

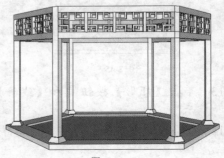

图12-53

19. 单击【多边形】按钮▽，绘制一个边长为 3500mm 的六边形，放置于顶面，如图 12-54 所示。

20. 单击【线条】按钮✎，绘制直线，如图 12-55 所示。

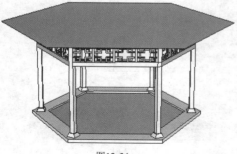

图12-54

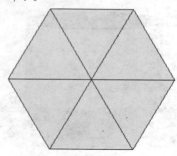

图12-55

21. 单击【移动】按钮✥，将顶点沿中心点向上移动 1500mm，如图 12-56 所示。

22. 单击【推/拉】按钮♦，将面分别向上拉 100mm，如图 12-57 所示。

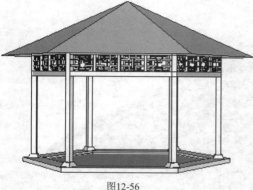

图12-56

图12-57

23. 单击【线条】按钮✎，将亭顶下方进行封闭，如图 12-58 所示。

24. 单击【偏移】按钮☞，向里偏移复制 700mm，再删除面，如图 12-59 所示。

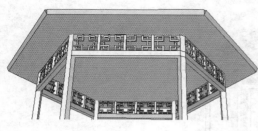

图12-58

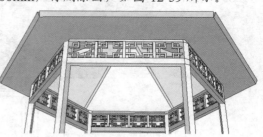

图12-59

25. 单击【圆】按钮⬤，在亭顶绘制一个半径为 150mm 的圆面。单击【推/拉】按钮♦，分别向上和向下推拉 50mm，如图 12-60 所示。

26. 单击【拉伸】按钮⬚，将面向里缩放 0.7，在亭顶绘制一个球体，如图 12-61 所示。

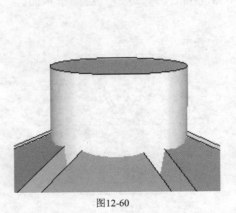

图12-60

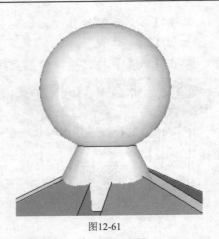

图12-61

27. 单击【线条】按钮 ✐，将缝隙进行连接，且单击【推/拉】按钮 ⬆，进行推拉 50mm，如图 12-62、图 12-63 所示。

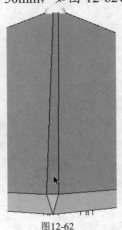

图12-62

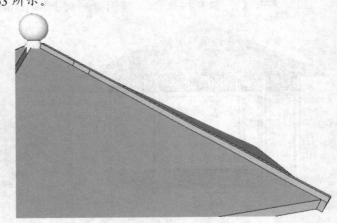

图12-63

28. 利用同样的方法完成其他缝隙连接及推拉效果，亭子效果如图 12-64 所示。

图12-64

12.3.3 创建花架

1. 单击【矩形】按钮 ▢，绘制两个长宽分别为 5000mm、300mm 的矩形面，如

450

建模流程

图 12-65 所示。

2. 继续单击【矩形】按钮▦，绘制一个长宽分别为 8000mm、300mm 的矩形面，如图 12-66 所示。

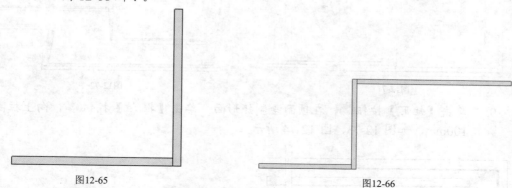

图12-65　　　　　　　　　　　　　　图12-66

3. 单击【移动】按钮✥，将绘制的矩形再复制一个，并调整距离，如图 12-67 所示。

4. 将多余的线删除，单击右键，选择【创建组】命令，如图 12-68 所示。

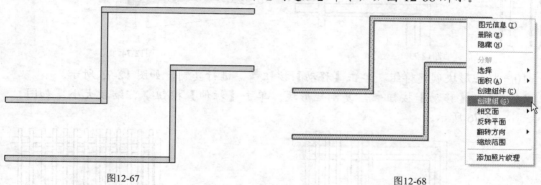

图12-67　　　　　　　　　　　　　　图12-68

5. 单击【推/拉】按钮⬆，将矩形面拉高 200mm，如图 12-69 所示。

6. 单击【圆】按钮⬤，绘制 8 个半径为 120mm 的圆面，如图 12-70 所示。

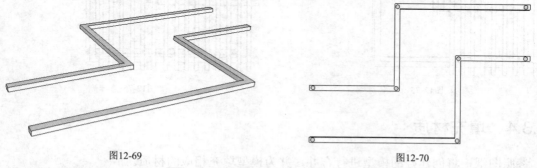

图12-69　　　　　　　　　　　　　　图12-70

7. 单击【推/拉】按钮⬆，将圆面拉高 4000mm，形成圆柱，如图 12-71 所示。

8. 单击【移动】按钮✥，将底部形状垂直复制一个，如图 12-72 所示。

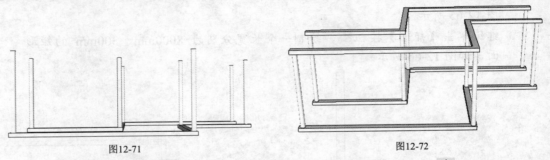

图12-71   图12-72

9. 单击【矩形】按钮▣，在顶面绘制矩形面。单击【推/拉】按钮↥，向上拉高 100mm，如图 12-73、图 12-74 所示。

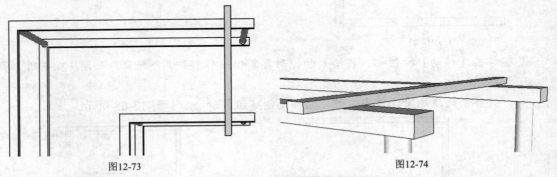

图12-73   图12-74

10. 将矩形块创建群组，单击【移动】按钮✥，进行复制，如图 12-75 所示。
11. 单击【移动】按钮✥，复制矩形块。单击【拉伸】按钮◹，缩放大小，如图 12-76 所示。

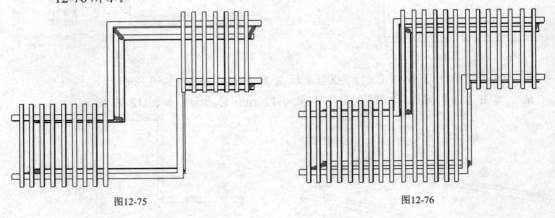

图12-75   图12-76

12.3.4 填充材质

参照图纸，将创建好的模型进行合并，并为模型填充相应的材质。

1. 选中水池模型，选择【窗口】/【柔化边线】命令，将模型多余的边线进行柔化，如图 12-77、图 12-78、图 12-79 所示。

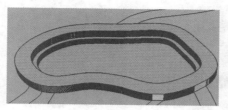

图12-77

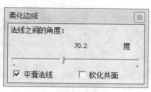

图12-78

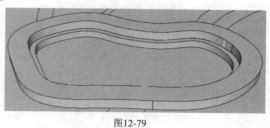

图12-79

提示： 在创建模型的过程中，有时会推拉出许多线面，这时可使用柔化边命令将边线进行柔化，这样填充
材质会非常方便。

2. 单击【颜料桶】按钮，为公园小路填充混泥铺砖材质，如图 12-80、图 12-
81 所示。

图12-80

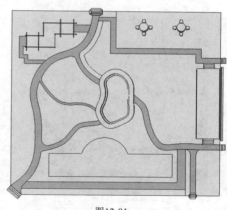

图12-81

3. 为公园地面填充草坪材质，单击【推/拉】按钮，将草坪统一拉高 50mm，
如图 12-82、图 12-83 所示。

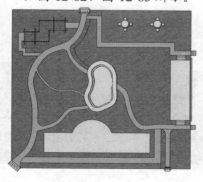

图12-82

图12-83

4. 为娱乐区填充沙粒材质，如图 12-84、图 12-85 所示。

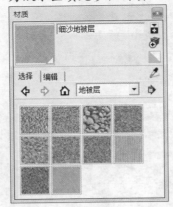

图12-84

图12-85

5. 为水池填充适合的材质，如图 12-86、图 12-87 所示。

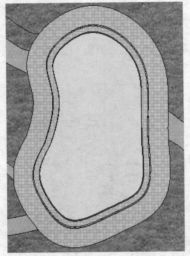

图12-86

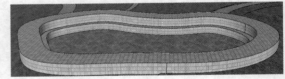

图12-87

6. 为石阶填充适合的材质，如图 12-88、图 12-89 所示。

图12-88

图12-89

7. 为石桌填充适合的材质，如图 12-90、图 12-91 所示。

图12-90

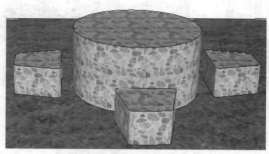

图12-91

8. 为舞台背景填充材质贴图，如图 12-92、图 12-93 所示。

图12-92

图12-93

9. 将创建好的花架和亭子填充适合的材质，如图 12-94、图 12-95 所示。

图12-94

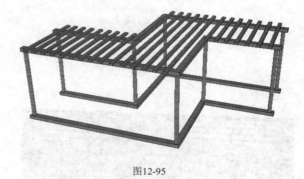

图12-95

12.3.5　导入组件

为创建好的公园模型导入花架、亭子、假山、植物、人物、园椅、园灯组件，使场景更加丰富。

1. 将创建好的花架导入到场景中，如图 12-96 所示。
2. 导入亭子组件，如图 12-97 所示。

图12-96

图12-97

3. 导入假山组件，如图 12-98 所示。

4. 为娱乐区导入健身器材组件，如图 12-99 所示。

图12-98

图12-99

5. 导入园椅和园灯组件，单击【移动】按钮 ，复制组件，如图 12-100、图 12-101 所示。

图12-100

图12-101

提示：在 SketchUp 中创建模型时，到后期到进行 V-Ray 渲染，导入的组件应尽量减少，可使用后期处理添加素材，否则渲染速度会非常慢，或者出现死机等故障。

12.3.6　添加场景页面

为学校园林绿化创建 3 个场景页面，方便浏览模型并添加阴影效果。

1. 选择【窗口】/【阴影】命令，显示阴影工具栏，调整时间，显示阴影，如图 12-102、图 12-103 所示。

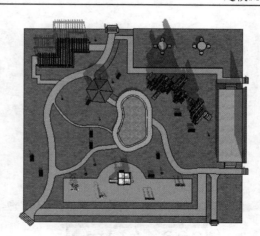

图12-103

图12-102

2. 选择【镜头】/【两点透视图】命令，给场景添加透视图效果，如图 12-104 所示。

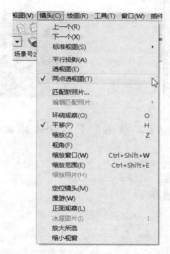

图12-104

3. 选择【窗口】/【场景】命令，单击⊕按钮，创建场景 1，如图 12-105、图 12-106 所示。

图12-105

图12-106

4. 单击⊕按钮，创建场景 2，如图 12-107、图 12-108 所示。

457

图12-107

图12-108

5. 单击⊕按钮，创建场景 3，如图 12-109、图 12-110 所示。

图12-109

图12-110

6. 选择【文件】/【导出】/【二维图形】命令，依次导出 3 个场景，如图 12-111、图 12-112 所示。

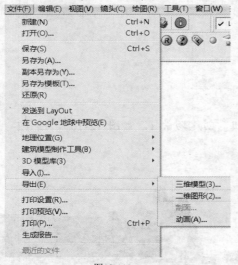

图12-111

图12-112

12.4　渲染设计

这里主要利用 V-Ray 渲染器对园林绿化的 3 个场景依次进行渲染。

一、布光准备

1. 打开 V-Ray 渲染设置面板，如图 12-113 所示。

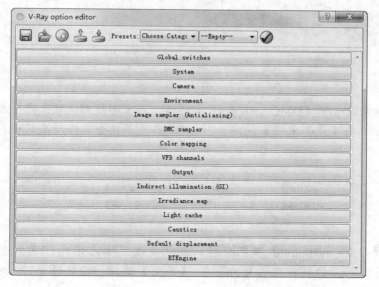

图12-113

2. 设置【Global switches】全局开关。暂时先关闭【反射/折射】选项，激活【替代材质】选项，并单击颜色块，设置一个灰度值（R170，G170，B170），如图 12-114 所示。

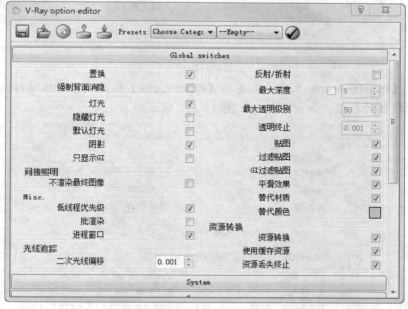

图12-114

3. 设置【Image sampler（Antialiasing）】图像采样器。【类型】一般推荐使用"固定比率"采样器，速度更快，同时关闭【抗锯齿过滤】复选框，如图 12-115 所示。

图12-115

4. 设置纯蒙特卡罗【DMC sampler】采样器。为了不让测试效果产生太多的黑斑和噪点，将【最小采样】提高为"13"，其他参数全部保持默认值，如图 12-116 所示。

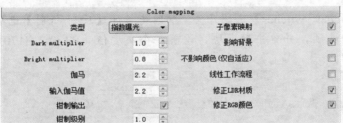

图12-116

5. 设置【Color mapping】颜色映射，也就是设置曝光方式，这个选项非常重要，它与场景的特点有很大的关系，【类型】选择"指数曝光"，如图 12-117 所示。

图12-117

6. 设置【Irradiance map】发光贴图和【Light cache】灯光缓存。两项都设定为相对比较低的数值，如图 12-118、图 12-119 所示。

图12-118

图12-119

二、材质调整

选择【窗口】/【材质】命令，打开材质编辑器，同时单击 ⓜ 按钮，打开 V-Ray 材质编辑器。

1. 设置地砖。

(1) 单击【样本颜料】按钮 🖉，在地面砖单击一下以吸取材质，如图 12-120、图 12-121 所示。

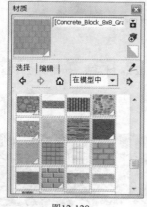

图12-120

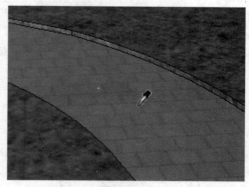

图12-121

(2) 该材质的属性会自动显示在 V-Ray 材质编辑器中，右键单击【材质列表】中自动选中的材质，在弹出的菜单中选择【创建材质层】/【反射】命令，如图 12-122 所示。

图12-122

(3) 单击反射层右侧的【m】按钮，在弹出的对话框中单击"菲涅耳"模式，最后单击 ⎯OK⎯ 按钮，如图 12-123、图 12-124 所示。

图12-123

图12-124

2. 设置大理石。

(1) 单击【样本颜料】按钮 ✐，在玻璃上单击一下以吸取材质，如图 12-125、图 12-126 所示。

图12-125

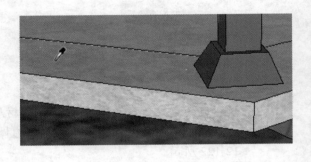

图12-126

(2) 该材质的属性会自动显示在 V-Ray 材质编辑器中，右键单击【材质列表】中自动选中的材质，在弹出的菜单中选择【创建材质层】/【反射】命令，如图 12-127 所示。

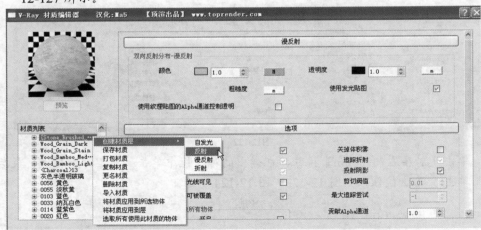

图12-127

(3) 将【高光光泽度】设为 "0.9"，【反射光泽度】设为 "1"，并单击反射层右侧的【m】按钮，在弹出的对话框中单击 "菲涅耳" 模式，最后单击 OK 按钮，如图 12-128、图 12-129 所示。

图12-128

图12-129

3.　设置水。

(1)　单击【样本颜料】按钮 ✐，在水面上单击一下以吸取材质，如图 12-130、图
12-131 所示。

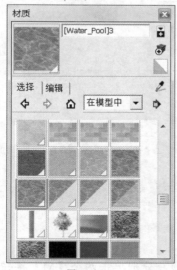

图12-130

图12-131

(2)　该材质的属性会自动显示在 V-Ray 材质编辑器中，右键单击【材质列表】中
自动选中的材质，在弹出的菜单中选择【创建材质层】/【反射】命令，如图
12-132 所示。

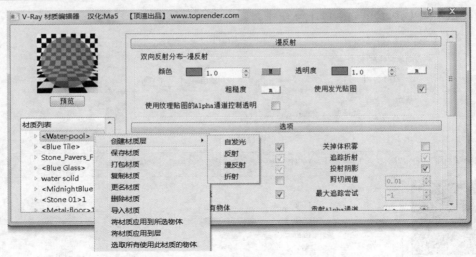

图12-132

(3) 单击反射层右侧的【m】按钮，在弹出的对话框中单击"菲涅耳"模式，将
【折射率】设为"16"，最后单击 ＯＫ 按钮，如图 12-133、图 12-134 所
示。

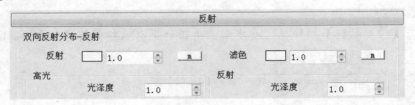

图12-133

图12-134

三、渲染出图

1. 单击 ◎ 按钮，再选择【Environment】环境选项，分别单击两个【M】按钮，
将它们的参数设置为相同，如图 12-135、图 12-136 所示。

图12-135

图12-136

2. 选择【Image sampler（Antialiasing）】图样采样器选项，将【类型】更改为
   "自适应 DMC"，将【最多细分】设为"17"，提高细节区域的采样，勾选
   【抗锯齿过滤器】复选框，选择常用的"Catmull Rom"过滤器，如图 12-137
   所示。

图12-137

3. 选择【DMC sampler】选项，将【最小采样】设为"12"，如图 12-138 所示。

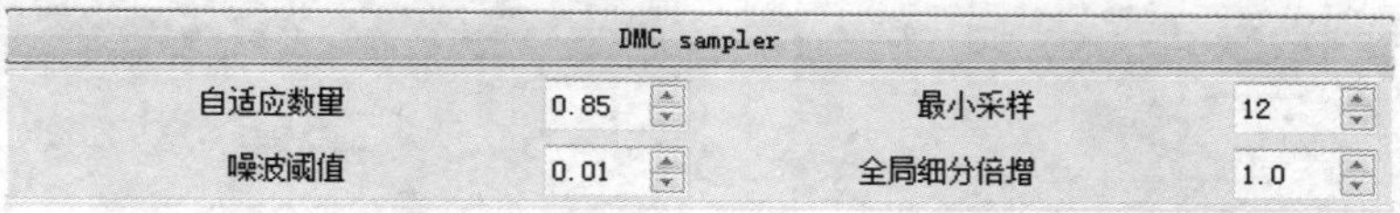

图12-138

4. 选择【Irradiance map】发光贴图选项，将【最小比率】设为"-5"，【最大比
   率】改成"-3"，如图 12-139 所示。

图12-139

5. 选择【Light cache】灯光缓存选项，将【细分】设为"500"，如图 12-140 所
   示。

图12-140

6. 选择【Output】选项，将尺寸设为如图 12-141 所示。

图12-141

7. 设置完成后，单击 ⓡ 按钮，依次对场景页面 1、页面 2、面页 3 进行渲染出图，图 12-142、图 12-143、图 12-144 所示为渲染图效果。

图12-142

图12-143

图12-144

12.5　后期处理

这里后期处理主要是运用 Photoshop 软件进行处理，使场景得到更完美的效果。

1. 启动 Photoshop 软件，打开渲染图片，如图 12-145 所示。
2. 双击 "背景图层" 进行解锁，如图 12-146 所示。

图12-145

图12-146

3. 选择【魔棒】工具将背景选中且删除,如图 12-147、图 12-148 所示。

图12-147

图12-148

4. 将背景图片拖到"图层 0"下方,形成背景,如图 12-149、图 12-150 所示。

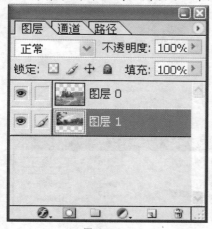

图12-149

图12-150

5. 给场景添加植物和花草素材,如图 12-151 所示。

6. 给水池面添加湖水和荷花素材,如图 12-152 所示。

图12-151

图12-152

7.　添加人物素材，如图 12-153 所示。

图12-153

8.　将图层进行合并，选择【图像】/【调整】/【亮度/对比度】命令，调整图层亮度，如图 12-154、图 12-155 所示。

图12-154

图12-155

9.　选择【图像】/【调整】/【色彩平衡】命令，调整颜色，如图 12-156、图 12-157 所示。

图12-156

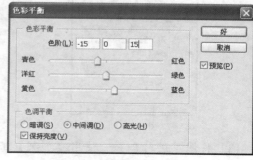

图12-157

10. 新建一个图层，按"Ctrl"＋"Shift"＋"Alt"＋"E"组合键，盖印可见图层，如图 12-158、图 12-159 所示。

图12-158

图12-159

11. 选择【滤镜】/【模糊】/【高斯模糊】命令，添加模糊效果，如图 12-160、图 12-161 所示。

图12-160

图12-161

12. 将图像模式设为"柔光"，不透明度设为"50%"，如图 12-162、图 12-163 所示。

图12-162

图12-163

13. 将图层进行合并，使用【加深】工具和【减淡】工具，对太亮和太暗的地方进行涂抹处理，效果如图 12-164 所示。

图12-164

14. 利用同样的方法处理另外两张图片，最终效果如图 12-165、图 12-166 所示。

图12-165

图12-166

12.6　本章小结

　　本章主要学习了在 SketchUp 中如何对一个公园进行园林设计。根据公园的规划图纸，创建的过程相对简单清晰。创建的模型都是园林设计中最常见的一些模型，包括水池、石阶、石桌等，后期再对公园进行了渲染和图片处理，使整个公园置于山水园林之间。希望读者能掌握创建园林的方法，并根据自己的想法，创造出更具特性的园林设计。

第13章 现代室内装修设计

本章主要介绍 SketchUp 在室内设计中的应用。如何创建一个室内模型，然后对室内空间进行装修设计。

13.1 设计解析

源文件：\Ch13\室内平面设计图 2.dwg，以及相应组件
结果文件：\Ch13\现代室内装修设计\
视频：\Ch13\现代室内装修设计.wmv

本案例以一张 CAD 室内平面图纸为基础，学习如何将一张室内平面图迅速创建为一张室内模型效果图。

该室内户型属于两室一厅的小户型，建筑面积为 $72.3m^2$，使用面积为 $53.5m^2$。整个室内空间包括主卧、次卧、客厅、阳台、卫生间、厨房六个部分，其中客厅和餐厅相通，所以在设计过程中要尽量利用空间进行模型创建。

此次室内设计风格以简约温馨、现代时尚为主，非常适合现代都市白领人群居住。整个空间以绿色为主色调。为客厅制作了简单的装饰墙和装饰柜，对室内各个房间采用不同的壁纸和瓷砖材质进行填充，还导入了一些室内家具及装饰组件为其添加不同的效果，最后进行了室内渲染和后期处理，使室内效果更加完美。图 13-1、图 13-2、图 13-3 所示为室内建模效果，图 13-4、图 13-5、图 13-6 所示为渲染后期效果，操作流程如下。

(1) 在 CAD 软件里整理平面图纸。

(2) 导入图纸。

(3) 创建模型。

(4) 填充材质。

(5) 导入组件。

(6) 添加场景。

(7) 导出图像。

(8) 后期处理。

(9) 室内渲染。

图13-1

图13-2

图13-3

图13-4

图13-5

图13-6

13.2　方案实施

　　首先在 AutoCAD 里对图纸进行清理，然后将其导入到 SketchUp 中进行描边封面。

13.2.1　整理 CAD 图纸

　　CAD 平面设计图纸里含有大量的文字、图层、线和图块等信息，如果直接导入到 SketchUp 中，会增加建模的复杂性，所以一般先在 CAD 软件里进行处理，将多余的线删除掉，使设计图纸简单化，图 13-7 所示为室内平面原图，图 13-8 所示为简化图。

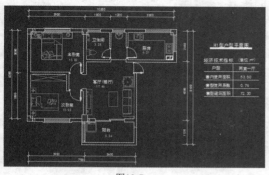
图13-7

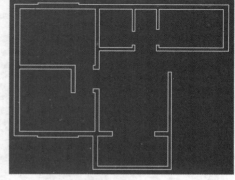
图13-8

1. 在 CAD 命令栏里输入"PU",按"Enter"键结束操作,对简化后的图纸进行进一步清理,如图 13-9 所示。

2. 单击 全部清理(A) 按钮,弹出图 13-10 所示的对话框,选择【清除所有项目】选项,直到【全部清理】按钮变成灰色状态,即清理完图纸,如图 13-11 所示。

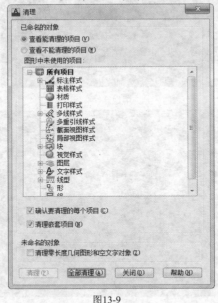

图13-9

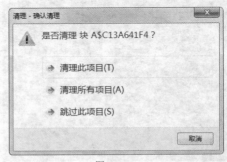

图13-10

3. 在 SketchUp 中先优化一下场景,选择【窗口】/【模型信息】命令,弹出【模型信息】对话框,参数设置如图 13-12 所示。

图13-11

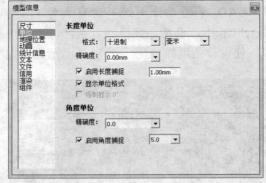

图13-12

13.2.2 导入图纸

将 CAD 图纸导入到 SketchUp 中,并以线条显示。

1. 选择【文件】/【导入】命令，弹出【打开】对话框，将文件类型设置为"AutoCAD 文件（*.dwg）"格式，选择"室内设计平面图 2"文件，如图 13-13 所示。

图13-13

2. 单击 选项(P)... 按钮，将单位改为"毫米"，单击 确定 按钮，最后单击 打开(O) 按钮，即可导入 CAD 图纸，如图 13-14 所示。

3. 图 13-15 所示为导入结果。

图13-14

图13-15

4. 单击 关闭 按钮，导入到 SketchUp 中的 CAD 图纸是以线条显示的，如图 13-16 所示。

图13-16

13.3 建模流程

参照图纸创建模型，包括创建室内空间、绘制客厅装饰墙、制作阳台，然后再填充材质、导入组件、添加场景页面。

13.3.1　创建室内空间

将导入的图纸线条创建封闭面，快速建立空间模型。

1. 单击【线条】按钮，将断掉的线条进行连接，使它形成一个封闭面，如图 13-17、图 13-18 所示。

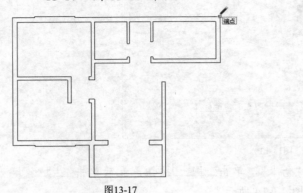

图13-17

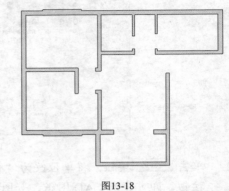

图13-18

2. 单击【推/拉】按钮，向上拉 3200mm，形成一个室内空间，如图 13-19 所示。

3. 单击【擦除】按钮，将多余的线条删除掉，如图 13-20 所示。

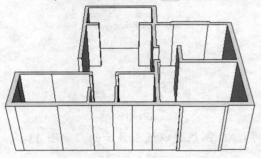

图13-19

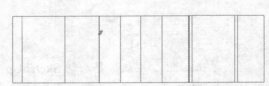

图13-20

4. 单击【矩形】按钮，将室内地面进行封闭，如图 13-21、图 13-22 所示。

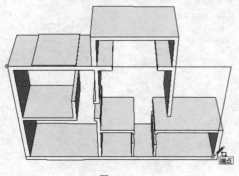

图13-21

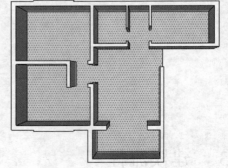

图13-22

13.3.2　绘制装饰墙

在客厅背景墙处绘制一个简单的装饰墙，使室内客厅画面更加丰富多彩。

1. 单击【矩形】按钮■，在墙面绘制 3 个矩形，如图 13-23、图 13-24 所示。

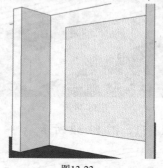

图13-23

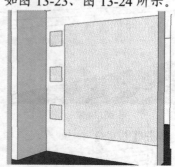

图13-24

2. 单击【推/拉】按钮，将矩形面分别向里推 50mm、100mm，如图 13-25 所示。

3. 单击【线条】按钮✐，绘制出图 13-26 所示的面。

图13-25

图13-26

4. 单击【偏移】按钮，向里偏移复制面，如图 13-27 所示。

5. 单击【推/拉】按钮，分别向里和向外推拉，效果如图 13-28 所示。

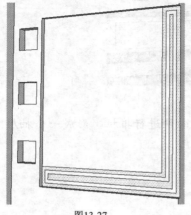

图13-27

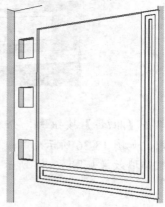

图13-28

6. 单击【线条】按钮 ✎，打断一个面，如图 13-29 所示。

7. 单击【推/拉】按钮 ✤，向外推拉 500mm，如图 13-30 所示。

图13-29

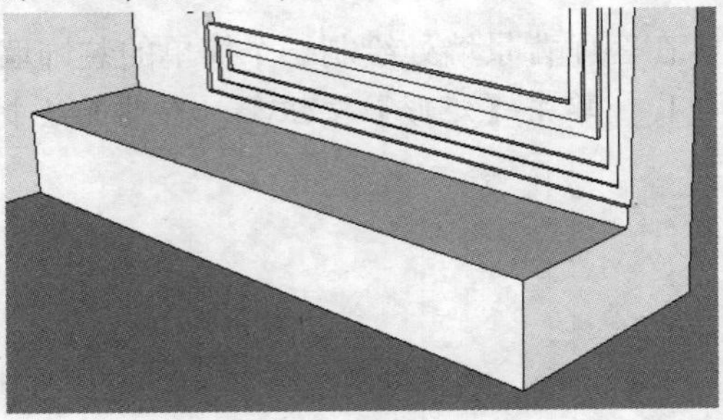

图13-30

8. 单击【线条】按钮 ✎，沿中心点绘制面，如图 13-31、图 13-32 所示。

图13-31

图13-32

9. 单击【推/拉】按钮 ✤，向下推拉一定距离，如图 13-33 所示。

10. 单击【矩形】按钮 ▢，绘制 3 个矩形面，如图 13-34 所示。

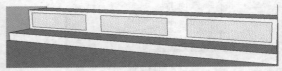

图13-33

图13-34

11. 单击【圆形】按钮 ⬤，在矩形面上绘制几个圆形，如图 13-35 所示。

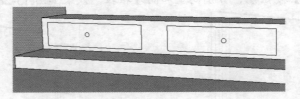

图13-35

12. 单击【推/拉】按钮 ✤，分别将矩形面和圆面向外进行推拉，形成一个抽屉效果，如图 13-36 所示。

13. 装饰墙效果如图 13-37 所示。

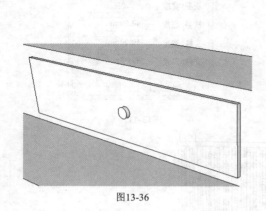

图13-36

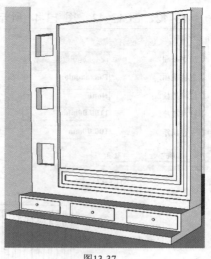

图13-37

13.3.3 绘制阳台

单独推拉出阳台效果，并利用建筑插件快速创建阳台栏杆。

1. 单击【线条】按钮 ✎，打断面，如图 13-38 所示。
2. 单击【推/拉】按钮 ♦，向下推一定距离，如图 13-39 所示。

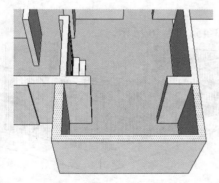

图13-38

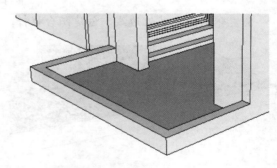

图13-39

3. 启动建筑插件，选中边线，如图 13-40、图 13-41 所示。

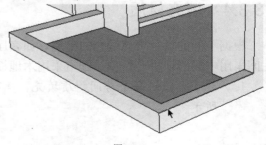

图13-41

SuAPP基本工具栏

图13-40

4. 单击【创建栏杆】按钮 ▥，设置【栏杆构件】参数，创建阳台栏杆，如图

479

13-42、图 13-43、图 13-44 所示。

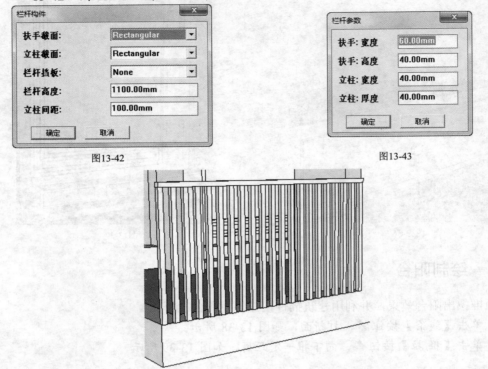

图13-42　　　　　　　　　　　　　　　　　　　　图13-43

图13-44

5.　依次选中其他边线，创建阳台栏杆，如图 13-45、12-46 所示。

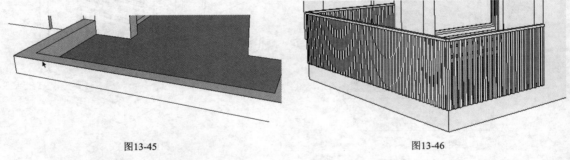

图13-45　　　　　　　　　　　　　　　　　图13-46

13.3.4　填充材质

根据不同的场景填充适合的材质，如客厅采用地砖材质，墙面采用壁纸材质，厨房和卫生间采用一般的地拼砖材质，卧室采用木地板材质。

1.　为了方便对每个房间材质填充，单击【线条】按钮 ✐，打断面，如图 13-47 所示。

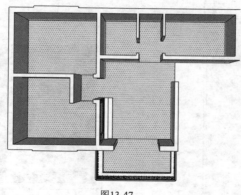

图13-47

2. 单击【颜料桶】按钮，选择地砖材质填充客厅，如图 13-48、图 13-49 所示。

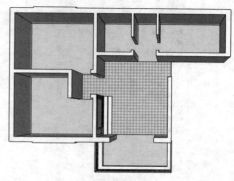

图13-48

图13-49

3. 为阳台填充适合的材质，如图 13-50、图 13-51 所示。

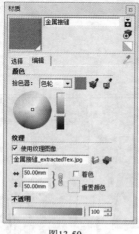

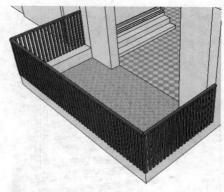

图13-50

图13-51

4. 为卫生间、厨房填充适合的材质，如图 13-52、图 13-53 所示。

图13-52

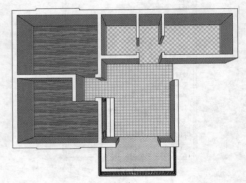

图13-53

5.　为卧室填充木地板材质，如图 13-54、图 13-55 所示。

图13-54

图13-55

6.　为客厅装饰墙填充适合的材质，如图 13-56 所示。

7.　依次完善室内其他房间的材质效果，如图 13-57 所示。

图13-56

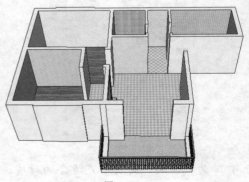

图13-57

13.3.5　导入组件

导入室内组件，让室内空间的内容更丰富，这部分是建模中很重要的部分。

1. 选择【文件】/【导入】命令，导入光盘中的组件，如图 13-58 所示。
2. 导入的电视和音箱组件，如图 13-59 所示。

图13-58

图13-59

3. 导入装饰品组件进行摆设，如图 13-60、图 13-61 所示。

图13-60

图13-61

4. 导入沙发和茶几组件，将其摆放在客厅，如图 13-62 所示。
5. 导入餐桌组件，如图 13-63 所示。

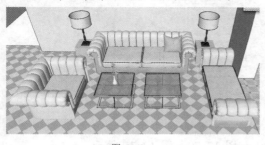

图13-62

图13-63

6. 给阳台添加推拉玻璃门，并将上方的墙封闭，如图 13-64 所示。
7. 导入窗帘组件，如图 13-65 所示。

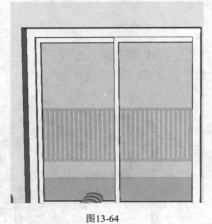

图13-64

图13-65

8. 导入装饰画组件，如图 13-66、图 13-67 所示。

图13-66

图13-67

9. 单击【矩形】按钮，对室内空间封闭顶面，如图 13-68、图 13-69 所示。

图13-68

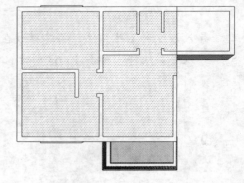

图13-69

10. 最后为客厅和餐厅导入吊灯和射灯组件，如图 13-70、图 13-71 所示。

图13-70

图13-71

13.3.6　添加场景页面

这里为客厅和餐厅创建 3 个室内场景，方便浏览室内空间。

1.　选择【镜头】/【两点透视图】命令，设置两点透视效果，如图 13-72 所示。

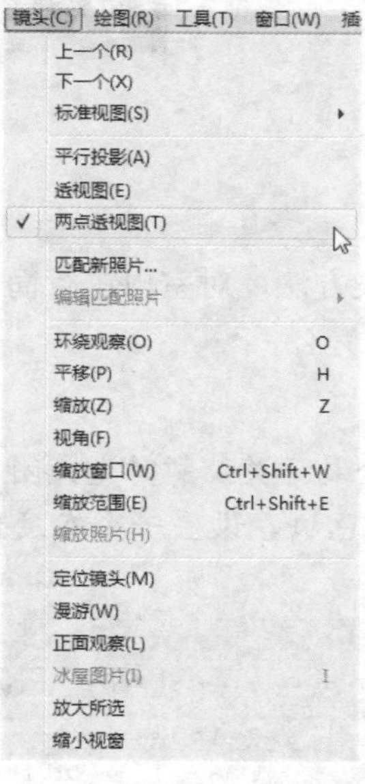

图13-72

2.　选择【窗口】/【场景】命令，单击【添加场景】按钮⊕，创建场景 1，如图
　　13-73、图 13-74 所示。

图13-73

图13-74

3. 单击【添加场景】按钮⊕，创建场景 2，如图 13-75、图 13-76 所示。

图13-75

图13-76

4. 单击【添加场景】按钮⊕，创建场景 3，如图 13-77、图 13-78 所示。

图13-77

图13-78

13.4　渲染设计

根据之前学习过的 V-Ray 渲染方法，对室内进行简单的渲染，将灯光设为暖黄色调，其他参数根据需要进行设置。

一、布光准备

1. 设置【Global switches】全局开关。暂时先关闭【反射/折射】选项，激活【替代材质】选项，并单击颜色块，设置一个灰度值（R170，G170，B170），如图 13-79 所示。

图13-79

2. 设置【Image sampler (Antialiasing)】图像采样器。【类型】一般推荐使用 "固定比率" 采样器，这种采样器速度更快，同时关闭【抗锯齿过滤】复选框，将【细分】设为 "1"，如图 13-80 所示。

图13-80

3. 设置纯蒙特卡罗【DMC sampler】采样器，是为了不让测试效果产生太多的黑斑和噪点，将【最小采样】提高为 "13"，其他参数全部保持默认值，如图 13-81 所示。

DMC sampler			
自适应数量	0.85	最小采样	13
噪波阈值	0.01	全局细分倍增	1.0

图13-81

4. 设置【Color mapping】颜色映射，也就是设置曝光方式。这个选项非常重要，它与场景的特点有很大的关系，【类型】选择 "指数曝光"，如图 13-82 所示。

Color mapping			
类型	指数曝光	子像素映射	☑
Dark multiplier	1.0	影响背景	☑
Bright multiplier	0.8	不影响颜色(仅自适应)	☐
伽马	2.2	线性工作流程	☐
输入伽马值	2.2	修正LDR材质	☑
钳制输出	☑	修正RGB颜色	☑
钳制级别	1.0		

图13-82

5. 设置【Irradiance map】发光贴图和【Light cache】灯光缓存，这两项都设定为相对比较低的数值，图 13-83、图 13-84 所示为设置的参数。

Irradiance map			
基本参数			
最小比率	-4	颜色阈值	0.3
最大比率	-4	法线阈值	0.3
半球细分	50	距离极限	0.1
插值采样	20	帧插值采样	2

图13-83

图13-84

二、设置灯光

1.　显示 V-Ray 工具栏，单击【光域网】按钮 ，为室内添加灯光，如图 13-85 所示。

图13-85

2.　右键单击光源，在快捷菜单中选择【V-Ray for SketchUp】/【编辑光源】命令，设置"颜色"为暖黄色，如图 13-86、图 13-87 所示。

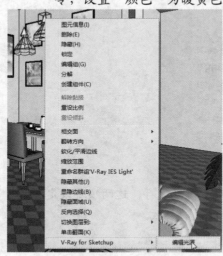

图13-86

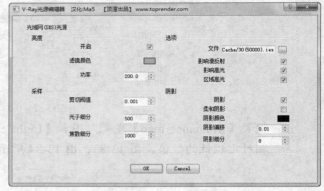

图13-87

三、材质调整

选择【窗口】/【材质】命令，打开材质管理器，同时单击 按钮，打开 V-Ray 材质编辑器。

1.　设置地砖。

(1) 单击【样本颜料】按钮 ✐，在地砖单击一下吸取材质，如图 13-88、图 13-89
所示。

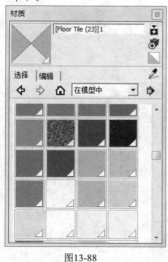

图13-88

图13-89

(2) 该材质的属性会自动显示在 V-Ray 材质编辑器中，右键单击【材质列表】中
自动选中的材质，在弹出的菜单中选择【创建材质层】/【反射】命令，如图
13-90 所示。

图13-90

(3) 单击反射层右侧的【m】按钮，在弹出的对话框中选择"菲涅耳"模式，最后
单击 OK 按钮，如图 13-91、图 13-92 所示。

图13-91

图13-92

2. 设置墙壁。

(1) 单击【样本颜料】按钮 ✐，在墙壁上单击一下以吸取材质，如图 13-93、图 13-94 所示。

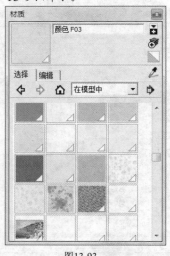

图13-93

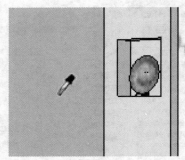

图13-94

(2) 该材质的属性会自动显示在 V-Ray 材质编辑器中，右键单击【材质列表】中自动选中的材质，在弹出的菜单中选择【创建材质层】/【反射】命令，如图 13-95 所示。

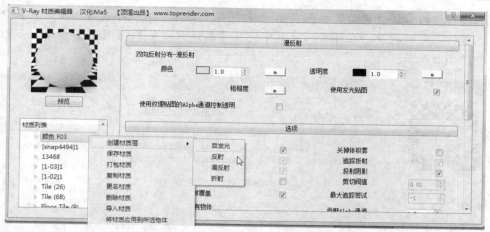

图13-95

(3) 单击反射层右侧的【m】按钮，在弹出的对话框中选择"菲涅耳"模式，最后单击 OK 按钮，如图 13-96、图 13-97 所示。

图13-96

图13-97

3. 设置玻璃。

(1) 单击【样本颜料】按钮 ，在玻璃上单击一下以吸取材质，如图 13-98、图 13-99 所示。

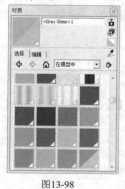

图13-98

图13-99

(2) 该材质的属性会自动显示在 V-Ray 材质编辑器中，右键单击【材质列表】中自动选中的材质，在弹出的菜单中选择【创建材质层】/【反射】命令，如图 13-100 所示。

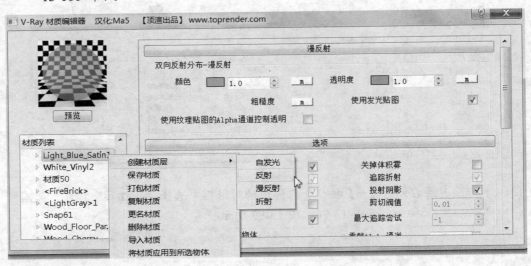

图13-100

(3) 将【高光光泽度】设为 "0.9"，【反射光泽度】设为 "1"，并单击反射层右侧的【m】按钮，在弹出对话框中选择 "菲涅耳" 模式，最后单击 OK 按钮，如图 13-101、图 13-102 所示。

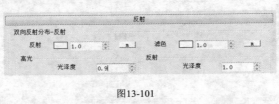

图13-101

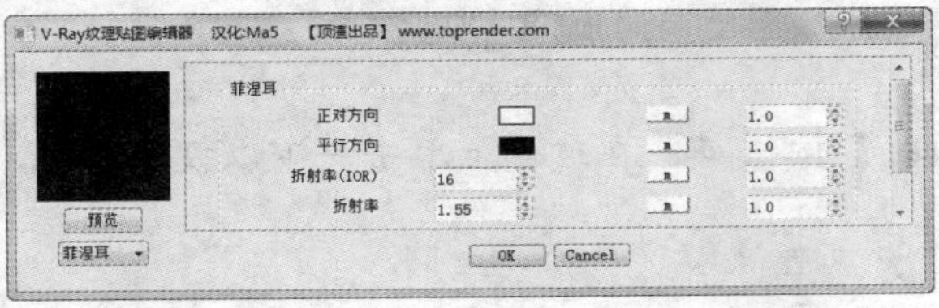

图13-102

四、渲染出图

根据之前所学方法，在这里设置渲染出图参数。

1. 单击 按钮，选择【Environment】环境选项，将【全局光颜色】和【背景颜色】都设为 "1.2"，如图 13-103 所示。

图13-103

2. 单击【M】按钮，将【阳光】选项栏里阴影选项区中的【细分】设为 "17"，
   让室内的阴影更加细腻，其他保持默认值，如图 13-104 所示。

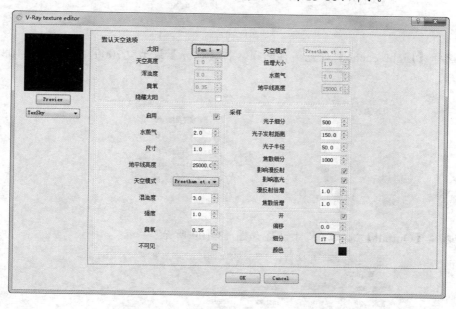

图13-104

3. 单击【Image sampler (Antialiasing)】图样采样器选项，将【类型】更改为 "自
   适应 DMC"，将【最大细分】设为 "17"，提高细节区域的采样，勾选【抗锯
   齿过滤器】复选框，选择常用的 "Catmull Rom" 过滤器，如图 13-105 所示。

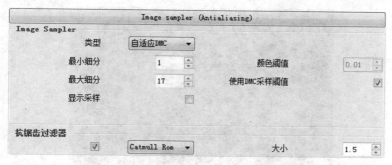

图13-105

4. 选择【DMC sampler】选项，将【最小采样】设为 "12"，如图 13-106 所示。

DMC sampler			
自适应数量	0.85	最小采样	12
噪波阈值	0.01	全局细分倍增	1.0

图13-106

5. 选择【Irradiance map】发光贴图选项，将【最小比率】设为"﹣5"，【最大比率】改成"﹣3"，如图 13-107 所示。

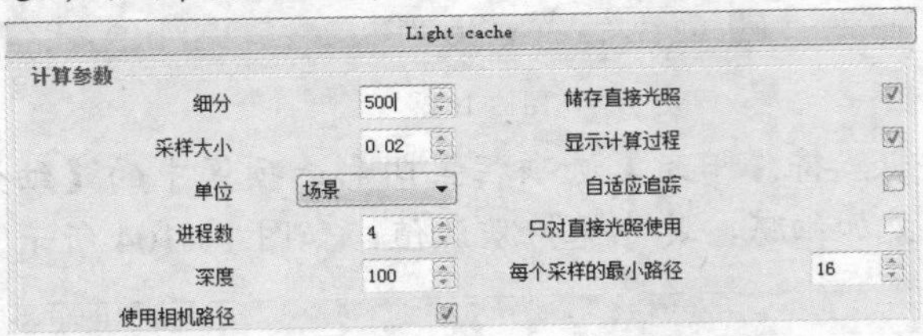

图13-107

6. 选择【Light cache】灯光缓存选项，将【细分】设为"1000"，如图 13-108 所示。

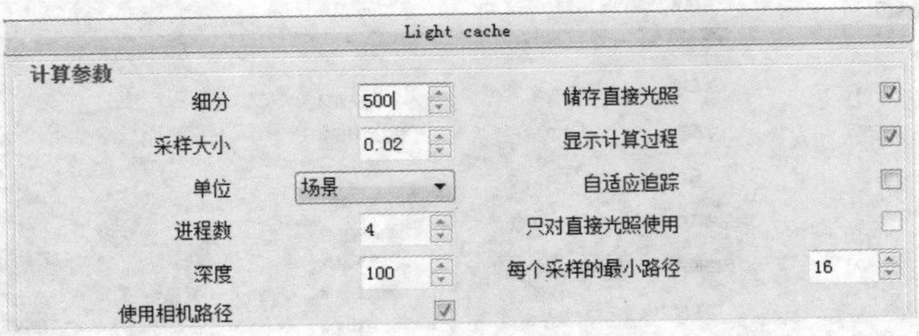

图13-108

7. 选择【Output】选项，尺寸设置如图 13-109 所示。

图13-109

8. 选择场景 1，单击【开始渲染】按钮Ⓡ，进入场景 1 渲染，图 13-110 所示为渲染效果。

图13-110

提示：在渲染场景时将显示阴影关闭。

9. 依次选择场景 2、场景 3 进行渲染，效果如图 13-111、图 13-112 所示。

图13-111

图13-112

13.5 后期处理

这里主要运用 Photoshop 软件进行后期处理，使场景得到更完美的效果。

1. 启动 Photoshop 软件，打开渲染图片，如图 13-113 所示。

图13-113

2. 选择【图像】/【调整】/【亮度/对比度】命令，调整亮度，如图 13-114、图 13-115 所示。

图13-114

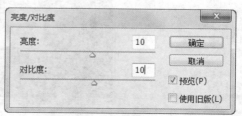

图13-115

3.　选择【图像】/【调整】/【色彩平衡】命令，调整颜色，如图 13-116、图 13-117 所示。

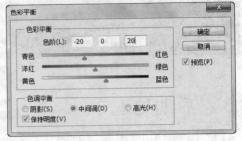

图13-116　　　　　　　　　　　　　　　　　　　　　图13-117

4.　新建一个图层，按 "Ctrl" + "Shift" + "Alt" + "E" 组合键，盖印可见图层，如图 13-118、图 13-119 所示。

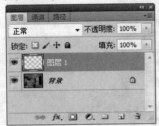

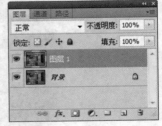

图13-118　　　　　　　　　　　　　　　　　　　　　图13-119

5.　选择【滤镜】/【模糊】/【高斯模糊】命令，添加模糊效果，如图 13-120、图 13-121 所示。

图13-120

图13-121

6. 将图像模式设为"柔光","不透明度"设为"50%",如图 13-122、图 13-123 所示。

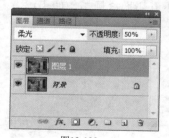

图13-122

图13-123

7. 将图层进行合并,最终效果如图 13-124、图 13-125 所示。

图13-124

图13-125

8. 利用同样的方法处理另外两张渲染图片,如图 13-126、图 13-127 所示。

图13-126

图13-127

13.6　本章小结

　　本章主要利用了 SketchUp 对室内进行装修设计，创建一个现代温馨的客厅效果。整个设计的流程参照实际的图纸进行布置，室内的装修采用相对简约的方式，包括如何绘制装饰墙、创建阳台。在填充材质的过程中要注意颜色的搭配，导入的组件要配合室内设计风格，再对室内光线进行渲染，使它达到更真实的效果。每个环节都紧紧相扣，如果读者有兴趣，可以根据不同的图纸设计出更漂亮的室内效果。

第14章　庭院景观设计

本章主要介绍 SketchUp 在景观设计中的应用，如何创建普通的庭院景观模型。

14.1　私人住宅庭院景观

源文件：\Ch14\私人住宅庭院景观\
结果文件：\Ch14\私人住宅庭院景观案例\
视频：私人住宅庭院景观.wmv

14.1.1　设计解析

本案例以 CAD 庭院平面设计图为基础，建立一个某私人庭院景观模型。整张图纸主要分为房屋和庭院两部分，外面设有围墙。庭院内以亭子为中心，配有不同的花草植物，还有假山和水池供人欣赏，让人们在繁忙之余享受休闲生活。图 14-1、图 14-2、图 14-3 所示为建筑效果图，图 14-4、图 14-5、图 14-6 所示为后期处理效果图。操作流程如下。

(1) 在 CAD 软件里整理平面图纸。

(2) 导入图纸。

(3) 创建模型。

(4) 填充材质。

(5) 导入组件。

(6) 添加场景。

(7) 渲染模型。

(8) 后期处理。

图14-1

图14-2

图14-3

图14-4

图14-5

图14-6

14.1.2　方案实施

首先在 AutoCAD 中对图纸进行清理，然后再导入到 SketchUp 中进行描边封面。

一、整理 CAD 图纸

CAD 平面设计图纸里含有大量的文字、图层、线和图块等信息，如果直接导入到 SketchUp 中，会增加建模的复杂性，所以一般先在 CAD 软件里进行处理，将多余的线删除掉，使设计图纸简单化。图 14-7 所示为原图，图 14-8 所示为简化图。

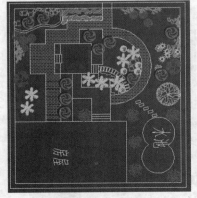

图14-7

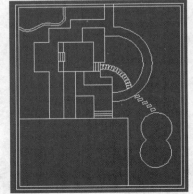

图14-8

1.　在 CAD 命令栏里输入 "PU"，按 "Enter" 键结束命令，对简化后的图纸进行进一步清理，如图 14-9 所示。

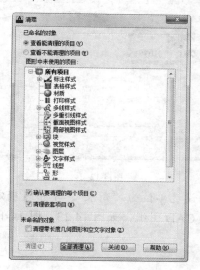

图14-9

2. 单击[全部清理(A)]按钮，弹出图 14-10 所示的对话框，选择【清除所有项目】选项，直到【全部清理】按钮变成灰色状态，即清理完图纸，如图 14-11 所示。

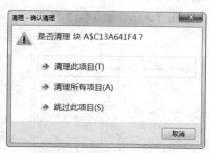

图14-10

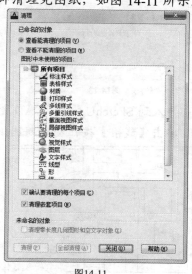

图14-11

二、导入图纸

导入图纸，并设置参数创建封闭面，对单独要创建的模型要单独进行描边封面。

1. 选择【文件】/【导入】命令，弹出【打开】对话框，导入图纸，将文件类型选择为"AutoCAD 文件（*.dwg）"格式，如图 14-12 所示。

图14-12

2. 单击【选项】按钮，设置单位为"毫米"，单击【确定】按钮，最后单击【打开】按钮，即可导入 CAD 图纸，如图 14-13、图 14-14 所示。

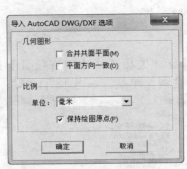

图14-13

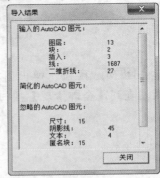

图14-14

3. 导入到 SketchUp 中的 CAD 图纸是以线显示的，如图 14-15 所示。

4. 单击【线条】按钮，将图纸进行描边封面，如图 14-16、图 14-17 所示。

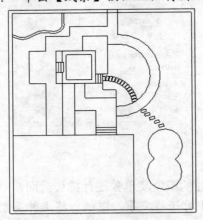

图14-15

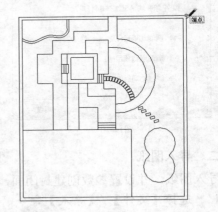

图14-16

5. 对单独要创建的模型要单独进行封面，如图 14-18 所示。

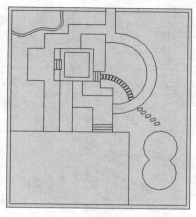

图14-17

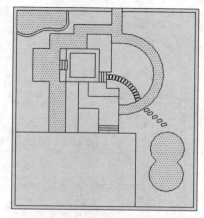

图14-18

提示：在线与线没有闭合及线出头的情况下，无法形成面，要形成面必须将多余的线头清除，并将断掉的
　　　线进行连接。

14.1.3　建模流程

　　参照图纸进行建模，包括创建围墙、水池、花圃、假山园、石板铺路、木板铺路、石
阶。

1.　单击【偏移】按钮，将水池面向外偏移复制200mm，如图14-19所示。
2.　单击　【推/拉】按钮，向下推300mm和向上拉150mm，如图14-20所示。

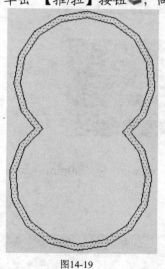

图14-19

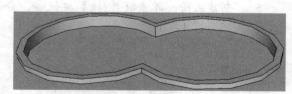

图14-20

3.　创建花圃。单击【偏移】按钮，将面向里偏移复制 150mm，如图 14-21、
　　图 14-22 所示。

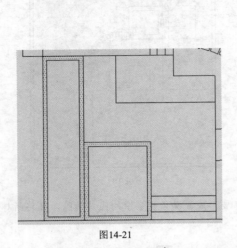

图14-21

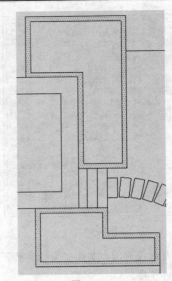

图14-22

4. 单击【推/拉】按钮 ⬆，分别向上拉 600mmt 和 300mm，如图 14-23、图 14-24 所示。

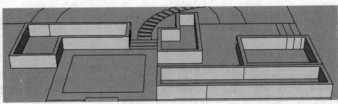

图14-23

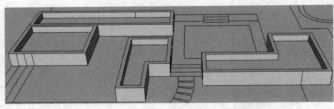

图14-24

5. 创建石阶。单击【推/拉】按钮 ⬆，分别向上拉 500mm 和 700mm，如图 14-25、图 14-26 所示。

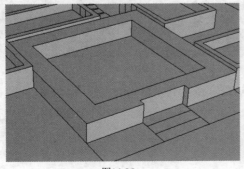

图14-25

图14-26

6. 单击【推/拉】按钮，分别上拉两边的石阶，如图 14-27、图 14-28 所示。

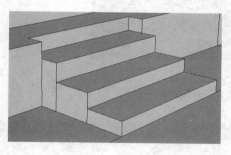

图14-27

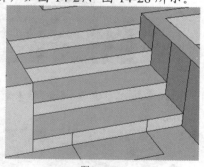

图14-28

7. 创建石板路。单击【推/拉】按钮，向上拉 100mm，如图 14-29、图 14-30 所示。

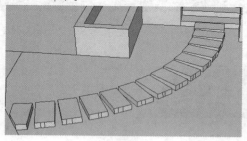

图14-29

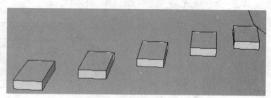

图14-30

8. 创建外围墙。单击【推/拉】按钮，向上拉 500mm，如图 14-31 所示。

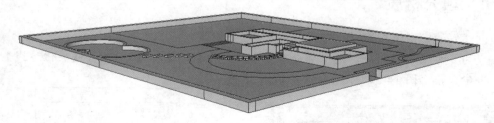

图14-31

9. 创建假山园。单击【推/拉】按钮，向上拉 500mm，如图 14-32 所示。

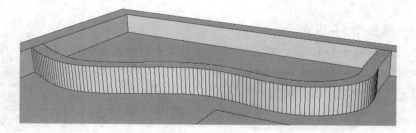

图14-32

10. 创建石板路。单击【推/拉】按钮，向上拉 50mm，如图 14-33 所示。

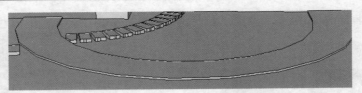

图14-33

11. 创建石板路。单击【推/拉】按钮，向上拉 100mm，如图 14-34、图 14-35 所示。

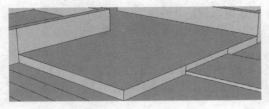

图14-34

图14-35

12. 建模完毕，如图 14-36 所示。

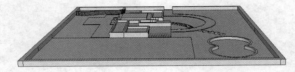

图14-36

14.1.4　填充材质

为创建好的模型填充相应的材质，使它更美观。

1. 为了方便填充材质，选中部分有多余线的模型，选择【窗口】/【柔化边线】命令，如图 14-37、图 14-38 所示。

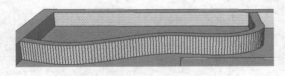

图14-37

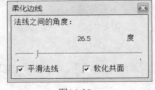

图14-38

2. 柔化效果如图 14-39 所示。

3. 单击【颜料桶】按钮，填充外围墙为混凝土材质，如图 14-40 所示。

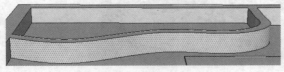

图14-39

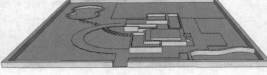

图14-40

4. 填充地面为草坪材质，如图 14-41 所示。

5. 填充面砖铺路材质，如图 14-42 所示。

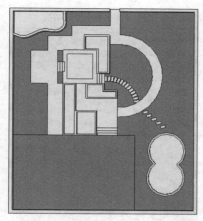

图14-41

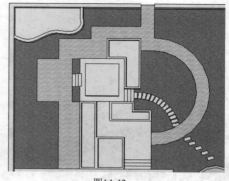

图14-42

6. 为水池填充适合的材质，如图 14-43 所示。

7. 为花圃填充适合的材质，如图 14-44 所示。

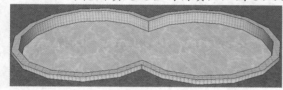

图14-43

图14-44

8. 填充木板路为木质材质，如图 14-45 所示。

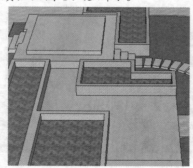

图14-45

9. 为石阶填充石头材质，如图 14-46、图 14-47 所示。

图14-46

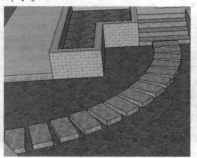

图14-47

10. 为假山园填充适合的材质，材质填充完毕，如图 14-48、图 14-49 所示。

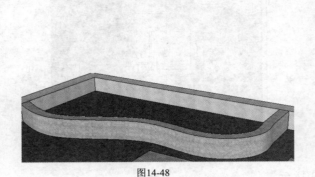

图14-48　　　　　　　　　　　　　　　　图14-49

14.1.5　导入组件

参照图纸，在光盘下导入庭院组件，也可根据需要自行下载组件摆放在适合的位置。

1. 导入房屋模型组件，如图 14-50 所示。
2. 导入凉亭组件，如图 14-51 所示。

图14-50　　　　　　　　　　　　　　　　图14-51

3. 导入石头和假山组件，如图 14-52、图 14-53 所示。

图14-52　　　　　　　　　　　　　　　　图14-53

4. 导入植物和花草组件，单击【移动】按钮 ，沿庭院进行复制，如图 14-54、

图 14-55、图 14-56 所示。

图14-54

图14-55

图14-56

5. 导入人物组件，如图 14-57、图 14-58 所示。

图14-57

图14-58

6. 导入栅栏组件，单击【移动】按钮，沿围墙进行复制，如图 14-59、图 14-60 所示。

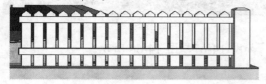

图14-59

图14-60

14.1.6 添加场景页面

为别墅庭院创建 3 个场景页面，并调整角度，设置阴影效果。

1. 打开阴影工具栏，为别墅庭院设置阴影效果，如图 14-61、图 14-62 所示。

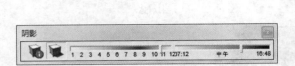

图14-61

图14-62

2. 选择【窗口】/【场景】命令，单击【添加场景】按钮⊕，创建场景 1，如图 14-63、图 14-64 所示。

图14-63

图14-64

3. 单击【添加场景】按钮⊕，创建场景 2，如图 14-65、图 14-66 所示。

图14-65

图14-66

4. 单击【添加场景】按钮⊕，创建场景 3，如图 14-67、图 14-68 所示。

图14-67

图14-68

5. 选择【文件】/【导出】/【二维图形】命令，依次导出 3 个场景，如图 14-69、图 14-70 所示。

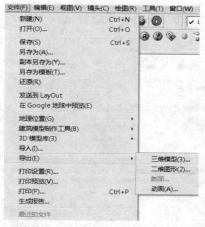

图14-69

图14-70

6. 单击【选项】按钮，可设置输出大小，如图 14-71 所示。

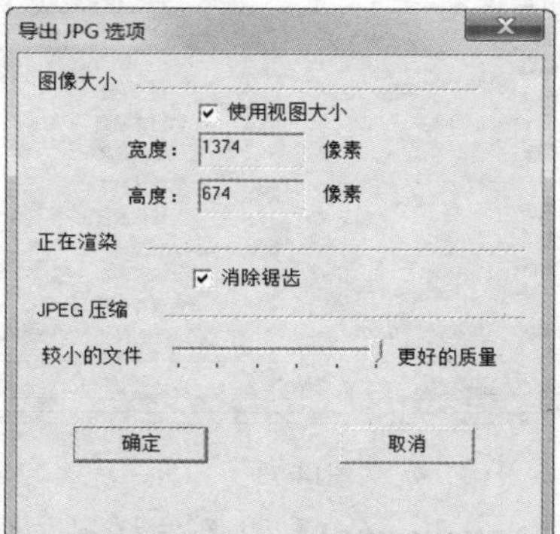

图14-71

14.1.7　渲染模型

主要利用 V-Ray 渲染器对庭院的 3 个场景进行依次渲染。

一、布光准备

1. 打开 V-Ray 渲染设置面板，如图 14-72 所示。

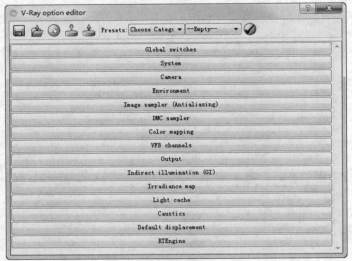

图14-72

2. 设置【Global switches】全局开关。暂时先关闭【反射/折射】选项，激活【替代材质】选项，并单击颜色块，设置一个灰度值（R170，G170，B170），如图 14-73 所示。

图14-73

3. 设置【Image sampler (Antialiasing)】图像采样器。【类型】一般推荐使用"固定比率"采样器，速度更快，同时关闭【抗锯齿过滤】复选框，如图 14-74 所示。

图14-74

4. 设置纯蒙特卡罗【DMC sampler】采样器。为了不让测试效果产生太多的黑斑和噪点，将【最小采样】提高为"13"，其他参数全部保持默认值，如图 14-75 所示。

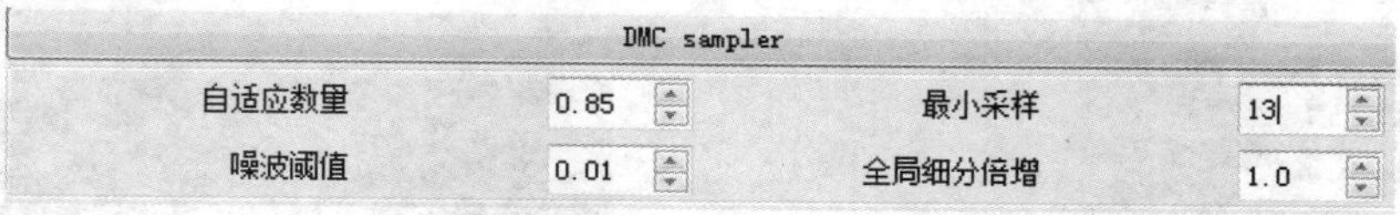

图14-75

5. 设置【Color mapping】颜色映射。也就是设置曝光方式，这个选项非常重要，它与场景的特点有很大的关系，【类型】选择"指数曝光"，如图 14-76 所示。

图14-76

6. 设置【Irradiance map】发光贴图和【Light cache】灯光缓冲。两项都设定为相对比较低的数值，如图 14-77、图 14-78 所示。

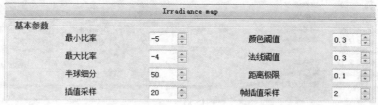

图14-77

图14-78

二、材质调整

选择【窗口】/【材质】命令，打开材质管理器，同时单击 按钮，打开 V-Ray 材质编辑器。

1. 设置地砖。

(1) 单击【样本颜料】按钮，在地面单击一下吸取材质，如图 14-79、图 14-80 所示。

图14-79

图14-80

(2) 该材质的属性会自动显示在 V-Ray 材质编辑器中，右键单击【材质列表】中自动选中的材质，在弹出的菜单中选择【创建材质层】/【反射】命令，如图 14-81 所示。

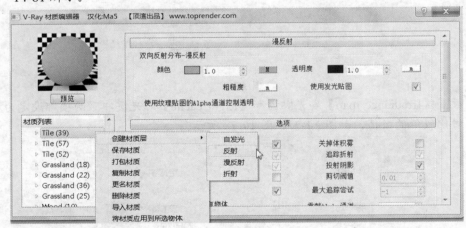

图14-81

(3) 并单击反射层右侧的【m】按钮，在弹出的对话框中选择"菲涅耳"模式，最后单击 OK 按钮，如图 14-82、图 14-83 所示。

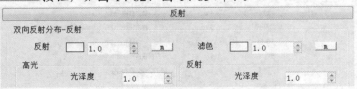

图14-82

图14-83

2. 设置瓷砖。

(1) 单击【样本颜料】按钮 ✐ ，在瓷砖上单击一下吸取材质，如图 14-84、图 14-85 所示。

图14-84

图14-85

(2) 该材质的属性会自动显示在 V-Ray 材质编辑器中，右键单击【材质列表】中自动选中的材质，在弹出的菜单中选择【创建材质层】/【反射】命令，如图 14-86 所示。

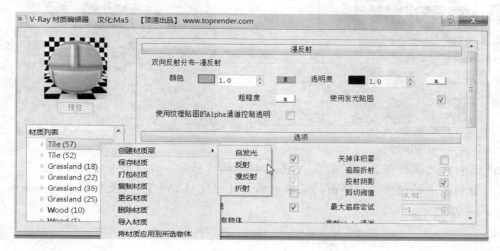

图14-86

3. 单击反射层右侧的【m】按钮，在弹出的对话框中选择"菲涅耳"模式，最后
单击 OK 按钮，如图 14-87、图 14-88 所示。

图14-87

图14-88

4. 设置水。

(1) 单击【样本颜料】按钮，在水面上单击一下吸取材质，如图 14-89、图 14-90 所示。

图14-89

图14-90

(2) 该材质的属性会自动显示在 V-Ray 材质编辑器中，右键单击【材质列表】中
自动选中的材质，在弹出的菜单中单击【创建材质层】/【反射】命令，如图
14-91 所示。

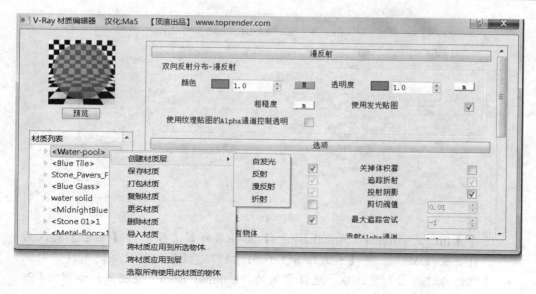

图14-91

(3) 单击反射层右侧的【m】按钮，在弹出对话框中选择"菲涅耳"模式，将【折射率】设为"16"，最后单击 OK 按钮，如图 14-92、图 14-93 所示。

图14-92

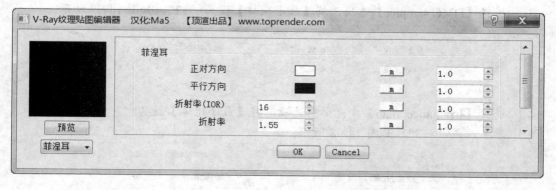

图14-93

三、渲染出图

1. 单击 按钮，再选择【Environment】环境选项，分别单击两个【M】按钮，将两个参数采用同样的设置，如图 14-94、图 14-95 所示。

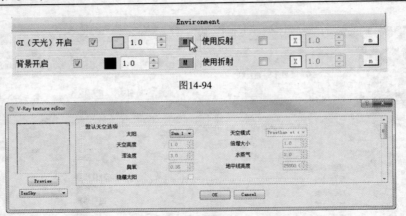

图14-94

图14-95

2. 选择【Image sampler（Antialiasing）】图样采样器选项，将【类型】更改为"自适应 DMC"，将【最大细分】设为"17"，提高细节区域的采样，勾选【抗锯齿过滤器】复选框，选择常用的"Catmull Rom"过滤器，如图 14-96 所示。

图14-96

3. 选择【DMC sampler】选项，将【最小采样】设为"12"，如图 14-97 所示。

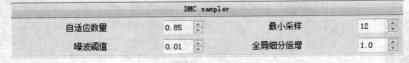

图14-97

4. 选择【Irradiance map】发光贴图选项，将【最小比率】设为"-5"，【最大比率】改成"-3"，如图 14-98 所示。

图14-98

5. 选择【Light cache】灯光缓存选项，将【细分】设为"500"，如图 14-99 所示。

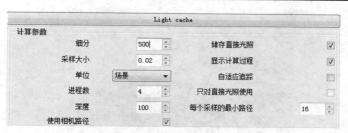

图14-99

6. 选择【Output】选项，尺寸参数设置如图 14-100 所示。

图14-100

7. 设置完成后，单击 ⓡ 按钮，依次对场景页面 1、页面 2、页面 3 进行渲染出图，如图 14-101、图 14-102、图 14-103 所示为渲染图效果。

图14-101

图14-102

图14-103

14.1.8 后期处理

这里后期处理主要运用 Photoshop 软件进行处理，使场景得到更完美的效果。

1. 启动 Photoshop 软件，打开渲染图片和背景图片，如图 14-104 所示。

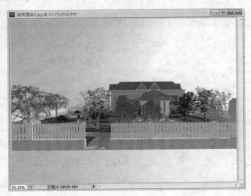

图14-104

2. 将背景图片拖动到背景图层中，并设为"正片叠底"模式，如图 14-105、图 14-106 所示。

图14-105

图14-106

3. 选择【橡皮擦】工具，设置【硬度】为"0"，将"图层 1"多余的部分擦掉，如图 14-107、图 14-108 所示。

图14-107

图14-108

4.　将两个图层进行合并，如图 14-109 所示。

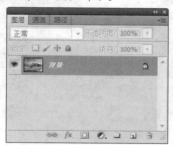

图14-109

5.　选择【图像】/【调整】/【亮度/对比度】命令，调整一下亮度，如图 14-110、
图 14-111 所示。

图14-110

图14-111

6. 选择【图像】/【调整】/【色彩平衡】命令，调整一下颜色，如图 14-112、图 14-113 所示。

图14-112

图14-113

7. 新建一个图层，按 "Ctrl" + "Shift" + "Alt" + "E" 组合键合并可见图层，如图 14-114、图 14-115 所示。

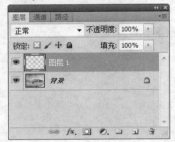

图14-114

图14-115

8. 选择【滤镜】/【模糊】/【高斯模糊】命令，如图 14-116、图 14-117 所示。

图14-116

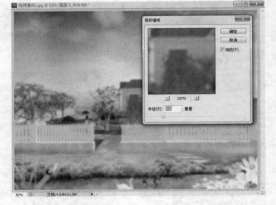

图14-117

9. 将图像模式设为 "柔光"，不透明度设为 "50%"，如图 14-118、图 14-119 所示。

图14-118

图14-119

10. 将图层进行合并，添加一些植物素材，如图 14-120、图 14-121 所示。

图14-120

图14-121

11. 选择【加深】工具和【减淡】工具，对图层涂抹出亮暗度，如图 14-122 所示。

图14-122

12. 利用同样的方法处理另外两张图片，最终效果如图 14-123、图 14-124 所示。

图14-123　　　　　　　　　　　　　图14-124

14.2　单位庭院小景

源文件：\Ch14\单位庭院小景\
结果文件：\Ch14\单位庭院小景案例\
视频：单位庭院小景.wmv

14.2.1　设计解析

　　本案例以 CAD 庭院平面设计图为例，建立一个某私人庭院景观模型，整张图纸主要分为房屋和庭院两部分，外面设有围墙。庭院内以亭子为中心，配有不同的花草植物，有假山和水池供人欣赏，让人们在繁忙之余享受休闲生活。图 14-125、图 14-126 所示为建模效果，图 14-127、图 14-128 所示为渲染和后期处理效果。具体操作流程如下。

　　(1)　在 CAD 软件里整理平面图纸。

　　(2)　导入图纸。

　　(3)　创建模型。

　　(4)　填充材质。

　　(5)　导入组件。

　　(6)　添加场景及渲染。

　　(7)　后期处理。

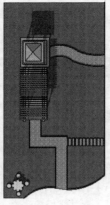

图14-125　　　　　　　　　　　　　图14-126

图14-127

图14-128

14.2.2 方案实施

本案例以一张 CAD 平面图纸设计为基础，首先在 AutoCAD 里将不需要建模的线进行删除，再执行 PU 命令，对图纸进一步清理，图 14-129 所示为原图，图 14-130 所示为清理后图。

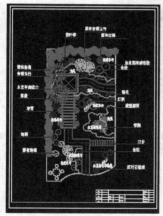

图14-129

图14-130

将清理后的图纸导入到 SketchUp 中进行描边封面，图 14-131 所示为导入的图纸，图 14-132 所示为封面效果。

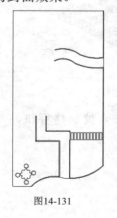

图14-131

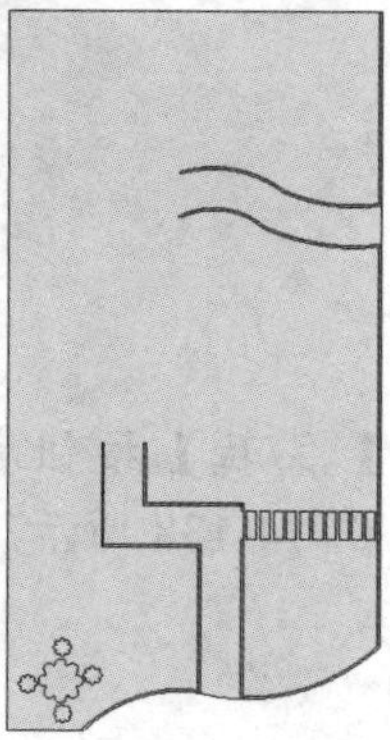

图14-132

14.2.3　建模流程

参照图纸进行建模，包括创建石板铺路、石桌、廊架、亭子。

一、创建其他模型

1. 单击【推/拉】按钮，将石板路外围向上拉高 2000mm，如图 14-133 所示。
2. 单击【推/拉】按钮，将石板路向上拉高 2000mm，如图 14-134 所示。

图14-133　　　　　　　　　　　　　　图14-134

3. 单击【推/拉】按钮，将石桌向上拉高 7000mm 和 3000mm，如图 14-135 所示。

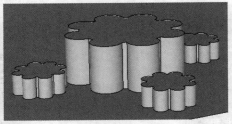

图14-135

二、创建廊架

1. 单击【矩形】按钮，绘制一个长宽分别为 80000mm、35000mm 的矩形面，如图 14-136 所示。

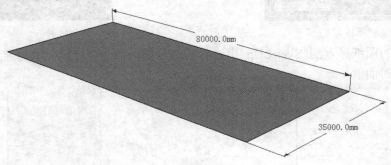

80000.0mm

35000.0mm

图14-136

2. 单击【推/拉】按钮，向上拉高 1000mm，单击右键创建群组，如图 14-137、图 14-138 所示。

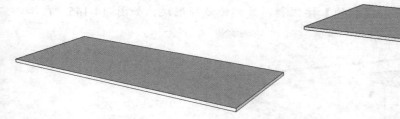

图14-137　　　　　　　　　　　　　　　　　　　　图14-138

3. 单击【圆】按钮⚫，绘制半径为 1000mm 的圆，如图 14-139 所示。
4. 单击【推/拉】按钮⬆，将圆向上拉 30000mm，形成圆柱，如图 14-140 所示。

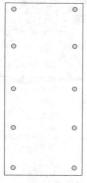

图14-139

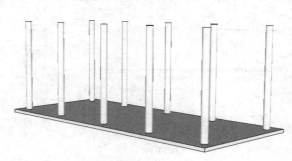

图14-140

5. 单击【矩形】按钮▭，绘制两个矩形面，单击【推/拉】按钮⬆，将面向上拉高 1000mm，如图 14-141、图 14-142 所示。

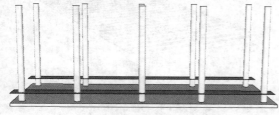

图14-141

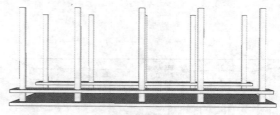

图14-142

6. 单击【移动】按钮✛，复制矩形块到圆柱顶部，如图 14-143 所示。
7. 单击【拉伸】按钮◈，将矩形块进行缩放，如图 14-144 所示。

图14-143

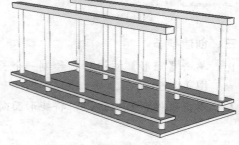

图14-144

8. 单击【移动】按钮 和【拉伸】按钮 ，复制缩放矩形块，如图 14-145 所示。

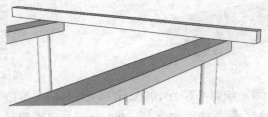

图14-145

9. 单击【线条】按钮 ，在矩形块上的两边绘制一个面。单击【推/拉】按钮 ，将绘制的面进行推拉，如图 14-146、图 14-147 所示。

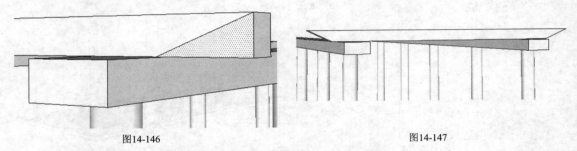

图14-146   图14-147

10. 选中模型，单击右键创建群组，如图 14-148 所示。

11. 单击【移动】按钮 ，复制模型，形成廊架，如图 14-149 所示。

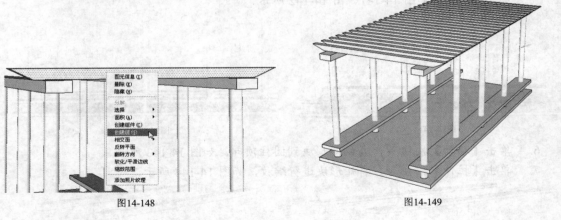

图14-148   图14-149

三、创建亭子

1. 单击【矩形】按钮 ，绘制一个长宽分别为 40000mm、45000mm 的矩形，如图 14-150 所示。

2. 单击【偏移】按钮 ，将矩形面向里偏移复制 4000mm，如图 14-151 所示。

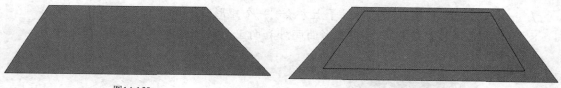

图14-150   图14-151

3. 单击【推/拉】按钮⬆，将矩形面分别向上拉高 2000mm、1000mm，如图 14-152 所示。

4. 将矩形块创建群组，单击【圆】按钮⬤，绘制半径为 1000mm 的圆，如图 14-153 所示。

图14-152

5. 单击【推/拉】按钮⬆，将圆面拉高 25000mm，如图 14-154 所示。

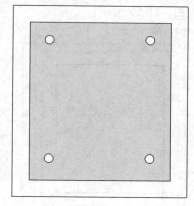

图14-153

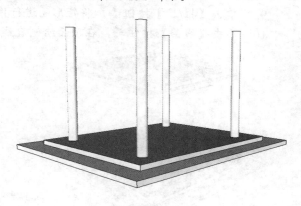

图14-154

6. 单击【矩形】按钮▭，绘制两个矩形面。单击【推/拉】按钮⬆，将矩形面拉高 1000mm，如图 14-155、图 14-156 所示。

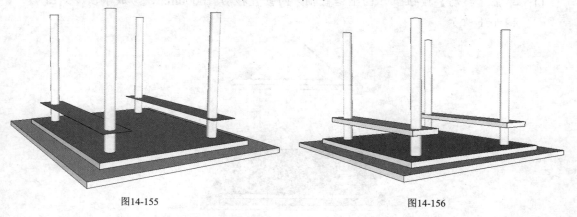

图14-155   图14-156

7. 单击【矩形】按钮▭，在柱子上方绘制一个矩形面，如图 14-157 所示。
8. 单击【偏移】按钮，将矩形面向外和向里偏移一定距离，如图 14-158 所示。

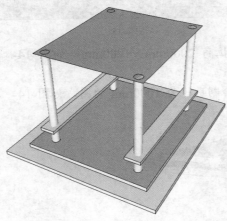

图14-157

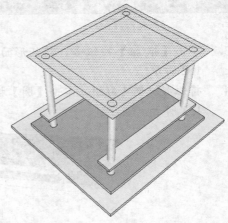

图14-158

9. 单击【推/拉】按钮，将矩形面进行推拉，如图 14-159 所示。
10. 单击【线条】按钮，在顶面绘制直线，如图 14-160 所示。

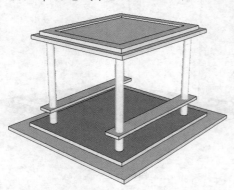

图14-159

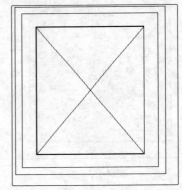

图14-160

11. 单击【移动】按钮，向上沿蓝轴方向垂直移动 10000mm，形成亭顶，如图 14-161 所示。

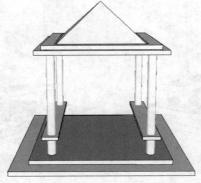

图14-161

12. 将亭创建群组，将亭子与廊架组合，如图 14-162 所示。

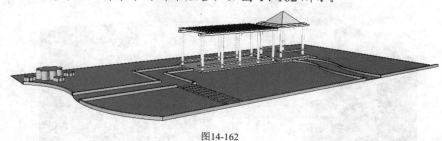

图14-162

14.2.4 填充材质

为创建好的模型填充适合的材质，使它更具真实性。

1. 单击【颜料桶】按钮，为地面填充草坪材质，如图 14-163 所示。
2. 为石板路填充铺砖和石子材质，如图 14-164、图 14-165 所示。

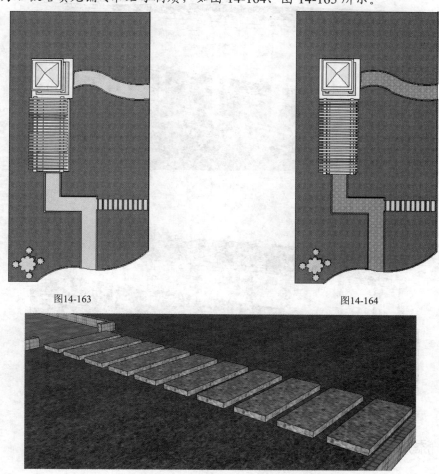

图14-163   图14-164

图14-165

3. 为石桌和石凳填充瓷砖材质，如图 14-166 所示。

图14-166

4.　为廊亭填充适合的材质，如图 14-167、图 14-168 所示。

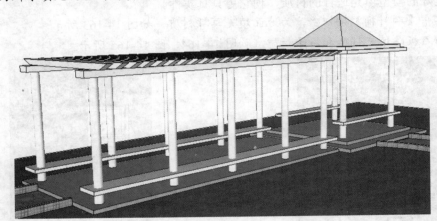

图14-167

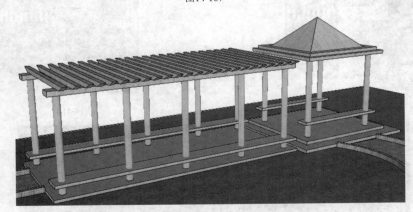

图14-168

14.2.5　添加场景及渲染

给创建的模型调整好一个角度，添加阴影和场景页面，然后再进行渲染。

1.　启动阴影工具栏，显示阴影，如图 14-169、图 14-170 所示。

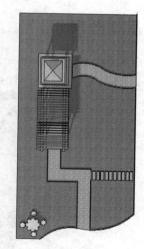

图14-169

图14-170

2. 选择【窗口】/【场景】命令，单击⊕按钮，创建场景1，如图14-171、图14-172所示。

图14-171

图14-172

3. 继续创建场景2，如图14-173、图14-174所示。

图14-173

图14-174

4. 启动V-Ray渲染插件，将场景1进行渲染，效果如图14-175所示。

图14-175

14.2.6 后期处理

将渲染后的图片进行后期处理，丰富周围环境，使它更具真实性。

1. 启动 Photoshop 软件，打开渲染图片，如图 14-176 所示。

图14-176

2. 双击图层解锁，选择【魔棒】工具，将背景删除，如图 14-177、14-178 所示。

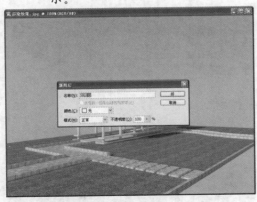

图14-177

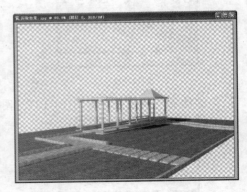

图14-178

3. 添加背景素材，如图 14-179 所示。
4. 添加植物和花草素材，如图 14-180 所示。

图14-179

图14-180

5. 添加地面铺砖和人物素材，如图 14-181 所示。

图14-181

6. 将所有图层进行合并，选择【图像】/【调整】/【亮度/对比度】命令，调整一下亮度，如图 14-182、图 14-183 所示。

图14-182

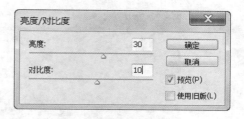

图14-183

7. 选择【图像】/【调整】/【色彩平衡】命令，调整一下颜色，如图 14-184 所示。

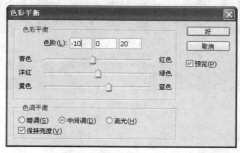

图14-184

8. 新建一个图层，按 "Ctrl" + "Shift" + "Alt" + "E" 组合键合并可见图层，如图 14-185、图 14-186 所示。

图14-185

图14-186

9.　选择【滤镜】/【模糊】/【高斯模糊】命令，如图 14-187 所示。

10.　将图像模式设为"柔光"，不透明度设为"50%"，如图 14-188 所示。

图14-187

图14-188

11.　选择【加深】工具和【减淡】工具，对图层涂抹出亮暗度，最终效果如图 14-189 所示。

图14-189

14.3　本章小结

　　本章介绍了如何在 SketchUp 中创建一个现代的庭院景观模型，以两个实例进行操作，一个是以居住环境设计的庭院景观，一个是以工作单位设计的庭院景观，两个案例风格相似，但各自有各自的特点。整个创建的过程都包括整理和导入图纸、创建模型、填充材质和导入组件、渲染和后期处理几部分。掌握了庭院里的水池、花圃、石板铺路等常见的景观模型的创建方法。读者可以利用此方法多加练习，创建出更多、更丰富的庭院景观效果。

第15章 城市街道规划设计

本章主要介绍 SketchUp 在城市规划设计中的应用，以一张 CAD 城市街道规划图纸为基础，最终创建出一个真实的城市街道环境。

15.1 设计解析

源文件：\Ch15\城市街道设计平面图 2.dwg、马路图片.jpg、背景图片.jpg、建筑模型.skp
结果文件：\Ch15\城市街道规划设计案例\
视频：\Ch15\城市街道规划设计.wmv

本案例以某城市街道 CAD 平面设计图为基础，建立街道规划图模型，整个街道有 5 个路口，有两个交通路灯，马路两边有高档写字楼、法院、学校、住宅楼等建筑物。马路两边以砖铺路，且有大小不一的花坛，花坛里有各式各样的植物，可以供路人欣赏。图 15-1 所示为建模效果，图 15-2 所示为鸟瞰图，图 15-3、图 15-4 所示为后期处理效果。具体操作流程如下。

(1) 在 CAD 软件里整理平面图纸。

(2) 导入图纸。

(3) 创建模型。

(4) 填充材质。

(5) 导入组件。

(6) 添加场景页面。

(7) 后期处理。

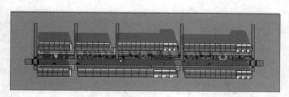

图15-1

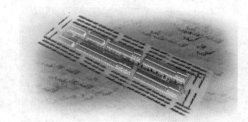

图15-2

图15-3

图15-4

15.2　方案实施

首先在 AutoCAD 里对图纸进行清理，然后再导入到 SketchUp 中进行描边封面。

15.2.1　整理 CAD 图纸

一般先在 CAD 软件里进行处理，因为 CAD 平面设计图纸里含有大量的文字、图层、线、图块等信息，所以必须先将多余的线删除掉，使设计图纸简单化，图 15-5 所示为室内平面原图，图 15-6 所示为简化图。

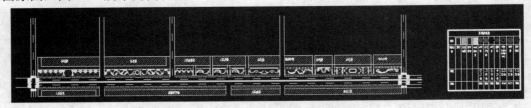

图15-5

图15-6

1. 在 AutoCAD 命令栏里输入 "PU"，按 "Enter" 键，对简化后的图纸进行进一步清理，如图 15-7 所示。
2. 单击 全部清理(A) 按钮，弹出图 15-8 所示的对话框，选择【清理所有项目】选项，直到【全部清理】按钮变成灰色状态，即清理完图纸，如图 15-9 所示。

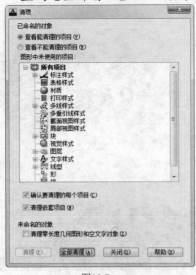

图15-7

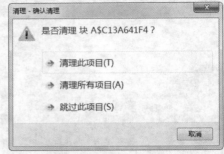

图15-8

3. 在 SketchUp 中优化场景，选择【窗口】/【模型信息】命令，弹出【模型信息】对话框，按图 15-10 所示设置参数。

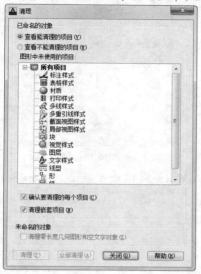

图15-9

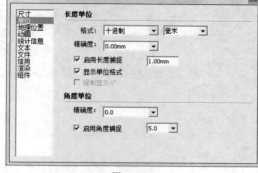

图15-10

15.2.2　导入图纸

将 CAD 图纸导入到 SketchUp 中，模型将以线条显示。

选择【文件】/【导入】命令，导入图纸，弹出【打开】对话框，【文件类型】选择 "AutoCAD 文件（*.dwg，*.dxf）" 格式，如图 15-11 所示。

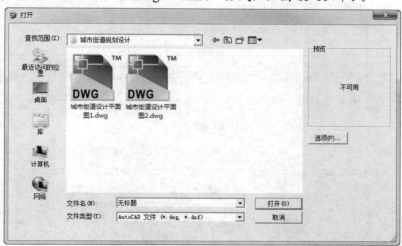

图15-11

1. 单击 选项(P)... 按钮，将【单位】改为 "毫米"，单击 确定 按钮，最后单击 打开(O) 按钮，即可导入 CAD 图纸，如图 15-12 所示。图 15-13 所示为导入结果。

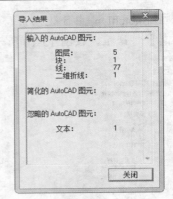

图15-12　　　　　　　　　　　　　　图15-13

2.　单击 [关闭] 按钮，导入到 SketchUp 中的 CAD 图纸是以线条显示的，如图 15-14 所示。

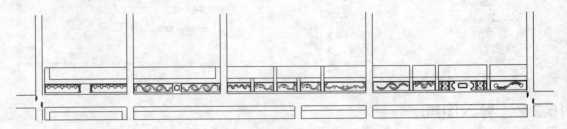

图15-14

3.　单击【线条】按钮，绘制封闭面，将花坛形状单独描边封面，如图 15-15、图 15-16 所示。

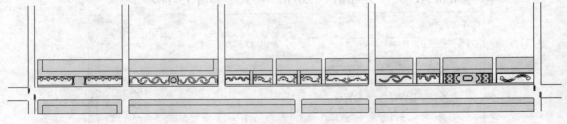

图15-15

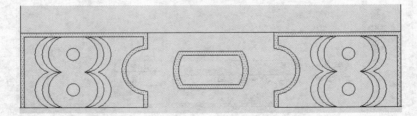

图15-16

4.　参照图纸，绘制马路封闭面，如图 15-17 所示。

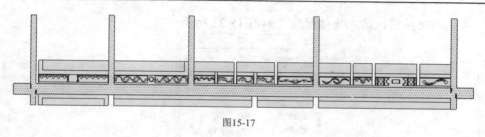

图15-17

15.3 建模流程

参照图纸，首先创建斑马线、马路贴图、人行铺砖、绿化带，然后再为其导入植物、人物、车辆、建筑组件。

15.3.1 创建斑马线

1. 单击【矩形】按钮■和【移动】按钮✦，绘制矩形和复制矩形，如图 15-18、图 15-19 所示。

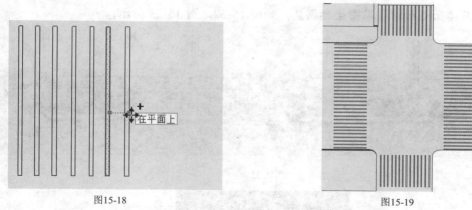

图15-18 　　　　　　　　　　　　　　　　图15-19

2. 单击【颜料桶】按钮✎，为其填充白色材质，形成斑马线，如图 15-20 所示。

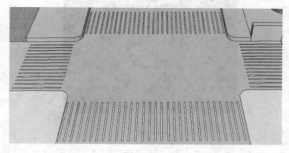

图15-20

15.3.2 创建马路贴图

对街道马路采用材质贴图，这种方法简单而且具有真实效果。

1. 导入马路贴图，填充马路材质，如图 15-21 所示。

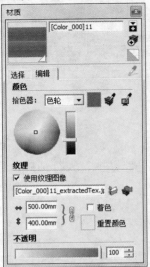

图15-21

2. 对马路面进行材质贴图坐标调整，如图 15-22、图 15-23 所示。

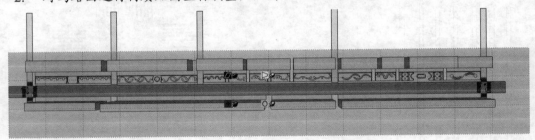

图15-22

图15-23

15.3.3　创建人行铺砖

1. 单击【颜料桶】按钮 ，为人行道填充地砖材质，如图 15-24、图 15-25 所示。

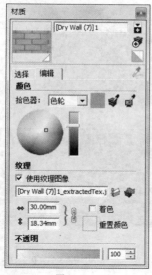

图15-24

图15-25

2. 单击【推/拉】按钮，将人行铺砖向上拉高 50mm，如图 15-26 所示。

图15-26

15.3.4 创建绿化带

1. 单击【颜料桶】按钮，依次对马路边的绿化带填充草坪材质，如图 15-27 所示。

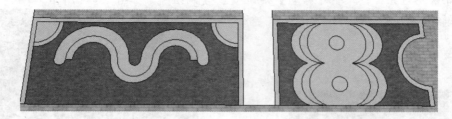

图15-27

2. 对绿化带填充不同的花材质，如图 15-28、图 15-29 所示。

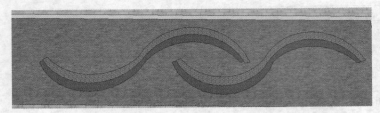

图15-28

图15-29

3. 单击【推/拉】按钮，将草坪、花推拉出高度，形成人行道绿化带效果，如图 15-30、图 15-31 所示。

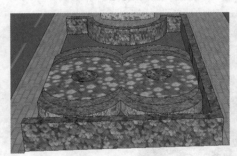

图15-30

图15-31

15.3.5　导入组件

导入光盘中的交通灯、植物、车辆、人物组件作为装饰，使城市大街更接近真实。

1. 为街道两边导入交通灯组件，如图 15-32 所示。
2. 导入路灯组件，单击【移动】按钮，复制组件，如图 15-33 所示。

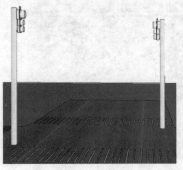

图15-32

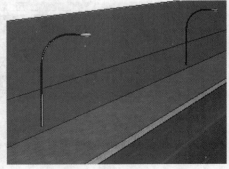

图15-33

3.　导入植物组件，单击【移动】按钮 ✖️，复制植物，如图 15-34 所示。

图15-34

4.　为街道两边导入商业建筑模型，单击【移动】按钮 ✖️，复制建筑，如图 15-35、图 15-36 所示。

图15-35

图15-36

5.　导入车辆和人物组件，如图 15-37、图 15-38 所示。

图15-37

图15-38

6.　单击【矩形】按钮 ▢，为城市街道绘制一个大的地面，如图 15-39 所示。

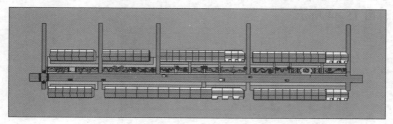

图15-39

15.3.6 添加场景页面

为创建好的城市街道模型设置阴影，并添加 3 个场景页面，以便浏览观看。

1. 启动阴影工具栏，显示阴影，如图 15-40、图 15-41 所示。

图15-40

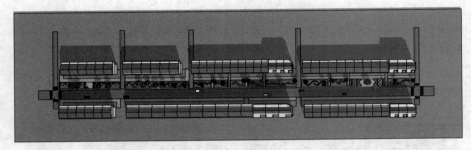

图15-41

2. 选择【窗口】/【样式】命令，取消边线显示，如图 15-42 所示。

图15-42

3. 选择【窗口】/【场景】命令，单击【添加场景】按钮⊕，创建场景 1，如图 15-43、图 15-44 所示。

图15-43

两点
透视图

图15-44

4. 单击【添加场景】按钮⊕，创建场景 2，如图 15-45、图 15-46 所示。

图15-45

图15-46

5. 单击【添加场景】按钮⊕，创建场景 3，如图 15-47、图 15-48 所示。

图15-47

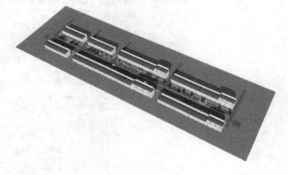

图15-48

15.3.7 导出图像

1. 选择【文件】/【导出】/【二维图形】命令，依次导出 3 个场景，如图 15-49、图 15-50 所示。

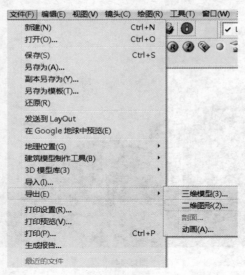

图15-49

图15-50

2.　单击【选项】按钮，可设置输出大小，如图 15-51 所示。

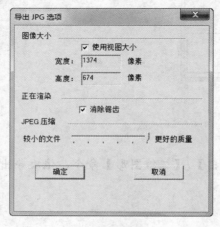

图15-51

3. 设置显示样式为"隐藏线"模式，并将样式背景设为黑色，如图 15-52、图 15-53 所示。

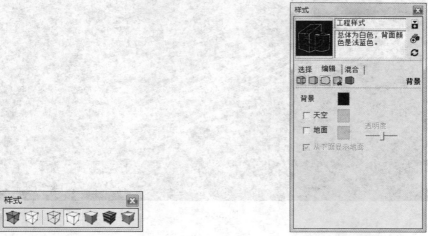

图15-52   图15-53

4. 选择【文件】/【导出】命令，以同样的方法导出 3 个场景页面的线框图模式，如图 15-54、图 15-55、图 15-56 所示。

图15-54

图15-55

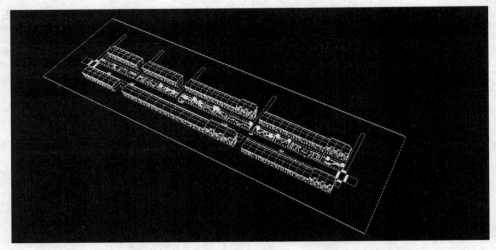

图15-56

15.3.8　后期处理

运用 Photoshop 软件进行后期处理，使场景呈现更完美的效果。

一、处理场景页面

1.　启动 Photoshop 软件，打开图片和线框图，如图 15-57、图 15-58 所示。

<table>
<tr><td>图15-57</td><td>图15-58</td></tr>
</table>

2.　将线框图拖动到背景图层上，进行重叠，如图 15-59 所示。

3.　双击背景图层进行解锁，如图 15-60、图 15-61 所示。

<table>
<tr><td>图15-59</td><td>图15-60</td><td>图15-61</td></tr>
</table>

4.　选择"图层 1"，选择【图像】/【调整】/【反相】命令，对线框图进行反相操作，如图 15-62、图 15-63 所示。

图15-62

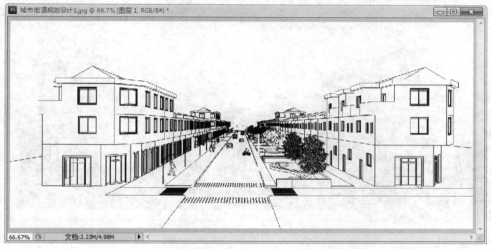

图15-63

5. 将"图层1"设为"正片叠底"模式，不透明度设为"50%"，如图15-64所示。

图15-64

6. 将图层合并，选择【魔棒】工具，选中白色区域，将背景删除，如图 15-65、图 15-66 所示。

图15-65

图15-66

7. 将背景图片拖动到"图层 0"下方，调整"图层 1"大小，将它们组合作为背景，如图 15-67、图 15-68 所示。

图15-67

图15-68

8. 为场景添加一些草坪植物素材，如图 15-69 所示。

图15-69

9.　将图层进行合并，如图 15-70 所示。选择【图像】/【调整】/【亮度/对比度】
　　命令，设置亮度和对比度，如图 15-71、图 15-72 所示。

图15-70

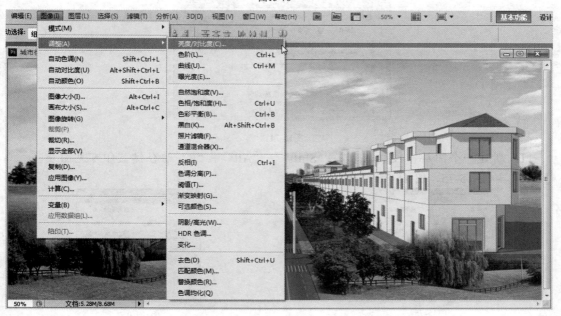

图15-71

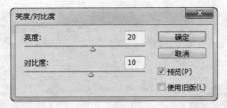

图15-72

10. 选择【图像】/【调整】/【色彩平衡】命令，调整颜色，如图 15-73、图 15-74
　　　所示。

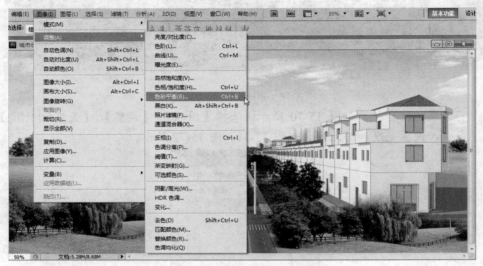

图15-73

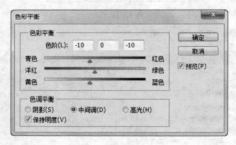

图15-74

11. 新建一个图层，按 "Ctrl" + "Shift" + "Alt" + "E" 组合键盖印可见图层，
　　　如图 15-75、图 15-76 所示。

图15-75

图15-76

12. 选择【滤镜】/【模糊】/【高斯模糊】命令，如图 15-77、图 15-78 所示。

图15-77

图15-78

13. 将图像模式设为"柔光"，"不透明度"设为"50%"，如图 15-79、图 15-80 所示。

图15-79

图15-80

14. 利用同样的方法处理另外一张图片，最终效果如图 15-81、图 15-82 所示。

图15-81

图15-82

二、处理鸟瞰图

1. 打开图片和线框图，如图 15-83、图 15-84 所示。

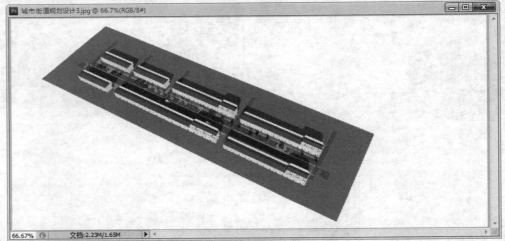

图15-83

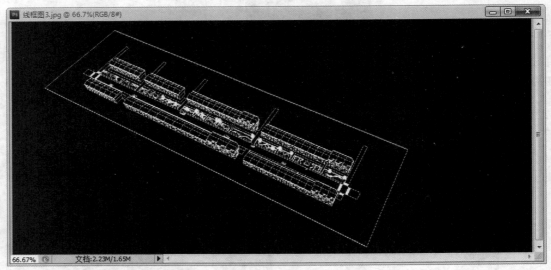

图15-84

2. 利用之前所学方法，将线框图拖动到背景图层上进行重叠，并对图层进行解锁，如图 15-85 所示。

图15-85

3. 选择【图像】/【调整】/【反相】命令，对线框图进行反相操作，并将"图层
   1"设为"正片叠底"模式，"不透明度"设为"50%"，如图 15-86、图 15-
   87、图 15-88 所示。

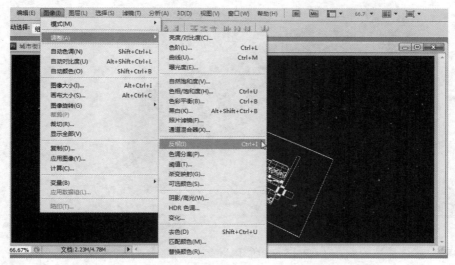

图15-86

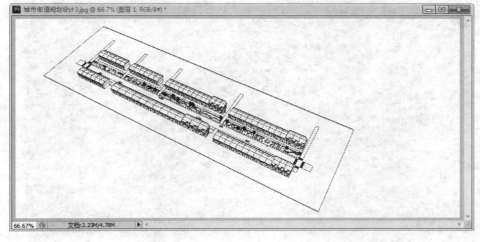

图15-87

图15-88

4. 将图层合并，选择【魔棒】工具，选中白色区域，将背景删除，如图 15-89 所示。

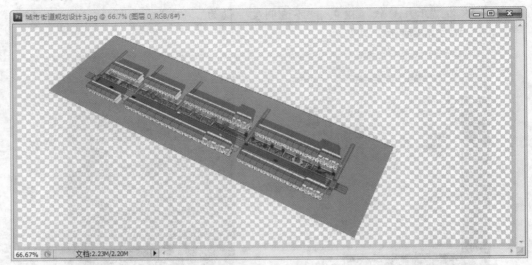

图15-89

5. 导入背景草坪素材，如图 15-90 所示。

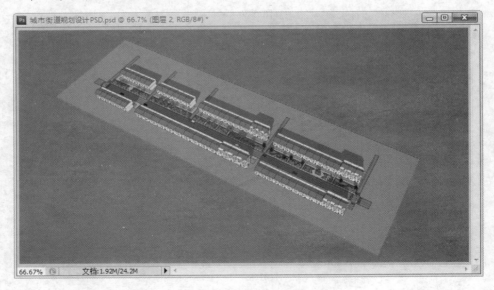

图15-90

6. 添加云彩效果，如图 15-91 所示。

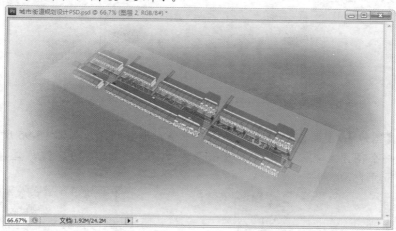

图15-91

7. 添加远景植物素材，如图 15-92、图 15-93 所示。

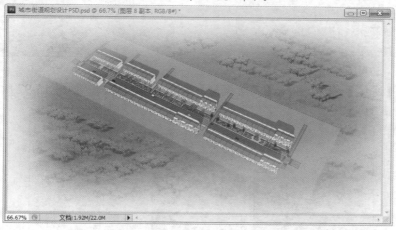

图15-92

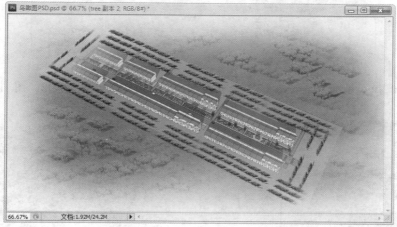

图15-93

8. 将所有图层合并，选择【图像】/【调整】/【亮度/对比度】命令，设置亮度和对比度，如图 15-94 所示。

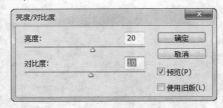

图15-94

9. 选择【图像】/【调整】/【色彩平衡】命令，调整颜色，如图 15-95 所示。

10. 新建一个图层，按 "Ctrl" + "Shift" + "Alt" + "E" 组合键，盖印可见图层，如图 15-96 所示。

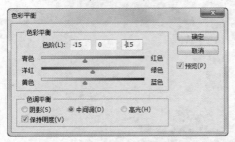

图15-95

图15-96

11. 选择【滤镜】/【模糊】/【高斯模糊】命令，添加模糊，如图 15-97 所示。

图15-97

12. 将图像模式设为 "柔光"，"不透明度" 设为 50%，如图 15-98、图 15-99 所示。

图15-98

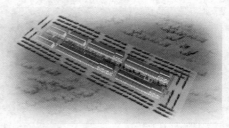

图15-99

15.4　本章小结

　　本章主要介绍了 SketchUp 在城市规划设计中的应用，并以创建一个城市街道规划设计为实例，让读者了解创建马路和斑马线、人行铺路、绿化带的方法。导入的组件丰富了街道的场景，后期的图片处理增加了场景的真实性，并以鸟瞰图的方式展现了城市街道的整体面貌。希望读者能掌握城市规划创建的方法，创造出更具特色的规划设计。